U0333473

Zhejiang Integrated Monitoring of Forest Resources

浙江森林资源一体化监测

理论与实践

Theory and Practice

陶吉兴　季碧勇◎编著

中国林业出版社

图书在版编目（CIP）数据

浙江森林资源一体化监测理论与实践 / 陶吉兴等编著.
-- 北京 : 中国林业出版社, 2016.12
ISBN 978-7-5038-8800-7

Ⅰ. ①浙… Ⅱ. ①陶… Ⅲ. ①森林资源－监测－研究－浙江 Ⅳ. ①S757.2

中国版本图书馆CIP数据核字(2016)第297628号

出　版：中国林业出版社（100009 北京西城区德内大街刘海胡同7号）
网　址：http://lycb.forestry.gov.cn
E-mail：cfybook@163.com　　电　话：010-83143583
发　行：中国林业出版社
印　刷：北京中科印刷有限公司
版　次：2016年12月第1版
印　次：2016年12月第1次
开　本：889mm×1194mm 1/16
印　张：19.75
字　数：405千字
定　价：108.00元

编著者名单

主　编：陶吉兴　季碧勇

副主编：徐　达　张国江

编著者：陶吉兴　季碧勇　徐　达　张国江

王文武　吴伟志　徐　军

森林是人类生存和发展的摇篮，
在人类走向文明社会的进程中森林始终亲密相伴，
相互依存、共生共荣。
丰富的森林资源，优美的生态环境，
已成为国家富足、民族繁荣、
社会文明的一个重要标志。

序

森林资源是与国计民生息息相关的重要再生性自然资源，森林资源数据是党和政府制定国民经济与社会发展规划、编制生态建设和林业相关规划、制定林业发展方针政策的重要依据。森林资源监测作为国情国力调查的重要组成部分，是掌握森林资源动态变化信息的根本途径和平台，历来受到政府的重视和公众的关注。森林资源监测事业的发展必须做到与时俱进，才能适应形势发展和时代进步的需要，才能体现出强大的生命力。

我国在 20 世纪 80 年代就已确立了以森林资源连续清查为主体的国家森林资源监测体系和以森林资源规划设计调查为主体的地方森林资源监测体系。国家森林资源连续清查，以省为单位每 5 年进行一次复查并出数；森林资源规划设计调查，以县为单位一般每 10 年调查一次并出数。但随着林业建设全面转入以生态建设为主，这种传统的每隔 5 年或 10 年一次调查出数的方式，都显得十分漫长，难以适应林业可持续发展和国家生态文明制度建设的需要。缩短监测周期，提升数据时效，实现年度出数，已成为新时期赋予森林资源监测工作的新使命和新要求。

浙江省站在时代潮流前列先行先试，早于 21 世纪初就开始探索实践省级森林资源年度出数问题，并纵向推进森林资源省、市、县联动监测，横向注重相关监测工作协同管理，经过十多年创新发展，在国内率先研建了省域尺度森林资源一体化监测体系，形成了具有浙江特色的森林资源一体化监测体系的内涵要义，指明了一个平台、一张图、一套数的森林资源一体化监测发展方向。浙江十多年来的理论研究与实践成果，在促使该省的森林资源监测工作进入为一体化监测新阶段的同时，也有力助推了我国森林资源监测事业的发展和科技进步，代表了当前森林资源监测领域的先进理念、创新成果和发展方向，为传统的、经典的森林资源监测体系注入了新的活力，提升了更高目标。

由浙江省森林资源监测中心组织编写的《浙江森林资源一体化监测理论与实践》一书，是十多年来广大森林资源调查监测工作者拼搏、创新、智慧与奉献的结晶。该书在对森林资源监测体系、发展动态和一体化理论基础等系统论述的基础上，详述了省级年度监测、省市联动监测、市县联动监测、县级动态监测和协同监测管理诸方面的实践成果，阐述了一体化监测的运行管理机制，展现了高新监测技术装备的应用前景。该书集成了一体化监测方案设计、一类与二类调查数据的控制与融合、无干扰林分生长率模型研建、林木蓄积量年生长率月际分布研究、森林资源野外调查数据采集系统研发等一系列成果，其创新特征和学术价值非常显著，令人耳目一新。

《浙江森林资源一体化监测理论与实践》一书内容丰富、数据翔实、思路清晰、方法具体，理论性和实践性强，是森林资源监测领域的专业和管理人员十分难得的借鉴教材及参考用书。

在该书即将付梓之际，欣然而发，写上数语，是为序。

中国科学院院士

2016 年 11 月 25 日

森林资源具有再生性和再生长期性的特征，
缩短监测周期、提升数据时效、实现年度出数，
是新时期赋予森林资源监测工作的新使命。
建设森林资源一体化监测体系，
实现森林资源年度化、联动化、协同化、信息化监测，
能够获取时效性更高、预警能力更强、
指导作用更好的森林资源信息数据。

前言

森林资源既是自然资源，又是环境资源，可以为人类提供多种物资和服务。森林资源最根本的内在特征是具有再生性和再生的长期性。形势的发展，时代的进步，人们越来越关注具有多种功能和不断循环再生的森林，究竟蕴藏着多少资源宝库、能发挥多大生态服务效益？所有这些森林资源数据的获得，均离不开森林资源调查监测工作，森林资源的监测需要紧跟着时代的脉搏而不断创新进步。

森林资源调查，是以林地、林木及其林内环境状况为对象的林业调查，对同一对象范围的连续多次调查，称之为森林资源监测。浙江省自1953年成立林野调查队起，已先后开展了6次全省性森林资源规划设计调查，自1979年建立连续清查体系以来，已完成了8次国家森林资源清查，全省已建立了稳定的森林资源一类抽样调查和二类小班区划调查体系，为党和政府制定国民经济与社会发展规划、编制生态建设和林业相关规划、制定林业发展方针政策提供了重要依据。

浙江省在1999年完成第五次国家森林资源连续清查后，就开始谋划省级森林资源年度监测体系方案。2000年，采用抽取1/3连清固定样地进行复查方式，探索试行了首次省级森林资源年度监测。2004年完成第六次国家连续清查后，在2005—2011年间（除2009年为国家连清年外），每年抽取1/3的连清固定样地进行复查，实现了省级“年年出数、年年公告”。自2012年起，省级年度监测体系级升格为省、市联动年度监测体系，在对全部4252个省级样地进行复查的基础上，通过样地加密方法，将省级年度监测工作延伸到各设区市，实现了省、市联动年度监测，目前全省每年的样地调查总数已达到5375个。在市、县联动监测方面，2008—2012年，选择杭州市在国内率先研创了市、县联动森林资源监测技术，市级采用固定样地抽样调查方法，县级采用小班复位调查、补充调查、模型推算、档案更新相结合方法，建立市级抽样

控制下的县级联动更新森林资源年度监测体系，实现了市、县联动年度监测。在县级动态监测方面，自2005年起，连续三年开展县级森林资源动态监测试点，在摸索总结经验的基础上，2008年制定了《浙江省县级森林资源动态监测技术操作细则》，以努力解决县级森林资源年度监测问题。所有这十多年来的艰辛与努力，铸就了全省森林资源一体化监测的丰硕成果，智慧、匠心、汗水与收获，都集大成于本书之中。

《浙江森林资源一体化监测理论与实践》由8章和9个专题组成。第一章概述了森林资源特征功能、调查监测体系构成及国内外森林资源的变迁与监测发展概况；第二章分析评述了一体化监测的形势背景及发展对策；第三章从统计论、系统论、控制论、协同论及可持续发展论等方面论述了一体化监测的理论基础；第四章详述了进入21世纪以来浙江省在省级年度监测、省市联动监测、市县联动监测、县级动态监测和相关协同监测等方面的实践成果；第五章阐述了一体化监测的总体思路及年度监测、联动监测、协同监测的优化方案；第六章阐述了持续推进一体化监测的运行与管理机制；第七章综述了现代测量、“3S”技术、“互联网+”、数据库等高新技术的功能与应用；第八章评述了一体化监测的工作成效，展望了今后努力方向。同时，书中收录了一体化监测方案设计、一类与二类调查数据的控制与融合、无干扰林分生长率模型研建、林木蓄积生长率月际分布研究、基于连续清查生物量的立地质量评价、基于地理国情普查的二类调查协同、林业与国土一张图数据协同处理、基础年二类调查技术规程设计、“3S”技术集成的二类调查野外数据无纸化采集技术等9个一体化监测关键技术专题研究成果。

《浙江森林资源一体化监测理论与实践》由浙江省森林资源监测中心（浙江省林业调查规划设计院）组织编写。本书是十多年来全省广大森林资源调查监测工作者拼搏、奋斗与奉献的结晶，是知识创新与工匠精神完美结合的产物。在此，我们要对长期为浙江省森林资源一体化监测付出了辛勤劳动和汗水的广大调查队员表示衷心的感谢！对为本书的顺利出版给予过帮助与支持的领导与专家表示诚挚的敬意！同时，森林资源一体化监测是一项推陈出新、开拓性和探索性的工作，由于受作者水平所限，书中难免不足与瑕疵，诚望广大读者不吝赐教，给予批评指正。

编著者

2016年10月

目录

第一篇　一体化监测理论与实践

第 1 章　森林资源调查监测概述 1

1.1　森林资源及其特征功能 1

1.2　森林资源变迁 2

1.3　调查监测体系 8

1.4　国内外监测发展概况 12

第 2 章　形势背景分析 23

2.1　形势发展要求 23

2.2　发展现状评价 25

2.3　发展趋势分析 27

2.4　发展对策研究 30

第 3 章　一体化监测理论基础 34

3.1　一体化监测概念思考 34

3.2　调查统计理论 36

3.3　系统科学理论 40

3.4　可持续发展理论 44

第 4 章　一体化监测实践 47
4.1　省级年度监测 47
4.2　省、市联动监测 76
4.3　市、县联动监测 84
4.4　县级动态监测 92
4.5　相关工作协同监测 105

第 5 章　一体化监测体系优化 110
5.1　总体思路方案 110
5.2　年度监测优化 114
5.3　联动监测优化 116
5.4　协同监测优化 118
5.5　优化方向引领 120

第 6 章　一体化监测体系运行与管理 122
6.1　组织管理体系 122
6.2　技术保障体系 123
6.3　质量监控体系 124
6.4　能力条件建设 126
6.5　成果管理体系 127

第 7 章　高新技术应用 129
7.1　现代测量技术 129
7.2　“3S”技术 131
7.3　“互联网 +”技术 133
7.4　数据库技术 134
7.5　高新技术开发 135

第 8 章　成效与展望 148
8.1　成效评估 148
8.2　今后展望 151

第二篇　专题研究

专题 1　浙江省森林资源一体化监测体系方案的研究建立 155
专题 2　森林资源一类清查与二类调查数据的控制与融合 170
专题 3　市县联动监测体系下的无干扰林分生长率模型研建 183
专题 4　基于固定样地连续监测数据的林木蓄积生长率月际分布研究 204
专题 5　基于连续清查固定样地生物量的立地质量评价 221
专题 6　基于地理国情普查的森林资源二类调查协同研究 235
专题 7　一体化监测基础年的二类调查技术规程设计 249
专题 8　林业与国土一张图协同处理实证研究 265
专题 9　3S 技术集成的基础年二类调查野外数据无纸化采集技术研究 277

第一篇

一体化监测理论与实践

第 1 章 森林资源调查监测概述

1.1 森林资源及其特征功能

森林资源是自然历史发展的产物，是先于人类而存在于地球的自然资源。地球上出现了能进行光合作用、固定大气中的二氧化碳并释放出大量氧气的绿色植物后，才有了各类动物生存和繁衍的可能。以森林为主体的绿色植物是人类生存和发展的物质与能量基础，人类依靠森林而生存，森林是人类生存发展的摇篮，森林在人类走向文明社会的过程中起着不可磨灭的作用。

森林资源是林地及其所生长的森林有机体构成的总体。广义的森林资源可定义为：以多年生木本植物为主体，包括以森林环境为生存条件的动物、植物、微生物在内的生物群落和林地，它具有一定的生物结构和地段类型并形成特殊的生态环境，在进行科学管理和合理经营的条件下，可以不断地向社会提供物质产品和环境服务。显然，广义的森林资源按物质结构层次可分为：林地资源、林木资源、林区野生动物资源、林区野生植物资源、林区微生物资源和森林环境资源六类。因此，森林资源既是自然资源，也是环境资源，森林作为陆地生态系统的主体，是实现环境与发展相统一的关键和纽带。

狭义的森林资源主要指林木资源和林地资源。现行各类森林资源调查监测的对象，均限定于狭义的森林资源。本书所称的“森林资源”，如无特别说明，指的是狭义的森林资源。

森林资源最根本的内在特征是具有再生性和再生的长期性。在一定的条件下，森林具有自我更新、自我复制的机制和循环再生的能力，保障了森林资源的长期存在，能实现森林效益的永续利用。但是森林的更新起步、发展演替到成熟稳定，需要经过数十年乃至数百年的漫长时期，速生树种、人工林的成熟时间相对较短，天然更新则需更久的时间，寒冷地带森林成熟时间十分漫长。需要特别指出的是，森林资源所具有的可再生性和结构功能的稳定性，只有在人类对森林资源的利用遵循森林生态系统自身规律，并不对森林造成不可逆转的破坏影响的基础上才能实现。

森林占了30%的陆地面积和地球60%以上的生物量，呈现出地域性广、层次性强、动态变化持续不断和反映资源数据的信息量大、复杂多样等特点。森林资源的复杂性、再生性和动态性特征，决定了必须对其进行全面调查和定期监测的要求，以实现森林资源的科学经营、有效管理和持续利用。

森林资源具有多种功能，可以提供多种物资和服务。森林所产生的经济效益，主要是为人类提供木材和各种林副产品。森林呈现的社会效益，主要体现在为人类提供就业机会和景观游憩价值。森林是自然界功能最完善的资源库、生物库、储碳库和能源库，具有保持水土、涵养水源、防风固沙、改良土壤、固碳释氧、美化环境和生物多样性保育等生态服务功能。因此，森林与人类有着相互依存、共损共荣的关系，是人类的亲密伙伴，丰富的森林资源、优美的生态环境，已成为国家富足、民族繁荣、社会文明的一个重要标志。

1.2 森林资源变迁

森林作为人类发展不可缺少及不可替代的重要自然资源，自从人类诞生起就在不断地被利用与经营。从世界林业发展的过程看，一般都要经过森林原始利用、木材过度利用、森林恢复发展、多功能利用和可持续发展五个阶段。全球森林资源的区域差异及我国森林资源的发展变迁，都受到这一规律的作用影响。

1.2.1 世界森林资源

在人类历史发展初期（3000年前），世界森林面积约为70亿～80亿公顷。早期的人类出于自身的生存与发展，以毁林开垦、劈林放牧等方式，不断开发利用森林；

17 世纪后资本主义工业化的发展，使森林资源遭到掠夺性破坏；进入 19 世纪才逐渐有了森林资源的保护与恢复意识；20 世纪中叶后，进一步强调了森林资源的综合利用、多功能利用和可持续利用。根据联合国粮农组织 2015 年全球森林资源评估结果[1]：目前全球森林面积为 39.99 亿公顷，占全球土地面积（不含内陆水域）的 30.6%。自 1990 年以来，全球仍丧失森林 1.29 亿公顷。全球森林面积绝大部分为天然林，占 93%；人工林仅占 7%，但呈增长态势，自 1990 年以来增加了 1.1 亿公顷，其中中国功不可没，增加 0.37 亿公顷。全球森林储碳总量 2960 亿吨，比 2010 年增加 70 亿吨。

发达国家的森林总体呈增长趋势，但非洲和南美洲损失最严重。2010—2015 年，非洲森林面积损失 2.22%，南美洲损失 1.19%。自 1990 年以来，热带地区森林砍伐最为严重，相比之下，温带地区净森林面积有所增加，而北方和亚热带地区变化有限。森林覆盖率，南美洲最高 47.98%，但已较 1990 年下降 4.77 个百分点；欧洲居次 44.79%，较 1990 年增加 0.92 个百分点；第三是北美和中美洲 35.13%；非洲、大洋洲和亚洲在 20% 左右，但非洲已较 1990 年下降 2.6 个百分点。日本的森林覆盖率高达 74%，其次是芬兰 66%，其他较高的国家有韩国 62%、瑞典 62%、巴西 58%、俄罗斯 48% 等。各大洲森林面积与覆盖率现状及动态变化情况详见表 1-1。

表 1-1　1990—2015 年全球森林面积、森林覆盖率

区　域		土地面积（万公顷）	1990 年	2000 年	2005 年	2010 年	2015 年
世界总计	森林面积（万公顷）	1 306 400	412 882	406 560	403 234	401 556	399 892
	森林覆盖（%）		31.61	31.12	30.87	30.74	30.61
亚洲	森林面积（万公顷）	308 500	57 090	57 888	58 389	59 246	59 651
	森林覆盖（%）		18.51	18.76	18.93	19.20	19.34
欧洲	森林面积（万公顷）	226 000	99 149	99 945	100 123	101 061	101 234
	森林覆盖（%）		43.87	44.22	44.30	44.72	44.79
非洲	森林面积（万公顷）	297 800	70 125	67 015	65 417	63 807	62 389
	森林覆盖（%）		23.55	22.50	21.97	21.43	20.95
北美和中美洲	森林面积（万公顷）	213 700	75 252	74 866	74 795	75 028	75 065
	森林覆盖（%）		35.21	35.03	35.00	35.11	35.13

（续）

区域		土地面积（万公顷）	1990年	2000年	2005年	2010年	2015年
南美洲	森林面积（万公顷）	175 500	93 582	89 082	86 861	85 214	84 201
	森林覆盖（%）		53.32	50.76	49.49	48.55	47.98
大洋洲	森林面积（万公顷）	84 900	17 684	17 764	17 649	17 200	17 352
	森林覆盖（%）		20.83	20.92	20.79	20.26	20.44

资料来源：联合国粮食及农业组织（FAO）[1]。

1990—2015年，森林增加最多的3个国家是中国、越南、西班牙。森林损失量最大的3个国家为巴西、印度尼西亚、尼日利亚。全球超过2/3以上的森林资源分布在俄罗斯、巴西、加拿大等10个国家。全球主要国家森林资源分布及消长变化情况详见表1-2。

表1-2　全球森林资源分布及消长变化情况

森林面积最大10国			森林增加最多10国				森林减少最多10国			
国　名	2015年面积（万公顷）	占世界百分比（%）	国　名	2015年面积（万公顷）	较1990年增量（万公顷）	较1990年增率（%）	国　名	2015年面积（万公顷）	较1990年减量（万公顷）	较1990年减率（%）
俄罗斯	81 493	20.38	中　国	20 832	5118	32.57	巴　西	49 354	5317	9.72
巴　西	49 354	12.34	越　南	1477	541	57.78	印　度尼西亚	9101	2754	23.22
加拿大	34 707	8.68	西班牙	1842	461	33.38	尼日利亚	699	1024	59.42
美　国	31 010	7.75	法　国	1699	255	17.68	缅　甸	2904	1018	25.95
中　国	20 832	5.21	智　利	1774	247	16.20	津巴布韦	1406	810	36.55
刚　果	15 258	3.82	泰　国	1640	239	17.09	玻利维亚	5476	803	12.79
澳大利亚	12 475	3.12	土耳其	1172	209	21.75	阿根廷	2711	768	22.08
印　度尼西亚	9101	2.28	意大利	930	171	22.49	坦桑尼亚	4864	729	13.03
秘　鲁	7397	1.85	伊　朗	1069	162	17.81	巴拉圭	1532	583	22.57
印　度	7068	1.77	菲律宾	804	149	22.65	喀麦隆	1882	550	22.62

资料来源：联合国粮食及农业组织（FAO）[1]。

1.2.2 中国森林资源

据史料记载，我国曾是一个森林资源十分丰富的国家，随着人口的增加，大量的森林被开辟为农田及牧场，加上历代对森林资源的过度利用，使森林资源受到严重的破坏，致使我国成为一个少林国家（按人均占有量计算）。地处黄河中游的黄土高原，曾是个广阔的森林草原区，据考证，西周时期森林覆盖率高达 53%，秦汉时期该地区人口剧增，屯垦戍边，到唐代已是“近山无林，沟壑万千”的景象。我国东北山地也曾是森林密布、生境和谐的沃土，由于人口的增加导致农业扩张，拓荒步伐加快，再加上沙俄和日本帝国主义的疯狂掠夺式采伐，致使大面积茂密的原始森林消亡，森林资源质量严重下降。西北地区的天山、祁连山、阿尔泰山、龙首山和马鬃山等山区也曾分布有大面积的森林，为天山南北、河西走廊等地绿洲提供了丰富的水源，但是到了汉代，这些地区森林就遭到破坏，清代时期又遭到严重破坏，马鬃山和龙首山区如今已成为一片赤地，天山、祁连山区森林也日趋减少，水源日竭。我国华北地区，同样也有过绿水青山、水源充沛的历史，但由于农业扩张、历代帝王建都大兴土木，致使森林破坏、水源短缺、环境恶化、灾害频繁。

中国森林资源的历史变迁，与人口的增长和产业发展密切相关，在史前时期，我国森林覆盖率曾高达 64%，随后直至民国时期不断下降，新中国成立后至“文化大革命”时期，由于大炼钢铁、耕地垦造及工农业的过度利用，森林资源又进一步下降。至“文化大革命”结束后，才从底部缓慢回升，自 20 世纪 90 年代后，回升速度有所加快。据 2015 年公布的全国第八次森林资源清查结果[2]：全国森林面积 2.08 亿公顷，森林覆盖率 21.63%，森林蓄积量 151.37 亿立方米，乔木林每公顷蓄积量 89.79 立方米。全国森林植被总碳储量 84.27 亿吨，生态服务功能年价值超过 13 万亿元。我国历史上各时期的森林资源变化与人口关系见表 1-3。

表 1-3 我国历史上森林资源变化情况

时 期	森林覆盖率（%）	人口（万）	人均森林面积（公顷 / 人）
秦 朝	40 ～ 50	3000	4
南北朝	30	5000	3
唐 宋	20	8000	2
明 清	17	20 000	0.8
民 国	15	40 000	0.4
1949—1970 年	10	60 000	0.18

（续）

时 期	森林覆盖率（%）	人口（万）	人均森林面积（公顷 / 人）
1977—1981 年	12.0	97 500	0.13
1999—2003 年	18.21	127 600	0.14
2009—2014 年	21.63	136 800	0.15

20 世纪 70 年代，我国开始建立以数理统计理论为基础的国家森林资源连续清查体系，以省为单位每 5 年轮查一遍，统计汇总全国森林资源数据，至 2014 年已完成了 8 次全国性清查，其主要指标清查结果见表 1-4。

表 1-4 历次全国森林资源清查结果主要指标状况

清查间隔期	活立木总蓄积量（亿立方米）	森林面积（万公顷）	森林蓄积量（亿立方米）	森林覆盖率（%）
第一次（1973—1976 年）	96.32	12 186	86.56	12.70
第二次（1977—1981 年）	102.61	11 528	90.28	12.00
第三次（1984 ～ 1988 年）	105.71	12 465	91.41	12.98
第四次（1989—1993 你）	117.85	13 370	101.37	13.92
第五次（1994—1998 年）	124.88	15 894	112.67	16.55
第六次（1999—2003 年）	136.18	17 491	124.56	18.21
第七次（2004—2008 年）	149.13	19 545	137.21	20.36
第八次（2009—2014 年）	164.33	20 768	151.37	21.63

1.2.3 浙江森林资源

据有关文献史料记载[3]，史前越地人烟稀少，陆域几乎全被高大茂密的亚热带原始森林所覆盖。从秦汉直至南北朝时期，即使初显繁荣的宁绍平原，森林的开发利用仍停留在人口相对集中的山会平原及其周缘低丘。中唐安史之乱和宋都南迁临安后，北人大批入浙，人口压力骤增，渐次由低山丘陵向深山区不断毁林垦殖、劈山造地，大片原生林不断遭到破坏、变迁和消失；手工业的兴旺和统治阶级的大兴土木，使林木采伐量显著增加。明末时期玉米和番薯的引入，山区吸纳人口增多，清代中叶垦殖规模不断扩大，加剧了森林资源破坏。晚清至民国时期，战乱不断，垦殖不止，森林破坏更加严重，原始天然林已所存无几。

新中国成立后，面对恶化了的生态环境，政府开始组织护林、造林和封山育林，森林资源得到恢复发展，20 世纪 50 年代中期的合作化、公社化运动，将山林所有制由私有转为集体所有，使恢复中的森林资源面临严峻考验。1958 ～ 1962 年，由于大办钢铁遍地烧炭以及随后的三年困难时期，乱砍滥伐与毁林开垦十分严重，森林资源遭到严重破坏，到 20 世纪 60 年代中期，全省森林资源数量进入历史低谷 [4]，20 世纪 60 年代中期至 90 年代后期的 30 余年间，在起伏中逐渐进入稳定发展。1963 年，国务院颁布《森林保护条例》，林业生产逐步走上正常轨道；1971 年后的林业基地建设及 20 世纪 80 年代末至 90 年代的连续二期世界银行贷款造林项目，全省人工乔木林、经济林、竹林的比重不断增大，对森林资源的回升发展起到了积极作用，但同时也出现了阔叶林过伐问题；20 世纪 80 年代早期的林业“三定”（稳定山权林权、划定自留山、确定林业生产责任制）、分山到户，在建立以家庭承包为基础的双层经营体制过程中森林资源遭到了短暂的破坏；始于 20 世纪 80 年代末延续至 90 年代的“五年消灭荒山、十年绿化浙江”行动，声势浩大、措施有力，经过 10 年的努力，全省荒山面积由 1989 年的 83.61 万公顷减少到 1999 年的 27.07 万公顷，减少了 67.6%，成绩斐然。

进入 21 世纪，通过实行林业分类经营，公益林面积大幅度增加，目前各类公益林比例已超过林地面积的 45%，林业建设从此进入了以生态建设为主的时期，森林资源得到了有效保护。与此同时，液化气的普及、木材价格的持续低迷，给森林资源的持续增长带来了从未有过的机遇。但由于人多地少、经济发达，林业用地与其他用地的矛盾比较突出，全省建设项目征占用林地一直保持着较高规模，低丘缓坡工业开发、城镇居住用地乃至耕地垦造等活动，导致了相当数量的森林与林地被逆转。

总体而言，林地面积自改革开放后至20世纪末持续增长，进入21世纪后出现滞长，目前呈高位向下态势；森林面积持续增长，但近10年增势趋缓，目前处于高位徘徊；森林蓄积量在实施森林分类经营前，随着森林面积的扩大而同步增长，但单位面积蓄积量始终徘徊不前，实施森林分类经营后的新世纪，进入了蓄积总量与单位面积蓄积量的双增长时期。新中国成立后浙江森林资源历次清（调）查结果详见表1-5。

表 1-5 历次浙江森林资源清（调）查结果主要指标状况

调查年份（时期）	林地面积（万公顷）	森林面积（万公顷）	活立木积（万立方米）	森林蓄积量（万立方米）	单位面积蓄积量（立方米/公顷）	森林覆盖率（%）
1953—1957 年（一五时期）	623.76	383.81	6464	6464	19.47	39.69
1973—1975 年（四五时期）	611.70	396.24	8241	7169	23.44	41.03
1979 年（第一次连清）	589.83	342.89	9874	7918	34.14	36.44
1986 年（第二次连清）	595.28	403.72	10 138	8812	30.98	42.56
1989 年（第三次连清）	615.69	437.59	11 246	9461	31.96	45.79
1994 年（第四次连清）	639.66	517.18	12 660	11 122	32.26	54.64
1999 年（第五次连清）	654.79	553.92	13 847	11 536	31.91	59.42
2004 年（第六次连清）	667.97	584.42	19 383	17 223	43.76	60.49
2009 年（第七次连清）	660.74	601.36	24 225	21 680	52.87	60.58
2014 年（第八次连清）	659.77	604.99	31 385	28 115	65.86	60.91

注 1：“一五时期”调查不包括平原及部分海岛县，调查范围 9.67 万平方千米；
注 2：“一五时期”“四五时期”采用二类调查方法，其后各次均采用一类调查方法；
注 3：1994 年前，森林标准为林分郁闭度 > 0.3；1994 年及以后，森林标准为林分郁闭度 ≥ 0.2；
注 4：森林覆盖率中均含一般灌木林覆盖率。

1.3 调查监测体系

森林资源调查，是以林地、林木及其林内环境状况为对象的林业调查，目的在于及时掌握森林资源的数量、质量和生长、消亡动态规律及其自然环境和经济、经营条件之间的关系，为制定和调整林业政策，编制林业计划和规划，评价森林经营成果提供依据。对同一对象范围的连续多次的森林资源调查，称之为森林资源监测。而在工作实践中，人们对“调查”与“监测”的概念常常不予严格区分，相互混用，或连称为“调查监测”，从专业的角度常简称为“监测”。

森林资源监测，国内外至今尚无明确统一的定义。我国学者李宝银于 20 世纪 90 年代曾提出[5]：森林资源监测就是对一定空间和一定时间的森林资源状态的跟踪监测，掌握其变化规律；构成森林资源监测体系，必须具备森林资源监测的空间完整性、时间统一性、调查连续性、方案兼容性、标准统一性、成果可靠性和工作系统性。曾伟生等则指出[6]：无论从何种角度提出森林资源监测概念，都在试图将现代的“森林资源监测”概念替代传统的“森林资源调查”概念。

一个完善的森林资源监测体系，应该能随时为各级政府和林业主管部门提供宏观和微观的森林资源状况和动态变化数据[7]，“森林资源监测”的内涵应扩展为“森林资源与生态状况综合监测”[8]。因此，森林资源监测是林业管理和生态建设的一项十分重要的基础性工作，监测是为管理服务的，宏观上要为政府及主管部门研究林业乃至社会经济可持续发展、制定与调整林业与生态建设方针政策提供决策依据，微观上要为资源林政管理、林地管理、采伐监督、生产经营、病虫害防治以及林业与生态建设绩效考评提供基础森林资源数据。

20 世纪 80 年代以后，我国的森林资源调查监测体系已基本健全定型，根据调查方法、目的、内容等的不同，分为国家森林资源连续清查（一类调查）、森林资源规划设计调查（二类调查）和作业设计调查（三类调查）三大类。

1.3.1 森林资源连续清查（一类调查）

我国现行的森林资源清查体系，起步于20世纪70年代，采用抽样调查的方法，按照数理统计原理进行数据处理，已经连续完成了8次，目前正在进行第九次全国清查。我国的森林资源连续清查体系，是目前世界上公认的最为完整、连续性最强、调查最为完备的国家森林资源清查体系之一[9]。30多年来，这个体系不断完善，并且被赋予越来越多的使命，监测成果已经成为我国宏观决策和科学研究最可靠的基础数据之一。

国家连清系统的基本组成单元是固定样地，有时也根据需要增设一些临时样地，它只能提供以总体为单位的宏观森林资源数据。我国的一类调查以省为总体，采用地面样地实测调查的方法，从 2005 年起增加了遥感影像判读辅助调查，累加各省数据则为国家提供的宏观森林资源数据。由于一类调查数据不落实到山头地块，因此对森林经营起不到具体指导作用。

目前，我国一类调查共有地面固定样地 41.5 万个，固定样地不仅可以直接提供有关林分及单株树木生长和消亡方面的信息，而且它本身是一种多次测定的样本单元，因此可以根据两期以至多期的抽样调查结果，对森林资源的现状，尤其是对森林资源的变化作出更为有效的抽样估计。

一类调查的工作步骤主要包括以下内容：

（1）确定抽样总体。通常以整个地区（省域）为抽样总体，也可再设立副总体，如山地副总体、平原副总体。抽样精度要求：在可靠性指标95%情况下，森林面积精度要求95%（总体森林覆盖率≥12%时）或90%（总体森林覆盖率＜12%时）以上，活立木蓄积量精度要求95%（总体活立木蓄积量≥5亿立方米时）或85%（京、津、沪3市）或90%（其余省份）以上。

（2）样地布设。将固定样地系统布设在1∶50000地形图的公里网交叉点上，固定样地面积一般为0.067公顷①（1亩②）或0.08公顷（1.2亩），样地间距根据需要而定，如2千米×2千米、3千米×4千米、4千米×6千米、8千米×8千米等。

（3）样地调查。对样地内胸径≥5厘米的树木进行每木检尺，同时调查规程确定的其他内容，如小地形因子、主林层优势树种平均高、植被调查、更新调查、生物量小样方调查等。

（4）内业计算分析。主要是计算森林资源现状及变化估计值，作出方差分析并得出精度指标，进行生长量、消耗量估计等。

（5）编制森林资源统计表和报告。包括森林资源系列统计表、森林资源消长表和森林资源连续清查报告。

1.3.2 森林资源规划设计调查（二类调查）

森林资源规划设计调查，通常由省统一组织，以县或国有林业局（场）为单位，通过区划森林小班，进行逐块调查、逐级统计汇总，一般每10年进行一次全面系统调查。二类调查能将资源数据落到山头地块，可直接用于经营规划设计，但因以目测调查为主，数据的可靠性不及一类调查。对于活立木蓄积量较大的县，应采用抽样控制下的规划设计调查。

二类调查的最小单元是小班，在调查区内进行小班连片区划、逐个调查，它的最大特点是资源数据落实到了山头地块、小班。二类调查的主要工作步骤包括区划、调查、统计分析三大部分：

（1）区划。区划包括林班区划、小班区划，林班是永久性经营单位，一经区划一般多年不变，小班区划每次调查时允许变动。小班区划一般与野外调查同步进行，

① 1公顷＝15亩。

② 1亩≈666.7平方米。

或先在遥感影像上进行预区划，到野外调查时再修正确定。

（2）调查。先进行实地小班区划或对预区划小班进行复核调整，然后开展目测与实测调查，重点调查林分属性因子。此外，生长量、枯损量、天然与人工更新效果、水土流失、病虫害、火险等级、立地条件等，也是小班调查的内容。

（3）统计分析。资源统计与分析工作包括：地类面积、森林面积、林木蓄积量等资源数据统计表，林相图、森林分布图，调查分析报告等。

由于二类调查间隔期过长，在两轮二类调查期间，通常采用动态监测方法进行数据更新。一个完整的动态监测工作包括三部分基本内容：①抽取一定比例的小班进行复查，通常抽取比例不少于 10%；②对突变小班采用档案更新与补充调查相结合的方式，进行小班属性数据更新；③对处于自然生长状态的小班，采用模拟更新方式进行小班属性数据更新。在完成上述三部分工作基础上，再按通常的二类调查数据统计的程序和方法，进行森林资源数据统计更新。

1.3.3 作业设计调查（三类调查）

作业设计调查是以作业地段为单位的局部调查，对某个作业地段的森林资源、立地条件及更新状况等进行详细调查，以满足林业基层生产单位安排采伐更新施工设计的需要。作业设计调查的精度要求较高，一般在生产作业开展前的一个年度内进行。

三类调查根据具体需要而进行，主要有主伐、抚育间伐、低产林改造三大项作业调查，其目的是查清作业区范围的森林资源数量、质量及采伐条件、更新能力，对林木蓄积量和材种出材量作出准确的测定，以确定主伐、抚育伐或林分改造伐的方式和强度，确定更新方式，为作业设计提供基础数据与依据。

作业设计调查应遵循现场调查与现场设计原则，调查与设计对象是作业小班，需对采伐木进行划号。根据调查面积大小和林分的同质程度，可采用全林实测或标准地（带）调查方法，采用标准地（带）调查时，标准地（带）合计面积不得低于小班面积的 5%。调查内容除每木检尺外，还要进行立木造材工艺设计，推算不同材种的材积，计算作业收益，进行投入产出分析、生长量与消耗量分析等。

三类调查的资质要求相对较低，多为基层林业技术人员具体承担。调查设计成果是分期逐步实施森林经营方案、合理组织生产、科学培育和经营利用森林资源的作业依据，也是实现森林资源可持续经营的重要保证。调查设计成果一经批准不得随意改动，若确需改动的，需报原批准单位批准后才能实施。

1.4 国内外监测发展概况

1.4.1 国外森林资源监测发展

1. 先进国家概况

1）美国

美国的森林资源监测工作是经济发达国家的先进典型，其监测工作起始于 1928 年的森林资源清查与分析（Forest Inventory and Analysis，FIA）项目，FIA 以州为单位逐个开展资源清查，直到 20 世纪 90 年代，美国大部分地区已进行了 3 次资源清查，最多的地区进行了 6 次，目前平均清查周期为 10 年[10]。FIA 执行初期，只是关注森林资源的数量，如面积、蓄积量等，重点在树木的生长和出材量上[11]。从 20 世纪 90 年代开始，美国开展了森林健康监测（Forest Health Monitoring，FHM），旨在监测森林健康状况和森林发展的可持续性[10]。

美国 1998 年通过的《农业研究推广与教育改革法》，要求建立年度资源清查体系，每年调查森林资源清查体系中 20% 的地面固定样地，5 年完成一个调查周期[9]，对于国家总体而言，反映的是面积、蓄积量等指标 5 年变化的平均数，与我国目前的国家森林资源监测体系相类似。自 2003 年起，将原来的各州依次定期清查改为全美每年清查一次，每次调查 1/5 的固定样地，每年和每 5 年产出一次清查报告[10-12]。

美国新近的森林资源监测方案，是一个综合FIA与FHM的年度清查系统，形成了全国统一的三阶抽样设计：第一阶是遥感样地，全国有450多万个遥感样地，经判读选择后其中一部分作为地面样地；第二阶是传统的FIA地面样地，全美约有37.7万个这种样地，并将其中地类定为森林的样地（约12.5万个）设置为固定样地，主要开展与木材相关的林地和林木信息调查，每个样地有超过100项调查因子；第三阶是原先FHM系统中用于调查的地面样地，每16个二阶样地中选取1个三阶样地，全国约2.4万个，有关森林生态功能、生长条件、森林健康数据在第三阶样地中调查收集[10~12]。

美国是最早将 3S 技术应用于森林资源清查的国家之一，也非常重视 3S 技术的研究、开发和应用，主要体现在：①抽样调查时，首先采用航片或卫片进行第一阶分层抽样，通过影像判读区分出有林地和无林地，并初步设置地面样地；②结合 GPS 设备、地图和遥感影像对地面样地进行精确定位，设置样地初始点，利用 GPS 导航定位样地中心点并记录路线；③ GIS 主要应用于森林资源清查结果的处理中，如建设数据库、进行数据分析、制作清查成果图等[11]。一些较先进的野外调查设备，如激光测树仪、超声波测树仪、叶面积指数测定仪已在样地调查中得到普遍应用。美国的国家森林资源清查成果也很早实现了计算机化，已形成了一个覆盖全国的网络管理系统，数据采集、检验、处理、传输和存储等作业得到了有效集成[11]。

2）德国

德国的森林资源经营管理水平处于世界领先地位，自18世纪初开始逐步发展森林经理调查，但国家森林资源监测则始于第二次世界大战后。1961—1974年原东德采用了大范围数据统计的抽样调查。原西德1971年对巴伐利亚州进行了森林资源清查，自1976年开始研究全国清查问题，直至1984年修改的《联邦森林法》明确规定用抽样调查方法，对全联邦按统一方法、标准、程序进行清查，必要时应进行定期复查[13]。

德国森林资源调查监测的指标包括了森林生长、森林健康、生态功能及其生态环境多个方面，其内容主要为：一是森林健康调查（Forest Health Survey），从1984年开始每年进行一次；二是全国森林清查（National Forest Inventory，NFI），周期为10年，1986—1988年原西德开展过一次，2001—2002年开展了东、西德合并后的首次真正全国范围的清查；三是森林土壤调查（Forest Soil Survey），1987—1993年开展第一次，2006—2008年进行第二次调查，周期为15年[14]。

德国森林资源监测在同一抽样体系框架下进行，与我国一样采用按一定间距设置固定样地的抽样方法，间距一般为4千米×4千米，部分州也可根据各自条件进行2倍加密（2.83千米×2.83千米）或4倍加密（2千米×2千米），森林土壤调查样地则采用8千米×8千米间距[13,14]。外业调查时，除罗盘仪等常规设备外，广泛使用了超声波测距仪、林分速测镜、电子数据采集器等先进仪器设备。德国充分发挥了“3S”技术优势，普遍采用GPS、RS、GIS及数据库、网络等计算机技术。同时，建立了森林资源动态监测系统，借助于森林生长模型进行生长预测，通过数据更新获得年度森林资源动态数据[14]。

3）英国

英国是个发达国家，森林资源以私有林为主，森林资源调查监测最早可追溯到1919年，当时英国成立了国家林业委员会，并同时建立森林资源调查体系（UK’s National Inventory of Woodland and Trees，NIWT），NIWT在全国共布设3.5万个样地，全部为临时样地，面积为1公顷，每10～15年开展一次调查。从2009年开始，英国开始建立新的森林资源监测体系（Production Forecast & The National Forest Inventory，NFI），以5年为一个监测周期，所有样地均为固定样地。NFI按8千米×8千米系统布设为1公顷的方形样地，为了满足区域水平与特定需要，对某些区域的样地进行了加密，经加密后的样地总数可达到1.5万～2.0万个，每年约完成1/5的工作任务，于2014年完成第一轮监测工作[15]。

NFI 外业调查，充分利用了航片进行森林类型区划，监测体系指标包括林地和森林面积、森林类型、森林生境、森林经营、森林利用、碳截存、木材产量预测、树木可燃能等多个方面，监测成果不仅包括来自外业调查样地的统计分析结果，还包括基于遥感技术完成的区划与图面成果等[15]。

4）瑞典

瑞典林业是国民经济的重要组成部分。1923—1929 年，瑞典建立了覆盖全国的国家森林资源监测体系（NFI），1963 年开展第三次清查时，引入了方阵法抽样设计。1982 年前所有样地均为临时样地，从 1983 年开始同时使用临时样地和固定样地，固定样地的优点在于动态监测。目前，瑞典已将建立于 1962 年的森林土壤调查体系（MI）与原国家森林资源监测体系（NFI）合并，组成新的国家森林资源清查体系（RIS），并将注意力转向森林生态环境与生物多样性方面的监测[16]。

RIS监测采集的信息有土地利用现状、立木材积生长量、林龄及其结构、立地条件、植被状况、森林采伐、生物多样性及其环境条件等，按数据结构可分为立地变量、经营作业面积变量、蓄积量生长与枯损、更新调查、年采伐量、植被与土壤调查6个模块。瑞典国家森林资源清查的信息化水平很高，数据处理速度快，目前已建立了一个覆盖全国的能进行数据采集、检查、传送、处理、存储和检索的网络管理信息系统[16]。

5）加拿大

加拿大主要由各省负责林地管理，其林业与林产品加工业很发达。加拿大各省采用了包括森林资源一类调查、二类调查和具体清查等在内的国家森林资源清查系统。加拿大的森林资源二类调查成型于 20 世纪 50 年代，是加拿大采用最普遍也是最重要的调查方法，通过对遥感影像的判读获得林分级别的数据和地图，蓄积量的估计则依据于实地抽样调查的数据。各省的二类调查一般获得的是静态的森林资源属性数据，一般 10 ～ 20 年为一个周期，加拿大国家森林资源清查则是对各省二类调查资料每 5 年进行一次的编制[17]。

加拿大森林资源清查主要采用遥感和地面调查相结合的方式，航空遥感的应用目前已达到很高的水平，激光雷达技术在森林资源生物量和生物多样性调查中开展了富有成效的研究和应用。加拿大国家林业数据库创建于 1990 年，国家森林管理系统（NFIS）是基于 Web 的功能、分布式服务框架，便于获取、整合、处理和传输，支持加拿大森林可持续经营的各自治、分散式的数据库的数据或信息[17]。

6）巴西

巴西作为林业大国，却开展森林资源监测的历史不长。20 世纪 80 年代开展了首次国家级森林资源清查，主要目标是产出人工林和天然林木材蓄积量的信息，其后只开展了一些针对特定信息需求（如政府战略规划）的区域性森林资源清查。2000 年以后，南里格兰德州、米纳斯吉拉斯州、圣保罗和圣卡塔琳娜地区先后开展了独立的森林资源调查工作，国家层面的新一轮森林资源清查正在积极实施之中，计划按照 5 年的观测周期提交森林资源报告[18]。

巴西的森林资源监测，从调查方法和内容上看包括三个方面：一是遥感调查，以5年为周期，通过遥判读定期制作植被图、获取景观水平信息。二是地面调查，通过设置大小不等的样地、样线和群团样地，按20千米×20千米间距（部分州可加密至10千米×10千米或5千米×5千米），进行树木测定和森林评价，在群团样地中心对土壤进行调查。三是社会调查，结合地面调查工作开展，了解当地社团如何看待和利用森林资源情况。需要指出的是遥感技术在巴西森林资源监测中担负着举足轻重的角色，早在20世纪80年代后期，巴西结合利用遥感技术开展了亚马逊流域毁林监测专题项目，每年报告亚马逊地区的毁林比率，为主管部门提供了及时的信息服务[18]。

2. 先进经验借鉴

上述国家森林经营水平较高，或森林资源丰富，除巴西属发展中国家外，其余均为发达国家，代表了世界森林资源监测的先进水平，许多方面值得我们学习借鉴。

1）稳定发展国家森林资源监测体系

美国、德国、英国、瑞典等先进国家，均是在继承中不断优化和发展抽样调查监测体系，已形成了较为成熟有效的国家森林资源监测体系。美国的三阶分层抽样、德国的三层次监测体系、英国的5年轮查固定样地监测体系、瑞典固定样地与临时样地相结合的方法，都体现了各自的特色和优势，实践证明也非常有效。面对新的形势要求，我国的森林资源监测体系正处在优化发展时期，国外在继承的基础上求发展的经验，值得我们借鉴。

2）开展森林资源多目标综合监测

国外从20世纪80年代就关注并涉足森林健康的监测，监测指标已从单纯的面积、蓄积量向着森林立地环境、森林健康、生态功能、生物多样性方面不断延伸，并根据实际需要，适时搭载调查内容。如美国FIA的地面调查样地内容非常丰富，其核心调查因子在第二阶样地中有107项，在第三阶样地中有143项，不仅获得木材资源状况与变化信息，同时可掌握森林中的潜在土壤退化区域、碳储量与碳循环信息、野生动物栖息地信息、因物种分布改变引发的全球变化轨迹等，这些信息对良好的森林生态环境建设具有重要意义[11]。

3）有效发挥遥感技术在抽样调查中的作用

抽样调查和遥感技术相结合，在国外森林资源监测中起到了重要作用。遥感技术的应用可以为地面抽样调查提供详细的抽样框和分层信息，提高抽样调查效率，抽样技术则可为遥感提供充分的地面数据的验证依据。在美国森林资源综合监测中，首先利用航空相片或卫星影像对地面信息进行分层抽样，划分为有林地和无林地，在有林地范围内再设置固定样地进行调查，以降低调查成本，节省时间和人力，提高调查效率[11]。加拿大的森林资源二类调查利用遥感影像的水平很高，通过对遥感影像的判读，获得林分级别的数据和地图，但蓄积量调查仍依赖于实地抽样调查的数据[9]。遥感技术在土地利用类型调查、森林分层、面积类指标调查中发挥着越来越大的作用，但也不能无限夸大其作用，对胸径、树高、疏密度等蓄积量属性因子的调查，遥感技术目前还无能为力。

4）高度重视新技术应用

美国、德国等率先采用了全球定位技术（GPS）、地理信息系统技术（GIS）以及电子数据采集、数据库、网络等计算机技术，其3S技术研究与应用更为成熟，特别在低空、大比例尺航空遥感方面更是先人一步。在测量仪器方面，德国、加拿大、美国等国家在野外调查中广泛应用了激光测距仪、超声波测距仪、林分速测镜、电子数据采集器等先进设备[19]，德国还使用金属探测器寻找埋于地下隐蔽的样地标志（金属棒）[14]。这些先进的技术与仪器，不但实现了森林资源的快速、准确调查，而且可以将调查数据直接输入到计算机中进行处理，节省了大量的人力、物力。

5）努力探索森林资源年度出数

森林资源年度出数是个世界性难题，美国、德国等发达国家探索建立了森林资源动态更新系统，利用森林生长模型和各种造林、采伐等资料，对数据进行滚动更新，以获得年度森林资源动态数据[19]。美国采用每年调查1/5固定样地的方式研究年度出数，德国通过研建森林生长模型对自然生长的林分进行生长预测，并结合经营档案数据更新获得年度森林资源动态数据。总体而言，为了实现森林资源年度出数，国外的做法不外乎复查部分样地、建立生长模型、完整记录并更新经营档案，但难以采用每年普查一遍的方法。

1.4.2　国内森林资源监测发展

1. 发展历程

我国的森林资源调查最早开始于1950年林垦部组织的甘肃二洮河林区森林资源清查[19]。1953年，根据全国林业调查会议精神，国有林区逐步开展了森林经理调查，各省也陆续开展了森林资源调查[20]。20世纪50年代，借鉴前苏联的森林调查技术和规程，进行地面实测和航空调查，查清了我国主要林区的森林资源状况[21]，但由于方法多样、要求不一，调查数据不能全面反映全国森林资源的实际情况[14]。在60年代，我国森林资源清查方面所做的主要工作是引进和试点以数理统计为基础的抽样调查技术，革新了森林资源调查监测的技术方法[20, 21]。1973年，农林部召开全国林业调查工作会议决定，林业调查分为全国森林资源清查和宜林荒山荒地清查，森林和造林规划设计调查，伐区、造林、营林作业设计调查。据此，1973年组织了全国第一次规模最大的森林资源清查，即“四五”清查，清查以县为单位进行，侧重于查清森林资源现状，至1976年各省先后完成了全部调查任务[20]。1977年，农林部决定建立以数理统计理论为基础的全国森林资源连续清查体系[20]，1977—1982年，建立了以省为单位的森林资源连续清查体系的基本框架，查清了全国森林资源的基本情况[21, 22]，1983年建立了全国森林资源数据库，以后每5年进行一次全国性连续清查[19]。自1982年以后，我国逐步建立健全了国家森林资源连续清查（一类调查）、森林资源规划设计调查（二类调查）和森林资源作业设计调查（三类调查）制度[19, 23, 24]。森林资源一类调查，每年调查1/5的省份，全国5年轮查一回，目前正在开展第九次全国森林资源连续清查。改革开放后，国家组织了大规模的全国范围的森林资源二类调查，并规定二类调查的间隔期一般为10年[19, 24]，到目前为止，已超过3/4的县级区域完成或多次开展了二类调查[24]，将森林资源数据落实到了具体山头地块。

我国的森林资源调查，从20世纪50年代就开始利用航空测量技术，80年代后逐步引进“3S”等高新技术手段。进入21世纪，为了适应生态建设为主的林业发展要求，增加了生态监测内容，并进一步推广应用高新技术。1999年第六次全国连清时，遥感、全球定位、地理信息系统已逐步得到推广应用，并把森林生态功能、森林健康、生物多样性等反映生态状况的内容纳入监测范围，建立了森林资源和生态状况监测的基本框架，综合监测能力和服务水平得到提升[20, 21]。2009年开展第八次连清调查时，提出了森林资源一体化监测议题，以力求解决国家与地方监测不协同、监测成果时效性差、监测技术水平不高、监测工作应变能力差等问题[21]。

森林资源一体化监测是当前我国森林资源监测领域的重大议题和面临的紧迫任务，国家层面[21, 22, 25-27]和江西[28]、贵州[29]、云南[30]、内蒙古[31]、广东[32, 33]、浙江[34-39]等省及有关院校[40]，在一体化方案框架、森林资源年度出数、一类数据与二类数据融合、大样地监测、林分生长模型研建、资源档案更新、分层法自然增长更新、基于固定样地的小班动态更新、市县联动监测、一体化协同管理等方面，为森林资源一体化监测做了大量而较深入的基础性探索研究。

2010年7月，国务院批复了我国首个《全国林地保护利用规划纲要（2010—2020年）》，为落实《纲要》规定的各项目标任务，国家林业局于2010年组织开展了全国林地“一张图”建设，通过近3年的艰苦努力目前已初步建成。林地“一张图”是在县级森林资源规划设计调查成果基础上，利用高分辨率遥感影像判读辅以现地核实，逐块落实林地边界，标注每块林地属性，并按统一的标准和方法，在国家、省、市、县各个尺度上无缝拼接，形成了包括遥感影像、地理信息、林地图斑与林地属性信息为一体的全国林地“一张图”。据统计，初建的全国林地“一张图”，共划分了4900万个林地图斑，林地面积达50亿亩①[24]。

2．建设成就

纵观我国60多年来的森林资源监测发展历程，我们以较少的人力、物力和财力，在较短的时间内查清了国家与地方森林资源的现状和消长变化，积累形成了大量宝贵的数据资源，为我国林业和生态建设做出了重大贡献。我国的连清样地数量之大、复查次数之多、动员力量之广、采用标准之规范，是世界上少见的，得到了众多国家的广泛赞誉[20]。我国60余年的森林资源监测工作，满足了不同历史时期林业发展和经济建设的信息需求，是一部不断与时俱进的发展史。

20世纪50～60年代，对我国主要林区的森林资源调查成果，为林区开发和木材生产奠定了基础，为新中国初期的国家建设做出了重要贡献。70～80年代的森林资源监测成果，及时揭示了由于长期过伐造成森林资源锐减的问题，为国家制定严格保护森林资源和大力推进植树造林等林业方针政策起到了重要作用。90年代的监测结果显示，我国森林资源已转入恢复增长阶段，为评价和持续坚持严格保护森林资源和大力推进植树造林政策提供了科学依据。在世纪之交，国家提出了森林分类经营战略，森林资源一类调查与二类调查成果，为科学区划各类公益林提供了基础数据，为编制各项重大林业与生态建设工程规划提供了重要依据。21世纪以来的各类森林资源监测成果，为推动以生态建设为主的林业发展战略转变，为我国向世界提出森林面积、蓄积量“双增”目标，应对全球气候变暖国际谈判以及各级林地保护利用规划提供了重要依据。近年来的森林资源与生态状况监测成果，更是为确立我国的生态文明发展战略，考核“双增”工作实绩，评价生态文明建设成效提供了有力支持。

1.4.3 浙江森林资源监测发展

1．发展历程

新中国成立前，浙江省从未进行过全省性的森林资源调查。自1953年成立了浙江省林野调查队，才开始有组织、有系统地进行森林资源调查[4]。浙江省的森林资源

① 1公顷=15亩。

二类调查，先后已开展了“一五”（1953—1957年）、“四五”（1973—1975年）、“六五”（1983—1986年）、“九五”（1997—1999年）、“十一五”（2005—2009年）五次调查，目前正在进行新一轮森林资源二类调查。浙江省的森林资源一类调查，于1979年建立了森林资源连续清查体系，并开展了初次连清调查，初查时剔除了平原部分，按东西6千米、南北4千米间距设置了3575个固定样地；1986年进行了首次连清复查；1989年再次进行连清复查时，将连清体系总体扩展到平原地区；1994年、1999年、2004年连续三期复查，按林业部要求，浙江省作为唯一试点省份以每期移动并新设1/3样地方式，至2004年对全部样地进行了同向移位，三期移动调查结果表明，浙江省固定样地没有特殊对待问题。自1989年后，浙江省形成了每5年开展一次国家连清复查制度；2004年后，全省4252个样地被固定了下来，2009年、2014年两期都是对这4252个样地进行原位复查的。

早期的森林资源调查侧重于资源数量、质量和动态的调查。遵照国家资源调查技术规定，浙江省从2004年起将森林生态状况列入了调查内容。2009年第八次国家连清调查结束后，开展了全省森林功能价值专题研究，首次对森林生态服务功能、碳汇功能的实物量和价值量进行系统研究，并整体评估了全省森林资源资产价值。此后，森林生态服务功能与碳汇功能成为浙江省森林资源年度监测的重要内容。

长期以来，罗盘仪、皮尺、测高器是浙江省野外调查的传统工具。早期监测的遥感技术（RS）以航片为主，“十一五”二类调查时广泛应用了黑白灰度的航片，有些县采用了彩色航片和 Spot5 卫片、IKONOS 卫片等，现在高分卫片和彩色航片的应用越来越普及。浙江省从 2002 年开始利用 GPS 进行样地定位和复位找点，并同时作为质量监控的重要手段，在 2004 年的连清复查中全面应用了全球定位系统，大幅度提高了样地定位精度。在 GIS 应用上，主要是建设县级森林资源二类调查成果 GIS 平台，用于内业数据处理和图件制作等方面的应用。2014 年的连清复查应用了自主开发的基于移动端样地调查数据采集系统，并进一步研发出基于移动端的小班调查数据采集系统，推广应用于新一轮森林资源二类调查。

2．一体化监测工作基础

近十多年来，浙江省在森林资源一体化监测方面进行了较长时间的探索和实践，形成了较好的工作基础，成为国内开展森林资源省、市联动年度监测的首个也是唯一的省份，得到了国家林业局的高度肯定，据此还将浙江省列为国家森林资源年度监测试点省。

省级森林资源年度监测，大致经历了三个阶段：第一阶段为2000—2003年，为起步探索阶段。 2000年首次采用抽取1/3连清固定样地（约1420个）进行复查的方式，进行全省森林资源年度监测，2001—2003年连续三年对重点林区丽水市进行了年度监测。第二阶段为2004—2011年，为持续开展省级年度监测阶段。除国家连清复查年外，每年抽取1/3的连清固定样地进行复查，自此之后实现了省级年年出数。第三阶段自2012年起至今，为省、市联动监测阶段，结合森林资源“双增”目标年度考核等工作需要，在对全省4252个省级样地进行复查的基础上，进一步将11个设区市作为副总体，通过样地加密方法，将省级森林资源年度监测工作延伸到各设区市，各设区市共加密样地1123个，目前全省样地调查总数已达到5375个，实现了省、市联动森林资源年度出数。自2005年开始，建立了省级森林资源监测年度公告制度，全省森林资源及生态状况数据每年定期在《浙江日报》上进行公告。

县级动态监测方面：从2005年开始进行县级森林资源动态监测试点，以努力解决县级森林资源年度出数问题；在连续开展三年试点后，2008年印发了《浙江省县级森林资源动态监测技术操作细则》，将全省分为三种类型县并提出了分类要求，拟逐步在全省建立起县级森林资源动态监测体系。由于种种原因，县级森林资源动态监测进展情况总体不大理想，省林业厅目前已连续三年对33个试点县实行森林增长指标年度考核，省政府已启动对26个欠发达县的林业绩效年度考核工作，通过考核带动将对县级森林资源动态监测工作起到很大的促进作用。

市、县联动监测方面：2008—2012年，选择杭州市研创了市、县联动森林资源监测技术，市级采用固定样地抽样调查方法，县级采用抽取部分小班复位调查、模型推算、档案更新相结合方法，建立市级抽样控制下的县级联动更新森林资源年度监测体系，实现了市、县联动年年出数据。自2014年起，省委组织部将森林质量评价列入了市党政领导班子和领导干部实绩考核内容，各地高度重视，台州、衢州、湖州等市正在酝酿对所辖县进行延伸考核，这将对开展市、县联动监测起到很大的推动作用。

参考文献

[1] 联合国粮食及农业组织. 2015年全球森林资源评估报告[M]. 罗马, 2015.

[2] 国家林业局. 中国森林资源报告——第八次全国森林资源清查[M]. 北京: 中国林业出版社, 2015.

[3] 浙江林业志编纂委员会. 浙江林业志[M]. 北京: 中华书局, 2001.

[4] 刘安兴、张正寿、丁良冬. 浙江林业自然资源·森林卷[M]. 北京: 中国农业科学技术出版社, 2002.

[5] 李宝银. 地方森林资源监测体系技术方法和实施系统的研究[J]. 林业资源管理, 1995, (3):

15-21.

[6] 曾伟生,闫宏伟.森林资源监测有关问题的思考[J]. 林业资源管理, 2013, (6): 15-18.

[7] 熊泽彬、周光浑. 关于森林资源监测体系总框架的构想[J]. 林业资源管理, 2002, (6): 1-5.

[8] 肖兴威. 中国森林资源和生态状况综合监测研究[M]. 北京: 中国林业出版社, 2007.

[9] 叶荣华. 年度森林资源清查: 美国的经验与借鉴[J]. 林业资源管理, 2013, (4): 1-4.

[10] 叶荣华. 美国国家森林资源清查体系的新设计[J]. 林业资源管理, 2003, (3): 65-68.

[11] 刘华, 陈永富, 鞠洪波, 等. 美国森林资源监测技术对我国森林资源一体化监测体系建设的启示[J]. 世界林业研究, 2012, 25(6): 64-68.

[12] 肖兴威, 姚昌恬, 陈雪峰, 等. 美国森林资源清查人基本做法和启示[J]. 林业资源管理, 2005, (2): 27-33.

[13] 王忠仁, 韩爱惠. 德国奥地利森林资源监测与经营管理的特点及启示[J]. 林业资源管理, 2007, (3): 103-108.

[14] 马茂江, 张文, 万国礼, 等. 德国与我国森林资源调查监测对比分析[J]. 四川林勘设计, 2008, (3): 48-49.

[15] 徐济德. 英国森林资源经营管理现状与监测体系特点及启示[J]. 林业资源管理, 2010, (6): 124-128.

[16] 聂祥永. 瑞典国家森林资源清查的经验与借鉴[J]. 林业资源管理, 2004, (1): 65-70.

[17] 靳爱仙, 白降丽, 高显连, 等. 加拿大森林资源管理及信息化建设的借鉴与启示[J]. 林业资源管理, 2012, (3):131-133.

[18] 李忠平, 黄国胜, 曾伟生, 等. 巴西森林资源监测及遥感技术应用的基本做法和启示[J]. 林业资源管理, 2012, (52): 125-128.

[19] 邓成, 梁志斌. 国内外森林资源调查对比分析[J]. 林业资源管理, 2012, (5): 12-17.

[20] 肖兴威. 中国森林资源与生态状况综合监测体系建设的战略思考[J]. 林业资源管理, 2004, (3): 1-5.

[21] 闫宏伟, 黄国胜, 曾伟生, 等. 全国森林资源一体化监测体系建设的思考[J]. 林业资源管理, 2011, (5): 6-11.

[22] 曾伟生. 全国森林资源年度出数方法探讨[J]. 林业资源管理, 2013, (1): 26-31.

[23] 李海, 王野, 刘学义. 对优化森林资源调查监测体系推进一体化监测的建议[J].林业勘查设计, 2011, (2): 19-20.

[24] 周昌祥. 我国森林资源规划设计调查的回顾与改进意见[J]. 林业资源管理, 2014, (4): 1-3.

[25] 周昌祥. 对我国森林资源清查体系及年度出数的研究与探讨[J]. 林业资源管理, 2013, (2): 1-5.

[26] 周琪, 姚顺彬. 分层抽样下的森林资源清查数据年度更新探讨[J]. 林业资源管理, 2009, (6): 116-119.

[27] 吴发云, 孙涛, 王小昆. 基于数学形态学的森林资源数据更新技术研究[J]. 林业资源管理, 2009, (5): 105-108.

[28] 梁赛花, 何齐发, 王伟, 等. 基于林分生长模型的森林资源年度档案更新技术探讨——以江西省森林资源年度档案更新为例[J]. 江西林业科技, 2013, (6): 36-39.

[29] 肖玲, 卢鹏, 甘桂春, 等. 森林资源档案更新关键技术研究——以贵州省为例[J].林业资源管理, 2015, (2): 129-133.

[30] 年顺龙, 台新华, 邓喜庆. 基于二类调查小班数据的森林资源更新思路与方法[J].林业资源管理, 2014, (4): 115-118.

[31] 罗刚, 田晋, 刘国平, 等. 利用分层法进行信息系统森林自然生长更新[J]. 林业资源管理, 2012, (3): 28-30.

[32] 黄平. 全国森林资源一体化监测的实践与思考——以广东省森林资源监测工作为例[J]. 林业资源管理, 2013, (2): 6-9.

[33] 李清湖, 余松柏, 薛春泉, 等. 不同森林资源监测体系数据协同性初步分析——以广东省为例[J]. 中南林业调查规划, 2013, 32(4): 16-19.

[34] 刘安兴. 浙江省森林资源动态监测体系方案[J].浙江农林大学学报, 2005, 22 (4): 449-453.

[35] 刘翌, 刘安兴, 张国江. 森林资源数据更新研究[J]. 林业资源管理, 2006, (2): 66-70.

[36] 季碧勇, 张国江, 赵国平. 基于固定样地的县级森林资源动态监测技术方法[J].林业资源管理, 2009, (5): 50-53.

[37] 张国江, 季碧勇, 王文武, 等. 设区市森林资源市县联动监测体系研究[J]. 浙江农林大学学报, 2011, 28 (1): 46-51.

[38] 陶吉兴, 张国江, 季碧勇, 等. 杭州市森林资源市县联动年度化监测的探索与实践[J]. 林业资源管理, 2014, (4): 14-18.

[39] 陶吉兴, 季碧勇, 张国江, 等. 浙江省森林资源一体化监测体系探索与设计[J]. 林业资源管理, 2016, (3): 28-34.

[40] 刘永杰. 森林资源协同管理应用系统建设研究[J]. 林业资源管理, 2013, (6): 162-167.

第2章 形势背景分析

2.1 形势发展要求

森林资源监测既是一项基础性国情林情监测工作，也是具有重要公益意义的法定工作。在大力推进生态文明建设过程中，原有的唯GDP考核模式逐渐被打破，与生态文明建设有关的考核评价体系正在逐步建立，新形势赋予了森林资源监测新的责任，对森林资源监测工作提出了新的要求。党的十八大报告中（2012年）提出“要加强生态文明建设，要把资源消耗、环境损害、生态效益纳入社会经济评价体系”。十八届四中全会（2015年）提出，要贯彻创新、协调、绿色、开放、共享的发展理念。其中，绿色发展就是要在未来的发展中倡导生态、绿色、低碳、循环的理念，需要我们转变发展方式，加强宏观调控，建立与此相适应的政绩考核体系。中共中央、国务院《关于加快推进生态文明建设的意见》（2015年）指出“建立生态文明综合评价指标体系，加快推进对能源、矿产资源、水、大气、森林、草原、湿地、海洋和水土流失、沙化土地、土壤环境、地质环境、温室气体等的统计监测核算能力建设，提升信息化水平，提高准确性、及时性，实现信息共享”。2014年，浙江省委、省政府出台了《关于加快推进林业改革发展全面实施五年绿化平原水乡十年建成森林浙江的意见》，提出“各级政府要把保护发展森林资源作为政府目标考核的重要内容，建立健全保护发展森林资源目标责任长效机制和森林增长指标考核制度，把森林覆盖率、林木蓄积量、林地和湿地保有量等指标纳入政府年度绩效考核”。2015年，国家开始对党政领导干部生态环境损害进行责任追究，启动了领导干部自然资源资产离任审计、自然资源资产负债表编制工作，明确了各级党政领导干部对生态环境与资源保护的重要职责和追责机制。因此，为及时掌握森林资源与生态状况，有效监督森林资源增长的任期目标责任制，科学评价森林生态建设成效，发挥监测对管理的预示性、警示性和指引性作用，实现森林资源的永续利用，需要有时效性更高、预警能力更强、指导作用更好的森林资源消长变化信息数据。

显然，随着形势的发展和时代的进步，人们越来越认识到了森林所具有的多功能性和多价值性，赋予了森林资源新的内涵，进而影响到了森林资源的监测理念。不同的监测理念，会有不同的监测行为，产生不同的监测成果。在新中国成立后一个相当长的时期内，我国的森林资源监测理念受到用材蓄积量理论的强烈影响。但当今，林业工作已转向生态建设为主，人们的生态需求日益强烈，“森林资源监测”的内涵也日渐扩展到“森林资源与生态状况的综合监测”，森林资源监测工作已由单纯的面积蓄积量监测转变为面积蓄积量与生态状况综合监测。在全球气候变暖的大背景下，发挥林业应对气候变化的作用成为国家战略的重要组成部分，也是我国参与国际气候谈判的一张重要“底牌”。为了有力支撑国家应对气候变化的内政外交，需要及时掌握森林资源的时空变化数据，准确评价森林生态系统的固碳能力，同样离不开针对性更强、现势性更好的森林资源和生态状况信息。国内一些专家提出了推进全国森林资源一体化监测体系设想，将健全森林资源监测体系、掌握森林资源动态变化，作为建立高效林业管理体系的一个重要内容，要求积极推进森林资源监测体系的优化改革，逐步建立服务高效的一体化监测体系[1]。

综上所述，时代在呼唤绿色，在呼唤低碳，民众越来越关注作为陆地生态系统主体的森林生态系统，究竟蕴藏着多少资源宝库、其固碳释氧的能力有多大、发挥的生态效益是多少？政府则越来越重视生态建设的成效有多大、各项考核与评价指标能否及时准确得到？“没有调查就没有发言权”，所有这方面数据的取得，都离不开森林资源监测工作。我们应切实把握好森林资源监测的综合性、时效性、预见性的时代要求，把握好监测目标多元化、方法手段现代化、分析评价综合化、信息服务多元化的发展趋势，不断优化完善监测体系，创新监测方法，促使森林资源监测工作始终紧跟时代的步伐，不断创新进步。

2.2 发展现状评价

2.2.1 现状综述

我国的森林资源监测工作起步于20世纪50年代的国有林区森林经理调查[4]。在60年代，所做的主要工作是引进和试点以数理统计为基础的抽样调查技术。1977年，农林部决定建立全国森林资源连续清查体系，自此之后，全国森林资源清查以连清复查为基础开展，监测范围目前已覆盖到除港、澳、台以外的各省（自治区、直辖市）。从1999年全国第六次连清开始，遥感（RS）、全球定位系统（GPS）、地理信息系统（GIS）等新技术逐步得到推广应用。从2004年全国第七次连清起，除进一步推广应用新技术外，将森林生态功能、森林健康、生物多样性等反映生态状况的内容纳入到监测范围，从此森林资源清查体系步入为包括森林资源与生态状况在内的综合监测体系。通过建立国家森林资源连续清查体系，使我国具备了国家和省级森林资源监测和评估能力，得到了很多国外林业专家的广泛赞誉[2]。

经过多年的探索发展，我国已形成了相对稳定的森林资源监测方法体系：一是以全国（大区或省）为对象的“国家森林资源连续清查”，简称为“一类调查”；二是以森林资源经营管理单位和县级行政单位为对象的“森林资源小班区划调查”，又叫“森林资源规划设计调查”，简称为“二类调查”；三是为某项具体生产作业而进行的“作业设计调查”，简称为“三类调查”[2, 4]。目前，一类调查有逐渐向设区市延伸趋势，二类调查在各类考核、评价工作中正发挥着越来越重要的作用。

近十多年来，在森林资源与生态状况综合监测体系的战略思想影响下，我国森林资源监测的基础条件建设、监测指标体系建设、各种监测资源的整合、国家监测与地方监测的协调、高新技术的应用等方面取得了长足的进步。闫宏伟、刘华等提出了全国森林资源一体化监测的思路建议[1, 5]，国内一些地方也做了相关探索研究，但尚未有真正能达到一体化监测的系统设计要求。浙江省在森林资源一体化监测方面进行了较长时间的探索和实践[6-9]，按照时代性、现势性、基础性、创新性和多用性要求，着力推进省、市、县联动监测和年度出数问题，形成了较为完善的技术方法体系、组织实施体系和成果应用体系，成为国内首个开展森林资源省、市联动年度监测的省份，在我国地方森林资源监测体系建设中树立了较好的示范与样板，产生了较大的影响力。

相比于20世纪的森林资源调查监测，现有的森林资源监测技术在数据采集、数据处理、数据分析和信息应用等方面有了较大的创新和发展，“3S”技术在森林资源调查监测中已显示出了巨大的作用。遥感（RS）包括航空遥感和航天遥感，航空相片应用历史悠久，能进行较精确的量测和立体观察，卫星遥感的数据种类很丰富，分辨率越来越高，便于数字化分析、应用比较分析，特别在森林资源二类调查中起着非常大的作用。在空间数据的管理和应用上，已离不开地理信息系统（GIS），由于GIS既含有空间信息又含有属性信息，所以对森林资源调查监测具有很大的实用性。GIS既是森林资源调查监测、系统分析的工具，同时也是丰富的信息库（数据库和图形库），更是森林资源监测最理想的数据源。全球定位系统（GPS）在森林资源调查中的应用主要体现在野外调查中，GPS的精确定位功能使我们在从卫星遥感图像上无法识别样地特征的时候给予帮助[10]，从而快速找准样地位置。在实际工作中，借助GPS的定位，加上遥感图像的判读，再结合GIS空间数据的识别，森林资源的现地调查就能既快又准地完成。浙江省森林资源监测中心与有关公司合作，对“3S”技术进行集成开发，并引入移动端数据传输技术，研发了基于移动端技术的森林资源野外数据采集系统，已在全省森林资源一类、二类调查工作中得到推广应用，实现了森林资源的智能化、无纸化调查。

2.2.2 存在问题

面对林业改革发展和生态文明建设的新形势，除少数几个先进省份外，总体而言，我国的森林资源监测状况还不能满足时代发展的要求，存在着监测能力不足与服务水平不高等诸多问题，主要表现在以下几个方面：

1. 传统森林资源监测制度的信息时效性差

国家森林资源连续清查体系，每年调查全国1/5的省份，5 年完成一次全国清查任务，全国的资源汇总数据没有统一的时间基点，且每5年才报告一次数据。森林资源规划设计调查，一般以县为单位每10年开展一次，省级汇总也无统一的时间基点，且数据间隔期更长。在这一传统的森林资源监测制度下，监测数据难以持续反映森林资源的现状，既无法及时为相关规划编制、政策制定提供可靠依据，也无法科学评价各项林业政策和生态工程的实施效果，更不能对各地森林增长情况实施有效监督和考核。

2. 现行一类调查与二类调查数据的衔接性差

森林资源一类调查和二类调查虽然对象相同，但因采用的操作体系、调查方法、时间尺度和基点不同，导致调查数据在时空格局和精度等方面存在差异，调查结果难以融合，客观上存在着不一致的两套数据。由于两种调查体系未能有效衔接，也难以优势互补和数据共享，导致各层级森林资源数据不对接和断层，给森林资源“一套数”带来了障碍，也影响到数据的使用效力。

3. 层级监测与关联工作的协同性差

一类调查是国家与省联动的森林资源连续清查，二类调查是服务于各森林经营单位的森林资源调查，传统的做法是两个体系独立运行，国家、省、市、县之间无论监测方法还是技术标准上尚无法进行有效协同。同时，资源监测成果也未能很好吸纳营造林实绩核查、经营管理档案等数据，资源监测与生态评价、二类调查与林地“一张图”之间也尚未整合到一个平台。一类调查与二类调查，国家、省、市、县四层级，以及相关工作之间，存在着明显不相协同的情况。

4. 新设备与新技术应用水平不高

目前，我国的地面调查设备和手段远远落后于先进国家，大多采用罗盘仪、测杆、皮尺、围尺、测高器等简单工具来开展野外测量，不但工作效率低，而且数据准确性也差。各类调查因子数据基本都是靠在野外手工采集，而发达国家很多调查数据则是用先进仪器自动采集后直接导入计算机进行处理。新技术的应用也不充分，遥感图像主要用于区划调查的辅助资料，受到分辨率高低的限制。GIS技术仍停留在制图和数据管理的初级阶段，其空间分析功能还没有得到有效应用。模型技术和数据库技术主要满足于单一目标和单一用途，其集成应用尚停留在探索和试用阶段，没有形成统一的技术规范，也没有形成集成应用规模。

5. 监测成果服务能力不强

监测应变能力差、监测成果服务能力弱是当前存在的突出问题。一是国家层面尚未建立年度公告制度，无法满足社会公众日益增长的信息需求。二是尚未研建用于森林碳汇监测的森林生物量计量模型，难以及时反映森林碳汇计量能力，服务于林业应对气候变化的能力弱；在森林健康状况和主要生态环境因子方面的监测指标不够全面，难以满足国民经济持续发展对林业更高的信息要求。三是难以快速掌握资源变化趋势，捕捉区域森林资源变化情况，精准落实局部森林资源变化地块，无法增强监管工作的针对性，难以提高森林资源的监管水平。四是无法在统一的调查框架和方法体系下，实现国家、省、市、县年年联动出数据，服务于森林资源考核评价的能力较差。五是林地“一张图”图斑与二类调查小班、经营管理档案小班、作业设计调查小班以及地籍小班对接不好，难以形成准确实用的林地“一张图”管理系统。

2.3 发展趋势分析

国内外森林资源的监测发展，始终离不开经济社会的发展和科技的进步。当前，欧美等林业发达国家在森林资源监测方面不断增加信息量和科技含量，我国的森林资源监测已步入努力推进一体化监测的新阶段，森林资源监测工作出现了新动向。

2.3.1 多资源、多功能监测是世界发展新潮流

在20世纪70年代以前，大多数国家的森林资源监测仍以森林面积和木材蓄积量为重点，主要为木材生产和利用服务[2]。此后，随着社会的不断发展和进步，人们对森林的经济、生态、社会功能的认识不断提高，逐步出现了多资源和多功能调查概念，特别是森林所具有的减灾防灾和减缓气候变暖的功能，美化环境和提高生活品质的作用，受到了前所未有的关注。人们的森林经营理念也随之发生深刻变化，森林培育出现了多样化、多目标态势，不再单纯地追求森林蓄积量与经济效益。从总体上看，世界各国的森林资源监测主要是围绕着可持续发展指标来采集所需要的信息，已从单一的森林面积和蓄积量监测向多资源、多功能和多目标监测过渡，内容上向资源数量结构与森林健康、生物多样性、森林环境等生态状况的综合监测转变[3，11，12]。

2.3.2 实现森林资源监测年度出数是现实需要

现代林业的发展、生态建设的推进，都对森林资源数据的时效性提出了越来越高的要求，传统的5年森林资源清查间隔周期和10年二类调查周期，都显得过于漫长，难以适应林业可持续发展和国家生态文明制度建设的需要，与其他经济社会指标统计一样，实现森林资源和生态状况年度出数已成为必然趋势。在社会层面，公众对林业建设和森林资源保护发展成就的关注度越来越高；在政府层面，与生态建设有关的政策出台、行动推进都需要森林资源的现势信息，为有效监督各规划指标和任期目标责任制的落实，都需要与规划或任期同步的森林资源信息数据。因此，及时更新森林资源数据，实现森林资源年度监测出数，不论决策者还是普通大众，对掌握森林资源动态变化的信息要求显得非常迫切。

2.3.3 进行森林资源监测工作协同是客观需要

森林资源监测是国情国力调查的重要组成部分，也与其他多项工作相依存、相联结、相促进。从减少工作重复、扩大数据共享、提高信息服务出发，抓好基础地位和应用引导两个关键环节，进行统筹兼顾、有机整合，做好关联工作的相互协同，既节约了资金和人力成本，又提高了工作效率，使资源监测成为一项受高度关注、多方重视的工作。要着力改变森林资源监测封闭运行、侧重为林业系统内部服务的现状，在保持林业监测相对独立、保障数据发布权威的前提下，与各部门监测形成协同发展的运行机制，推进跨部门的信息共享，提高服务国家和社会公众的能力。

当前，要与之做好的工作协同项目主要有：林地“一张图”建设和林地年度变更调查，多规合一、不动产登记、碳汇计量监测、森林增长指标年度考核、自然资源资产离任审计、自然资源资产负债表编制等工作，可按照外业数据一查多用、基础平台共建共享、各个模块满足不同功能要求的方式，进行有效协同和管理，实现资金、人力与时间成本的“三节省”。

从林地“一张图”到森林“一张图”是一项重要的协同内容。要以林业为根本，以二类调查数据为基础，将森林资源与林地状况落实到现地。首先要对林业（部门）“一张图”与国土（部门）“一张图”进行叠加分析，区分出“国土与林业部门共同认定的林地（有林权证）、国土未认定但林业认定的林地（有林权证）、农用地上的林地、建设用地上的林地”四类林地的界线，既可作为二类调查的工作底图，又是进行多规合一的主要依据。资源调查时不再设置细班，建立小班与属性数据之间的一一对应关系，生成出林地“一张图”，并通过林地范围、森林范围和管理属性的年度变更，以保持林地“一张图”的活性和现势性。在此基础上，将森林资源现状与分布数据落实到每个林地斑块，即形成了“森林一张图”。

2.3.4 实行森林资源上下联动监测是内在要求

森林资源监测数据要做到一套数，各级抽样调查之间、抽样调查与小班区划调查之间、小班调查与生产性作业调查之间，不能相互矛盾[14]，必须建立一个上下联动监测的控制体系。数据控制的基本思路是：数据层层控制，下级累加值不得突破上级的估计误差限。以省级连续清查为主线，省级连续清查控制市级连续清查，市级连续清查控制县级小班区划调查。因此，建立省、市、县三级联动工作体系，是实现森林资源监测数据控制和精准监测的内在基础要求。

省、市、县联动监测的核心，是有效衔接一类调查与二类调查的数据融合。浙江省设计了两条监测路线：一是省、市抽样调查联动监测；二是市级抽样控制下县级动态监测。这之中，市级监测起着承上启下的作用，在一、二类调查数据融合中处于关键地位，在两条线路中起着链接、转换和控制作用。

2.3.5 以“3S”技术为代表的高新技术应用将越来越广泛

从当前技术发展看，以遥感为代表的现代信息技术为森林资源监测的发展和创新提供了有利条件，具备了综合运用遥感、基础地理信息和计算机技术的能力。今后将会有更好的星种和传感器，大大提高卫星遥感的数据精度。GIS的图像处理能力会越来越高，常规地形图均将成为电子地图。GPS的精度也越来越高，这些都为高精度的数据分析提供了条件。从总体来看，未来的森林资源监测发展特点主要有技术的集成性——将航空摄影判读与卫星遥感、抽样设计与数学建模、地图与GIS、计算机网络技术等有机地综合为一体，建立上下一体、互联共享、功能完善、安全可靠的森林资源管理与信息服务平台，提升森林资源监测的科技含量和装备水平。

2.4 发展对策研究

上述分析研究启示我们，今后我国的森林资源监测工作应正确处理好国家监测与地方监测、技术体系和组织体系、继承发展和创新改革、资源监测与考核评价四大关系，构建从国家到地方各级上下一体的森林资源监测体系，建立国家、省、市、县四级监测机构组织体系，构建从上到下既分级控制又协调统一的总体调查框架，推动信息资源与处理手段的整合，在继承的基础上进行改革创新，既不固步自封，又不盲目乱改，确保森林资源监测结果的客观性、真实性、准确性，避免因考核引发对各项监测工作的行政干预，归结到一点，就是要建立森林资源一体化监测体系。为了积极推进我国的森林资源一体化监测工作，逐步实现森林资源“一套数”“一张图”的目标，为各层次用户提供不同时空尺度的信息服务，提出以下对策建议：

2.4.1 研究建立一体化监测技术方案

森林资源一体化监测技术方案包括：大尺度森林资源监测的抽样框架、抽样调查与区划调查相结合的调查方法、定期清查和年度监测成果相衔接的技术方法等。目前的森林资源一类调查和二类调查是独立运行的两套体系，相互之间不衔接。要建立上下统一的抽样体系框架，将森林资源连续清查与规划设计调查在相同框架下展开，构建从国家到地方各级上下一体的森林资源监测体系。统一规范调查方法和时间，从根本上消除调查成果不能共享、数据不能协调一致的问题。同时，要开展森林资源数据年度更新方法研究，分析影响森林资源变化的各类因子，提出对主要森林资源监测指标进行年度更新的具体方法。

国家监测和地方监测二者之间应相互衔接，不能相互独立。国家森林资源连续清查体系从20世纪70年代开始建立，经过近40年的发展，技术体系和组织体系都比较完善，综合水平已位居世界前列[13]。目前存在的主要问题是监测期跨度大，未能实现年度出数，难以满足年度考核评价等工作的信息需求。地方森林资源监测体系，目前各地基本上是依托森林资源规划设计调查，全国各地发展很不平衡，很多省已经开始进行第四轮调查，但部分省仅开展了1～2次，少数县甚至从来没有开展过。地方监测存在的突出问题有两个：一是与国家监测体系不协调；二是未形成省、市、县三级地方监测体系。因此，为了克服这些弊端，一定要全面统筹，理顺现行的森林资源连续清查、规划设计调查以及各类专题调查之间的关系，建立统一的森林资源调查技术标准和相关评价指标体系，加强成果数据的标准化和规范化建设，使得不同类型调查之间高度协调，成果数据高度统一，能够相互兼容、交换和共享。

2.4.2 研究建立抽样调查与区划调查的数据互控机制

我国的森林资源监测体系一定要做到只有一套数，各级连续清查之间、连续清查与小班区划调查之间、小班调查与生产性调查之间不能相互矛盾。抽样调查是宏观性监测，小班区划调查则是微观性监测，宏观数据与微观数据应该协调统一。因此，应针对两个系统的特点，研究建立宏观数据与微观数据之间协调和互控机制。控制的基本思路是：数据层层控制，下级累加值不能突破上级的估计误差限。以省级连续清查为主线，省级连续清查控制市级连续清查，市级连续清查控制县级小班区划调查。

要在深入分析抽样调查和区划调查特点的基础上，针对现行一类调查和二类调查存在的问题，对协调产出一套数的技术方案从操作层面进行具体研究。各市连清总面积和总蓄积量的累加数应在全省连清总面积和总蓄积量的估计误差限范围之内；县级小班区划调查的总面积和总蓄积量一定要在该县抽样控制的总面积和总蓄积量的估计误差限范围之内；设区市内各县小班区划调查的面积和蓄积量的累加数应在全市连清总面积和总蓄积量的估计误差限范围之内。

2.4.3 开展多目标资源调查和生态环境监测

20世纪70年代以前，大多数国家的森林资源清查与监测以森林面积和木材蓄积量为重点，主要为木材生产和利用服务[12]。此后，随着社会的发展进步，人们对森林的经济、生态、社会功能的认识不断提高，逐步出现了森林多资源清查、多功能监测的概念，向着与林业可持续发展相适应的森林生态系统监测发展，森林资源监测指标也从单一的面积、蓄积量指标向面积、蓄积量、生物量、生物多样性、森林健康、生态功能等多指标转变，逐步形成了多目标、多功能综合监测。

我国现行的森林资源调查监测体系，监测内容仍侧重于林木资源，对森林环境、生物多样性和生物量等方面虽然也进行了一些调查，但还不够规范、系统、深入，难以获得更全面、更实用的森林生态方面的信息与分析结果，对林业生态建设的评估和指导作用有限。因此，完善监测指标体系，增强森林健康与生态方面的调查因子，实行森林资源多目标和生态环境多功能监测，是我国森林资源一体化监测的重要工作。

2.4.4　加强新技术与先进设备的应用

野外调查数据的采集是森林资源监测工作中非常重要的一环，新技术和先进仪器设备的应用将在很大程度上节省调查时间，减轻调查人员的工作强度，提高调查精度，是提高资源调查水平的关键因素。我们要大力引进先进的野外调查设备，如激光测树仪、超声波测树仪、林分速测镜、电子数据采集器等先进设备。要积极应用最近期的高清晰度卫片、航片等资料进行室内预区划和判读，以尽可能减少外业调查工作量。要加强遥感技术、全球定位技术、地理信息系统技术的综合应用研究，重视信息管理技术、网络技术、模型技术的应用，改进数据处理和信息管理手段，促进信息管理的规范化和网络化。

2.4.5　探索研究森林资源年度出数

实现全国森林资源一体化是一个相对长远的目标，首先，应基于现行的调查监测体系，辅以必要的年度遥感监测，采用实测与估算相结合的方法，产出各尺度区域的年度森林资源数据。其次，应加强调查间隔期限内森林资源动态更新，开发可滚动更新的森林资源管理系统，每年或定期进行资源数据更新。一方面，通过造林核查、征占用林地、伐区验收、森林灾害等资料，对调查间隔期限内新增造林地、占用征收林地、采伐、灾害等原因引起的地类、林种变化进行现场核实，将突变面积落实到山头地块；另一方面，利用森林生长模型，对各种林分的自然生长进行生长模拟，以准确反映资源的动态变化并建立资源档案，保证资源数据的时效性、连续性、可靠性和可比性。

参考文献

[1] 闫宏伟, 黄国胜, 曾伟生, 等. 全国森林资源一体化监测体系建设的思考[J]. 林业资源管理, 2011, (6): 6-11.

[2] 肖兴威. 中国森林资源与生态状况综合监测体系的战略思考[J]. 林业资源管理, 2004, (3): 1-5.

[3] 邓成, 梁志斌. 国内外森林资源调查对比分析[J]. 林业资源管理, 2012, (5): 12-17.

[4] 周昌祥. 我国森林资源规划设计调查的回顾与改进意见[J]. 林业资源管理, 2014, (4): 1-3.

[5] 刘华, 陈永富, 鞠洪波, 等. 美国森林资源监测技术对我国森林资源一体化监测体系建设的启示[J]. 世界林业研究, 2012, 25(6): 64-68.

[6] 刘安兴. 浙江省森林资源动态监测体系方案[J]. 浙江林学院学报, 2005, 22(4): 449-453.

[7] 张国江, 季碧勇, 王文武, 等. 设区市森林资源市县联动监测体系研究[J]. 浙江农林大学学报, 2011, 28(1): 46-51.

[8] 陶吉兴, 张国江, 季碧勇, 等. 杭州市森林资源市县联动年度化监测的探索与实践[J]. 林业资源管理, 2014, (4): 14-18.

[9] 季碧勇, 张国江, 赵国平, 等. 基于固定样地的县级森林资源动态监测方法[J]. 林业资源管理, 2009, (5): 50-53.

[10] 戢建华、詹劲昱、骆崇云.浅谈森林资源调查技术的现状与发展[J]. 内蒙古林业调查设计, 2007, 30(1): 40-41.

[11] 叶荣华. 美国国家森林资源清查体系的新设计[J]. 林业资源管理, 2003, (3): 65-68.

[12] 马茂江, 张文, 万国礼, 等. 德国与我国森林资源调查监测对比分析[J]. 四川林勘设计, 2008, (3): 48-50.

[13] 唐守正. 我国森林资源监测体系位居世界先进行列[N]. 中国绿色时报, 2009-11-18(2).

[14] 熊泽彬, 周光辉. 关于森林资源监测体系总框架的构想[J]. 林业资源管理, 2002, (6): 28-30.

第3章 一体化监测理论基础

3.1 一体化监测概念思考

森林资源与国计民生越来越息息相关，党和政府及社会公众对森林资源数据的时效要求越来越高，给传统的森林资源监测工作带来了新的挑战。以民生林业为主要特征，以森林生态安全为着眼点，整合森林资源监测、生态功能监测、林地“一张图”建设、森林增长指标考核、自然资源资产负债表编制、领导干部森林资源资产离任审计、森林资源不动产登记等内容，进行森林资源一体化监测，成为新常态下时代赋予森林资源监测工作的新要求。为此，抓住林业改革发展对森林资源监测工作带来的新机遇，充分利用现代信息技术迅速发展带来的有利条件，总结和借鉴国内外先进经验，加快优化改革森林资源监测体系，积极推进森林资源一体化监测工作，显得尤为迫切，十分必要。

闫宏伟等就全国森林资源一体化监测问题作了较早思考，指出应按照现代林业建设的要求，在保持现有监测体系稳定的前提下，统筹国家和地方森林资源监测工作，统一技术标准，创新监测方法，整合监测成果，最终形成国家和地方森林资源监测工作“一盘棋”，森林资源“一套数”，森林分布“一张图”，建成上下一体、服务高效的森林资源“一体化”监测体系，具体包括组织管理、监测方法、技术手段和信息服务四个方面[1]。

从浙江省的情况看，随着经济社会的快速发展和人民生活水平的不断提高，特别是社会公众对森林资源和生态环境越来越关注，人们对森林资源数据的信息需求提出了更高的要求。早在2004年，浙江省委、省政府下发了《关于全面推进林业现代化建设的意见》，明确要求“健全森林资源动态监测体系，拓宽监测范围，增强监测的时效性，提高监测的科学水平”。10余年来，我们正是按照这一要求，不断改革和完善森林资源监测体系，在森林资源年度化、综合性监测方面取得了显著成效。

在新的形势下，森林资源一体化年度监测已是林业工作的一项重要任务。2014年，浙江省委、省政府将“森林质量评价”列入“市党政领导班子实绩考核评价指标体系”，对各市森林覆盖率、森林蓄积量等森林资源指标完成情况进行考核评价。2015年，浙江省委、省政府印发了《淳安等26县发展实绩考核办法（试行）》，明确将“森林保护与发展”作为一项生态环境治理指标纳入“淳安等26县发展实绩考核指标体系”。“森林保护与发展”指标包括森林覆盖率及年度水平变化程度，阔叶林及针阔混交林占森林面积比重，林木蓄积量的年增量及年增长率。考核结果作为衡量26县党政领导班子实绩的重要内容，作为干部提拔使用的重要依据，并与省财政补助挂钩，与用地指标等要素挂钩。这些指标的考核评价，都离不开对森林资源开展持续跟踪和监测。综合地说，浙江省建立森林资源一体化监测体系，需要考虑以下几个方面的因素：

一是体系要满足当前生态文明建设年度考核需要。体系设计要以应用为引导，以实现年度监测、增强服务能力为基本要求，将监测工作与林业绩效评价、政府实绩考核、森林资源资产离任审计、森林资源不动产登记等工作有机结合，为政府年度考核评价提供数据支撑。

二是体系要与现有森林资源监测基础相衔接。要与现有省级森林资源年度公告制度等相衔接，夯实省、市两级森林资源监测以抽样调查（一类调查）、县级森林资源监测以小班调查（二类调查）为基本方法的工作基础，明确监测目标与任务要求，科学设计监测路线图，建立全省统一的监测框架体系。

三是体系要与有关工作相协同。各级森林资源监测工作及以监测数据为指标的各项考核、评价、审计工作，须进行有效的协同，尽量避免重复劳动，特别要避免外业调查数据的重复采集，努力实现外业数据与内业结果的一查多用。同时，要建立规范统一的森林资源信息管理系统，为整合林业信息管理系统提供基础本底。

四是体系要实现省、市、县多级联动和逐级控制。全省森林资源一体化监测体系，必须与国家森林资源连续清查体系相对接，下达县后可继续延伸至乡镇，省、市、县监测主线形成相互衔接的工作与技术体系，做到监测数据上下衔接、逐级控制、有精度保证，监测结果可测量、可核查、可报告。

五是体系要厘清基础年与监测年的不同要求。体系建设既要考虑监测数据精度与准确性，又要考虑监测成本与工作量，在体系设计上，要进一步深化省级年度监测基础年和监测年的做法，在基础年必须进行全面系统的调查，以建立新的森林资源家底；在各个监测年，抽取部分样地或小班进行监测出数。

六是体系要综合运用当前各类新技术。要充分利用高清遥感影像和移动GPS等3Ｓ技术、移动端数据智能采集等“互联网＋”技术、海量数据存储加工等大数据技术、统计预测与控制等数据模型技术，用于森林资源调查样地复位、小班区划、野外数据采集与内业数据处理工作，努力减少外业调查工作量，提高内业工作效率。

因此，根据浙江省森林资源一体化监测的工作基础、目标内容、功能作用和发展要求，森林资源一体化监测概念可以概括为：以省、市森林资源抽样调查（一类调查）和县级森林资源小班调查（二类调查）为工作基础，以资源出数年度化、省市县上下联动化、相关工作协同化和监测技术信息化为特征，以一个平台、一张图、一套数为方向，对一定空间范围内的森林资源进行定期调查、统计、分析和评价，从而实现省、市、县森林资源年度出数，实现森林资源监测数据的科学、权威和一查多用[2]。

3.2 调查统计理论

3.2.1 数理统计理论

数理统计学是伴随着概率论的发展而发展起来。19世纪中叶以前已出现了若干重要的工作，如C.F.高斯和A.M.勒让德关于观测数据误差分析和最小二乘法的研究。到19世纪末期，经过包括K.皮尔森在内的一些学者的努力，这门学科已开始形成。20世纪上半叶，数理统计学逐渐发展成一门成熟的学科，很大程度上要归功于K.皮尔森、R.A.费希尔等学者的工作，特别是费希尔的贡献，对这门学科的建立起了决定性的作用。1946年H.克拉默发表的《统计学数学方法》是第一部严谨且比较系统的数理统计著作，标志着数理统计学进入成熟学科阶段。

概率论是根据大量同类的随机现象的统计规律，对随机现象的出现某一结果的可能性作出一种客观的科学判断，并对这种出现的可能性大小做出数量上的描述，比较这些可能性的大小，研究它们之间的联系，从而形成一套数学理论和方法。随着研究随机现象规律性的科学——概率论的发展，应用概率论的结果可更深入地分析研究统计资料，通过对某些现象的频率的观察来发现该现象的内在规律性，并作出一定精确程度的判断和预测；将这些研究的某些结果加以归纳整理，逐步形成一定的数学模型，这些组成了数理统计的内容。

数理统计研究的对象主要是带有随机性质的自然及社会现象。它通过对随机现象的观察收集一定量的数据，然后进行整理、分析，并应用概率论的知识作出合理的估计、推断、预测。概率论是数理统计的理论基础，数理统计是概率论在自然和社会科学诸方面的实际应用[3,4]。数理统计学内容庞杂，分支学科很多，大体上可以划分为如下几类：

第一类分支学科是抽样调查和试验设计。它们主要讨论在观测和实验数据的收集中有关的理论和方法问题，但并非与统计推断无关。

第二类分支学科为数甚多，其任务都是讨论统计推断的原理和方法。各分支的形成是基于：①特定的统计推断形式，如参数估计和假设检验。②特定的统计观点，如贝叶斯统计与统计决策理论。③特定的理论模型或样本结构，如非参数统计、多元统计分析、回归分析、相关分析、序贯分析、时间序列分析和随机过程统计。

第三类是一些针对特殊的应用问题而发展起来的分支学科，如产品抽样检验、可靠性统计、统计质量管理等。

3.2.2 抽样调查理论

抽样调查是用数理统计论的思想、方法去解决实际问题的一种技术工作方法。在实际问题中出现的总的研究对象，我们称为总体，其分布一般是未知的，所以，首先要对总体进行抽样，以获取总体的有关信息——样本，再利用这些信息对总体进行分析。对于如何选取样本这个问题，经过人们不断地尝试、试验，渐渐地就有了“抽样论”、“试验设计”的发展。1895年，Kiaer在国际统计学（ISI）最早提出了“代表性抽样”的概念，随后经过Neyman、Hansen和Mahalanobis等人的杰出工作，抽样调查理论与方法在过去的100年间，已经取得了很大发展。从概率抽样方法的发展和完善，到收集信息与控制误差方面日益复杂方法的应用，抽样调查已经取得了很大进步。特别是近几十年来，在实践中实施的大型调查所涌现出的关于抽样设计和数据分析难题的攻克，更是推动了理论研究的发展。

在现实生活中，有很多实际问题将会用到数理统计的知识，它会有效地帮助我们分析和论证，从而得到我们需要的信息。为了更加有效地应用这些知识，就需要在总体中选取一个最合适的样本来为我们服务。从这个方面来说，样本的选取方法就成了一个至关重要的问题。只有找一个最简洁又具有代表性的样本，才能获得隐藏在数据背后的真相。

抽样调查是指从研究对象的全部单位中抽取一部分单位进行考察分析，并用这部分单位的数量特征去推断总体的数量特征的一种调查方法。显然，抽样调查虽然是非全面调查，但它的目的却在于取得反映总体情况的信息资料，因而，也可起到全面调查的作用[5-6]。

使用抽样调查的方式采集数据的具体方式有很多种，可以将这些不同的方式分为两类：概率抽样和非概率抽样。森林资源调查中通常采用的是概率抽样。概率抽样也称随机抽样，是指遵循随机原则进行的抽样，总体中每个单位都有一定的机会被选入样本[7]。调查实践中经常采用的概率抽样方式有以下几种：

1. 简单随机抽样

简单随机抽样就是从包括总体N个单位的抽样框中随机地、一个一个地抽取n个单位作为样本，每个单位入样概率是相等的。简单随机抽样必须得到包含全部样本的抽样框，如果样本单位分布比较分散，则不便取样或取样成本较大。 在较大规模的调查中，很少直接采用简单随机抽样，一般是把这种方法和其他抽样方法结合起来使用。

2. 分层抽样

分层抽样是将抽样单位按某种特征或某种规则划分为不同的层，然后从不同的层中独立、随机地抽取样本。 将各层的样本集合起来，对总体的目标量进行估计。 采用合理的分层可以使样本更具有代表性，可以提高每单位成本的效率，对于不同的层，可以根据具体情况，采用不同的处理方法，从而提高估计的精确度，总体有周期现象时，用分层比例抽样法可以减少抽样方差。

3. 整群抽样

将总体中若干个单位合并为组，这样的组称为群。 抽样时直接抽取群，然后对中选群中的所有单位全部实施调查，这样的抽样方法称为整群抽样。

4. 系统抽样

系统抽样将总体中的所有单位按一定顺序排列，在规定范围内随机地抽取一个单位作为初始单位，然后按事先规定好的规则确定其他样本单位。 典型的系统抽样是先从数字1～k随机抽取一个数字r作为初始单位，以后依次取r+k, r+2k, …所以可以把系统抽样看成是将总体内的单位按顺序分成k群，用相同的概率抽取出一群的方法。

5. 多阶段抽样

采用类似整群抽样的方法，首先抽取群，但并不是调查群内的所有单位，而是再进一步抽样，从选中的群中再抽取出若干个单位进行调查，然后依次进行下去，第几阶段抽取的是最终抽样单位，就是几阶段抽样。

3.2.3 大数据理论

所谓“大数据”（Big Data），维基百科的解释是:“所涉及的数据量规模巨大到无法通过人工，在合理时间内达到截取、管理、处理并整理成为人类所能解读的信息。”“由巨型数据集组成，这些数据集大小常超出人类在可接受时间下的收集、运用、管理和处理能力。”伴随近年来互联网、物联网、云计算等技术的迅猛发展，网络间尤其是移动互联网中的各种应用层出不穷，引发了数据规模的爆炸式增长，从而形成了大数据。

与传统数据工程相比较，大数据具备所谓5V 特征：①大数量（Volume），数据规模从GB 、TB、PB，甚至开始以EB 和ZB 来计算；②多样化（Variety），数据类型繁多，包括结构化数据、半结构化数据及非结构化数据，尤其是近年来个性化的非结构化数据呈几何级增长；③高速（Velocity），数据的产生和处理速度按秒计算；④真实性（Veracity），数据真伪杂陈，良莠互见；⑤价值性（Value），数据量大而价值密度低。

鉴于大数据所具有的这些特性，如何从纷繁复杂的数据中提取所需的精华考验着人类的智慧，于是，业界专家又提出了“云计算”。所谓“云计算”（Cloud Computing），其基本含义是一种基于互联网的计算方式，将庞大的计算处理程序自动分拆成若干个较小的子程序，再由多部服务器组成的庞大系统联合进行搜索、计算、分析，并将处理结果瞬间反馈给用户。云计算具有超大规模、虚拟化、高扩展性等特征[8]。

大数据与云计算相辅相成，大数据着眼于“数据”，即内容，重在信息资源; 云计算着眼于“计算”，重在数据挖掘和分析计算。没有云计算，则大数据再丰富，也只如镜中花、水中月，无从发挥其效用; 没有大数据，则云计算再强大，也终难有用武之地。可以说，云计算是发掘“数据”价值，征服“数据”海洋的重要工具。

“大数据”会给整个社会带来从生活到思维上革命性的变化，大数据与云计算时代，呼唤新的思维方式，这就是大数据思维。什么是大数据思维？维克托·迈尔·舍恩伯格认为：①需要全部数据样本而不是抽样；②关注效率而不是精确度；③关注相关性而不是因果关系。舍恩伯格指出：“大数据开启了一个重大的时代转型。就像望远镜让我们感受宇宙，显微镜让我们能够观测到微生物一样，大数据正在改变我们的生活以及理解世界的方式，成为新发明和新服务的源泉，而更多的改变正蓄势待发。”大数据思维能使我们在决策过程中超越原有思维框架的局限[9]。

3.2.4 数学建模与预测理论

数学建模是指对特定的客观对象建立数学模型的过程，是现实的现象通过心智活动构造出能抓住其重要且有用的特征的表示，常常是形象化的或符号的表示，是构造刻划客观事物原型的数学模型并用以分析、研究和解决实际问题的一种科学方法。数学模型是指对于现实世界的某一特定对象，为了某个特定目的，进行一些必要的抽象、简化和假设，借助数学语言，运用数学工具建立起来的一个数学结构。模型是指为了某个特定目的将原型所具有的本质属性的某一部分信息经过简化、提炼而构造的原型替代物。原型就是人们在社会实践中所关心和研究的现实世界中的事物或对象。一个原型，为了不同的目的可以有多种不同的模型[10]。

数学模型按建立模型的数学方法不同，主要有以下几种模型：几何模型、代数模型、规划模型、优化模型、微分方程模型、统计模型、概率模型、图论模型、决策模型等[11]。

预测学是一门研究预测理论、方法、评价及应用的新兴科学。预测的思维方式，其基本理论主要有惯性原理、类推原理和相关原理。预测的核心问题是预测的数学模型，或者说是预测的技术方法。预测的方法种类繁多，从经典的单耗法、弹性系数法、统计分析法，到目前的灰色预测法、专家系统法和模糊数学法，以及神经网络法、优选组合法和小波分析法，据有关资料统计，预测方法多达200余种。

数学模型运用数学的语言和工具，对部分现实世界的信息(现象、数据等)加以翻译、归纳。数学模型经过演绎、推断，给出数学上的分析、预报、决策或控制，再经过解释，回到现实世界[12]。最后，这些分析、预报、决策或控制必须经受实践的检验，完成实践——理论——实践这一循环。如果检验的结果是正确或基本正确的，就可以用来指导实际；否则，要重新考虑翻译、归纳的过程，修改数学模型。数学模型的建立不仅依赖于丰富的数学知识及其科学合理的应用，更重要的是要有正确的数学思维方法。

3.3 系统科学理论

系统科学是从系统的着眼点和角度研究整个客观世界，研究它们的结构、功能及其发生、发展过程，它为认识和改造世界提供科学的理论、方法和技术，它既是新兴的科学方法论，也是信息时代下的认识世界和改造世界的方法论，广泛应用于各领域和学科[13]。

系统是由相互作用和相互依赖的若干组成部分结合成具有特定功能的有机整体。世界上一切事物、现象和过程都是有机整体，它们自成系统，又互为系统。也就是说，一个系统可以包括若干子系统，但它本身又是另一个更高层次系统的子系统。任何系统都是在和环境发生物质、能量与信息的交换中变化、发展着，所以保持动态稳定性和开放性是系统的本质特征。

系统方法是在运用系统科学的观点、方法研究和处理各种复杂的系统问题时形成的。系统方法是按照事物本身的系统性把对象放在系统的形式中加以考察的方法，它侧重于系统的整体性分析，从组成系统的各要素之间的关系和相互作用中去发现系统的规律性，从而指明解决复杂系统问题的一般步骤、程序和方法。

系统科学理论是指“老三论”（系统论、信息论和控制论）和“新三论”（耗散结构论、协同论和突变论）的总称。“老三论”以系统论为核心[14,15]，“新三论”是系统论的新发展。系统论、信息论和控制论是20世纪40年代创立并获得迅猛发展的三门系统理论的分支学科，耗散结构论、协同论、突变论则是20世纪70年代以来陆续确立并获得快速进展的三门系统理论的分支学科。半个多世纪以来，系统科学的发展有力推动了科技进步和生产力发展，系统科学相关的理论、方法、技术也越来越深入、广泛地应用到林业与生态建设领域。

3.3.1 系统论

系统论的创始人是美籍奥地利生物学家贝塔朗菲，系统论是从系统的角度去研究事物的发展、运动规律的一门科学。系统论要求把事物当作一个整体或系统来研究，并用数学模型去描述和确定系统的结构和行为。

贝塔朗菲指出，复杂事物功能远大于某组成因果链中各环节的简单总和，认为一切生命都处于积极运动状态，有机体作为一个系统能够保持动态稳定是系统向环境充分开放，获得物质、信息、能量交换的结果。系统论强调整体与局部、局部与局部、系统本身与外部环境之间互为依存、相互影响和制约的关系，具有目的性、动态性、有序性三大基本特征。

3.3.2 信息论

信息论是由美国数学家香农创立，他于1948年发表的《通信的数学理论》一书为信息论奠定了基础。信息论是用概率论和数理统计方法，从量的方面来研究如何获取、加工、处理、传输和控制系统信息的一门科学。

信息普遍存在于自然、社会和人类思维之中，是一切系统保持一定的结构、实现其功能的基础。信息就是指消息中所包含的新内容与新知识，其作用是减少和消除人们对于事物认识的不确定性。

狭义信息论是研究在通信系统中普遍存在着的信息传递的共同规律，以及如何提高各信息传输系统的有效性和可靠性的一门通信理论。广义信息论被理解为运用狭义信息论的观点来研究一切问题的理论。信息论认为，系统正是通过获取、传递、加工与处理信息而实现其有目的的运动。

3.3.3 控制论

控制论由著名美国数学家维纳（Wiener N）创立，他在1948年发表的《控制论》一书中首次使用了“控制论”一词，他将控制论定义为：在机构、有机体和社会中的控制和通信的科学。控制论的研究对象是控制系统，这类系统的特点是其要根据周围环境的某些变化来决定和调整自己的运动，而系统与环境之间及系统内部的通信信息的传递，是实现系统目的的基础。

控制论是一门以揭示不同系统的共同的控制规律为理论目的的具有更普遍意义的理论，它不仅从事物的质的方面而且着重从量的方面去发现各种控制系统的共同规律，并把反馈方法作为提高系统的稳定性，达到优化控制目的的有效方法。

3.3.4 耗散结构论

1969年，比利时自由大学教授普里高津（Prigo-gene）提出耗散结构理论，证明自然界可以同时存在从混沌（无序）到有序和从有序到混沌的现象，从而“协助人类解决了科学上一项最扰人而又似是而非的问题”，即所谓达尔文与克劳修斯的矛盾—进化与退化的矛盾问题，美国著名的未来学家托夫勒（A.Toffler）在《第三次浪潮》一书中指出：“这一理论是第三次浪潮引起的思想领域的大变动的重要标志之一。”他在给普里高津《有序来自混沌》（《orderoutorehoas》）一书的前言中写到“这一理论可能代表下一次科学革命”。

耗散结构是自组织现象中的重要部分，它是在开放的远离平衡条件下，在与外界交换物质和能量的过程中，通过能量耗散和内部非线性动力学机制的作用，经过突变而形成并持久稳定的宏观有序结构。耗散结构论是研究耗散结构的性质及其形成、稳定和演变规律的一门科学。它通过系统与环境不断交换（或耗散）能量或物质，使原来的无序状态保持有序的稳定，这种稳定也可称为“动态平衡”，或更确切地称为“耗散平衡”，即这种平衡是靠“耗散”环境中的能量或物质来维持的生态系统，是一个开放的、动态的系统。

耗散结构理论主要讨论一个系统从混沌向有序转化的机理、条件和规律。它指出，一个远离平衡态的开放系统（不管是力学的、物理的、化学的，还是生物的、社会的），当某个变量变化到一定的临界值时，通过涨落发生突变，即发生非正衡相变，原来的混沌无序状态就有可能转变为一种时间、空间、功能有序的新状态。这种在远离平衡的非线性区形成的宏观有序结构，需要不断与外界交换物质和能量才能保持一定的稳定性，不再因受外界微小扰动而消失。普里高津把这种需要耗散物质和能量才能维持的有序结构，叫作耗散结构。这种系统在一定条件下能够自行产生组织性和相干性，因此，耗散结构理论也叫非平衡系统的自组织理论。要想形成并维持系统的耗散结构，必须遵循下列四个条件：第一，系统必须是一个开放系统；第二，系统必须处于远离平衡的状态；第三，系统各要素之间，必须存在着非线性的相互作用；第四，涨落导致有序。如果系统处于不稳定的临界状态，涨落便起作用，它不会衰减，反而放大成巨涨落，使系统从不稳定状态跃迁到一个新的有序状态。

3.3.5 协同论

协同论主要研究远离平衡态的开放系统在与外界有物质或能量交换的情况下，如何通过自己内部协同作用，自发地出现时间、空间和功能上的有序结构。协同论以现代科学的最新成果——系统论、信息论、控制论、突变论等为基础，吸取了结构耗散理论的大量营养，采用统计学和动力学相结合的方法，通过对不同领域的分析，提出了多维相空间理论，建立了一整套的数学模型和处理方案，在微观到宏观的过渡上，描述了各种系统和现象中从无序到有序转变的共同规律。

协同论是研究不同事物共同特征及其协同机理的新兴学科，是近十几年来获得发展并被广泛应用的综合性学科。它着重探讨各种系统从无序变为有序时的相似性。协同论的创始人哈肯把这个学科称为“协同学”，一方面，是由于我们所研究的对象是许多子系统的联合作用，以产生宏观尺度上结构和功能；另一方面，它又是由许多不同的学科进行合作，来发现自组织系统的一般原理。

协同论认为，千差万别的系统，尽管其属性不同，但在整个环境中，各个系统间存在着相互影响而又相互合作的关系。其中也包括通常的社会现象，如不同单位间的相互配合与协作，部门间关系的协调，企业间相互竞争的作用，以及系统中的相互干扰和制约等。协同论指出，大量子系统组成的系统，在一定条件下，子系统间能相互作用和协作。应用协同论方法，可以把已经取得的研究成果，类比拓宽用于其他学科，为探索未知领域提供有效的手段，还可以用于找出影响系统变化的控制因素，进而发挥系统内子系统间的协同作用。

3.3.6 突变论

在自然界和人类社会活动中，除了渐变的和连续光滑的变化现象外，还存在着大量的突然变化和跃迁现象，如水的沸腾、岩石的破裂、桥梁的崩塌、地震、细胞的分裂、生物的变异、人的休克、情绪的波动、战争、市场变化、经济危机等等。突变论方法正是试图用数学方程描述这种过程。突变论的研究内容简单地说，是研究从一种稳定组态跃迁到另一种稳定组态的现象和规律。

突变论是研究客观世界非连续性突然变化现象的一门新兴学科。突变论认为，系统所处的状态，可用一组参数描述。当系统处于稳定态时，标志该系统状态的某个函数就取唯一的值。当参数在某个范围内变化，该函数值有不止一个极值时，系统必然处于不稳定状态。雷内托姆指出：系统从一种稳定状态进入不稳定状态，随着参数的再变化，又使不稳定状态进入另一种稳定状态，那么，系统状态就在这一刹那间发生了突变。突变论给出了系统状态的参数变化区域。

突变论提出，高度优化的设计很可能有许多不理想的性质，因为结构上最优，常常联系着对缺陷的高度敏感性，就会产生特别难于对付的破坏性，以致发生真正的“灾变”。在工程建造中，高度优化的设计常常具有不稳定性，当出现不可避免的制造缺陷时，由于结构高度敏感，其承载能力将会突然变小，而出现突然的全面的塌陷。突变论不仅能够应用于许多不同的领域，还能够以许多不同的方式来应用。

3.4 可持续发展理论

3.4.1 可持续发展

可持续发展的概念最初是由世界环境与发展委员会提出。1987年，在其报告《我们共同的未来》中，世界环境与发展委员会第一次对于可持续发展的概念进行了具体阐述，并获得了国际社会的广泛共识。它认为，可持续发展既要满足现代人的需求，又不以损害后代人满足其自身的需求作为条件[16]。具体地，可持续发展就是指一国在经济、社会、资源和环境保护四个方面实现协调稳定的发展，它们是不可分割的整体，不但要发展经济，而且要保护好人类赖以生存的自然资源环境，包括大气、森林、土地、淡水和海洋等，使人类子孙后代能够实现永续发展和安居乐业。

可持续发展被看作是一种新的人类生存的方式，可持续性的核心思想是人类在进行经济建设和社会发展的过程中，要注意自然资源、生态环境的承载能力，不能超越自然资源与生态环境的承载能力来发展经济[17]。可持续发展不仅意味着人与人之间的公平，还应顾及人与自然之间的公平。资源与环境是人类赖以生存和发展的基础，离开了资源与环境，就无从谈及人类的生存与发展。因此，可持续发展应该是建立在保护地球自然系统基础上的发展，发展必定要面临一些限制条件。

由此可见，可持续发展应该是建立在经济、社会、人口、资源、环境相互协调和共同发展的基础之上的，其目标是既能相对满足当代人的需求，又不损害后代人的发展。兼顾当前和未来的共同发展，切不能只考虑眼前的利益，而以牺牲后期的利益为代价。可持续发展的概念还是一种发展观，它包括在面对不可预期的环境冲击时，保持持续发展趋势的含义。

3.4.2 林业可持续发展

林业可持续发展，就是“既满足当代人的林业需求，又不对后代人满足其林业需求的能力构成危害的林业发展”。在这里，前面描述的是林业的可持续性，是对林业发展属性的界定，其中所强调的“能力”，是指林业的自然资源、经济资源和社会资源存量都不随时间而下降。这样来定义林业可持续发展，既包含了发展的含义，又包含了可持续性的含义，同时也界定了发展的部门特性[18，19]。

林业可持续发展的含义，实质表现在经济、社会、生态协调发展三个方面林业的“可持续性”。沈国舫教授对林业的可持续性作了系统的归纳和分类，即林业的可持续性包括森林资源的可持续性、森林物产的可持续性、森林环境产出的可持续性、森林社会功能的可持续性四个部分[20，21]。

3.4.3 森林可持续发展

森林资源是林业发展的基础，是可持续发展的重要经济资源。森林可持续经营是为达到一个或多个明确的特定目标的经营过程，这种经营应考虑到在不过度减少其内在价值及未来生产力，对自然环境和社会环境不产生过度负面影响的前提下，使期望的林产品和服务得以持续的产出。它强调人与森林资源的协调性、代内与代际间不同人、不同区域之间在森林资源分配上的公平性以及森林资源的可持续性等[22]。

森林可持续发展是个动态过程，在这一过程中，它根据社会、经济、生态发展情况对这三大目标进行不断协调、不断调整。因此，开展森林资源持续监测，掌握发展变化趋势，通过不断调整控制，使之按照预定轨道发展，就成为实现森林可持续经营的必要手段，建立森林资源可持续监测体系，开展年度监测，已成为摆在我们面前的一项紧迫任务。

参考文献

[1] 闫宏伟, 黄国胜, 曾伟生, 等. 全国森林资源一体化监测体系建设的思考[J]. 林业资源管理, 2011, (5): 6-11.

[2] 陶吉兴, 季碧勇, 张国江, 等. 浙江省森林资源一体化监测体系探索与设计[J]. 林业资源管理, 2016, (3): 28-34.

[3] 王颖喆. 概率与数理统计[M]. 北京: 北京师范大学出版社, 2008.

[4] 盛骤. 概率论与数理统计及其应用[M]. 北京: 高等教育出版社, 2004.

[5] 金勇进, 杜子芳, 蒋妍. 抽样技术(第二版)[M]. 北京: 中国人民大学出版社, 2008.

[6] 金勇进. 抽样技术——技术世纪统计学系列教材[M]. 北京: 中国人民大学出版社, 2003.

[7] 史京京, 雷渊才, 赵天忠. 森林资源抽样调查技术方法研究进展[J]. 林业科学研究, 2009, 22(1): 101-108.

[8] 高艳云. 云计算及其关键技术研究[J]. 数字技术与应用, 2016 (2): 112.

[9] 维克托·迈尔·舍恩伯格, 肯尼斯·库克耶. 大数据时代: 生活、工作与思维的大变革[M], 杭州: 浙江人民出版社, 2013.

[10] 房少梅. 数学建模理论、方法及应用[M]. 北京: 科学出版社, 2014.

[11] 曹旭东. 数学建模原理与方法[M]. 北京: 高等教育出版社, 2014.

[12] 陈华友. 数学模型与数学建模[M]. 北京: 科学出版社, 2014.

[13] 许国志. 系统科学[M]. 上海: 上海科技教育出版社, 2000.

[14] 谭璐. 系统科学导论[M]. 北京: 北京师范大学出版社, 2009.

[15] 高隆昌. 系统学原理[M]. 北京: 科学出版社, 2005.

[16] 王之佳. 我们共同的未来[M]. 长春: 吉林人民出版社, 1997.

[17] 曹利军. 可持续发展评价理论与方法[M]. 北京: 科学出版社, 1999.

[18] 侯元兆. 林业可持续发展和森林可持续经营的框架理论（上）[J]. 世界林业研究, 2003 , (1): 1-5.

[19] 侯元兆. 林业可持续发展和森林可持续经营的框架理论（下）[J]. 世界林业研究, 2003(2): 1-6.

[20] 沈国舫. 中国森林资源与可持续发展[M]. 南宁: 广西科学技术出版社, 2000.

[21] 沈国舫. 中国林业可持续发展及其关键科学问题[J]. 地球科学进展, 2000, 15(1): 10-18.

[22] 赵艳蕊. 中国森林资源可持续发展综合评价研究[D]. 西北农林科技大学, 硕士论文, 2013.

第4章
一体化监测实践

近十多年来，浙江省在森林资源一体化监测方面进行了持续不断的探索和实践，在省级森林资源动态监测、省市森林资源联动监测、市县联动监测、县级动态监测等方面做了相关基础性研究[1]，取得了较好的工作成果。

4.1 省级年度监测

省级年度监测体系建设，大致区分为起步探索、持续监测、完善提高三个发展阶段。

4.1.1 起步探索阶段（2000—2003年）

该阶段介于1999年和2004年两个国家连清年之间，可分为2000年全省年度监测试点和2001—2003年丽水市3年连续重点监测两部分工作。

该阶段应用的调查规程是1999年国家森林资源连续清查标准（2004年国家对1999年版规程进行了修订）。按照当时的技术标准，森林指有林地和灌木林之和，有林地包括林分、经济林和竹林。对照现行标准，经济林分为乔木经济林和灌木经济林（属特殊灌木林），林分指一般乔木林，即森林面积为乔木林、竹林、特殊灌木林、一般灌木林面积之和。因此，当时的森林覆盖率指标是包括一般灌木林的。“竹林”当时单独设立为“林种”，而现在新标准则是根据其所处的生态区位和经营目的不同分别确定为不同的林种。

1．2000年全省年度监测试点

浙江省对森林资源年度监测的方案研究始于1999年。当年，在完成全省森林资源第五次清查的同时，省森林资源监测中心对资源年度监测技术方案进行了可行性研究，形成了年度监测实施方案。2000年，省林业局行文决定在全省开展森林资源年度监测，方案采取抽取1/3连续清查固定样地进行调查分析的方法，完成了全省首次森林资源年度监测，取得了相应的监测成果。

1）方案设计

监测试点目标：掌握浙江省森林资源现状及变化趋势，缩短监测周期[2]，探索年度出数，验证抽取1/3连清样地作为年度监测样本的可行性、科学性和可操作性。

精度设计与复位要求：①全省森林面积精度达90%以上；②全省森林蓄积量精度达85%以上；③固定样地复位率在95%以上，固定样木复位率在90%以上。

样本设计：选择1994年1/3移位后新设样地组成监测样本，作为年度监测调查样本进行复位调查，该样本样地数为1417个，样地间距为4千米×18千米。

现状估测：采用面积成数双重抽样估计的方法估测各类林地面积；采用系统抽样结合回归模型方法估测森林总蓄积量和各类蓄积量。

动态估测：利用复位固定样地及样木的两次复查的调查资料，进行森林资源总生长量、生长率、净增量、净增率、消耗量等资源动态估测分析。

2）监测结果与分析

A 主要技术指标

（1）样地和样木复位率。调查样地固定样地1417个，其中复位样地1374个，改设样地41个，放弃样地2个，样地复位率为97.1%，样木复位率为90.7%。

（2）森林资源主要指标抽样精度。其中，活立木蓄积量精度90.7%，有林地蓄积量精度89.3%。林地面积精度96.2%，有林地面积精度95.5%，人工林面积精度91.0%，经济林面积精度85.5%，竹林面积精度82.4%。

B 现状监测结果

（1）林地资源。全省林地面积为656.93万公顷，占土地总面积的64.5%；非林地面积为361.07万公顷，占土地总面积的35.5%。森林覆盖率（有林地和灌木林地面积占全省土地总面积的百分数）为59.8%，林业用地绿化率（有林地和灌木林地面积占全省林业用地面积百分数）为92.7%。

在林地中，有林地面积为567.83万公顷，占林地面积的86.4%；疏林地面积为8.02万公顷，占1.2%；灌木林地面积为40.84万公顷，占6.2%；未成林造林地为1.93万公顷，占0.3%；苗圃地面积为1.70万公顷，占0.3%；无林地面积为36.61万公顷，占5.6%。

在有林地中，林分面积为375.01万公顷，占有林地面积的66.0%；经济林面积为116.38万公顷，占20.5%；竹林面积为76.44万公顷，占13.5%。

在无林地中，宜林荒山荒地面积为27.30万公顷，占无林地面积的74.6%；采伐迹地面积为5.08万公顷，占13.9%；火烧迹地面积为4.23万公顷，占11.5%。

（2）各类林木蓄积量。全省活立木总蓄积量为14 196.02万立方米。其中，森林蓄积量为11 922.67万立方米，占活立木总蓄积量的84.0%；疏林蓄积量为50.82万立方米，占0.4%；散生木蓄积量为1568.55万立方米，占11.0%；四旁树蓄积量为653.98万立方米，占4.6%。

C 动态监测结果

（1）林地面积动态。与1999年调查结果相比，2000年林地面积增加2.14万公顷，增率为0.33%；有林地面积净增13.91万公顷，增率为2.51%，森林覆盖率（包括一般灌木林）净增0.4个百分点（表4-1）。

表4-1 各类林业用地面积动态表

项 目	林地（万公顷）	有林地（万公顷）	林分（万公顷）	竹林（万公顷）	灌木林地（万公顷）	无林地（万公顷）	森林覆盖率（%）
2000 年	656.93	567.83	375.01	76.44	40.84	36.61	59.79
1999 年	654.79	553.92	361.53	74.75	51.03	36.90	59.43
净增量	2.14	13.91	13.48	1.69	－ 10.19	－ 0.29	0.36
增率（%）	0.33	2.51	3.73	2.26	－ 19.97	－ 0.79	0.61

（2）林木蓄积量动态。与1999年相比，林木蓄积量增加349.27万立方米，增率为2.52%。其中，松木减少165.20万立方米，杉木增加346.95万立方米，阔叶树增加167.52万立方米。松、杉、阔三个树种蓄积量比例由前期的46:32:22，调整为44:33:23。林木蓄积量动态如表4-2所示。

表4-2 林木蓄积量动态表

项　目	合计（万立方米）	松木（万立方米）	杉木（万立方米）	阔叶树（万立方米）
1999 年	13 846.75	6393.32	4357.11	3096.32
2000 年	14 196.02	6228.12	4704.06	3263.84
净增量	349.27	− 165.2	346.95	167.52
增率（%）	2.52	− 2.58	7.96	5.41

3）试点小结

2000年监测试点主要满足全省性的森林资源面积和蓄积量监测，测试了抽取1/3样本开展省级监测的实践效果，体现了较好的精度保障和数据可靠性，说明方案设计是可行的，具有较好的科学性。但是，它对持续抽取1/3样本建立监测体系，持续开展省级年度监测的问题考虑不多；对面积类数据、蓄积量类数据也未有效利用连清调查的基础年信息来提高数据的准确性和可靠性[3]。

2. 2001—2003年丽水市3年连续重点监测

丽水市素有“浙南林海”之称，全市9个县（市、区）均为林区县，全省9个重点产材县中丽水占了5个，林业在丽水国民经济中占有十分重要的地位。由于历史、地理的原因，丽水市社会经济发展相对滞后于其他地区，在世纪之交的一个较长时期内，地方政府在发展当地经济时，片面注重于将资源优势转化为经济优势，忽视了森林资源发展的自然规律，致使森林资源利用过度，森林蓄积量呈现持续过量消耗状态，出现资源赤字。

为加强对丽水市森林资源管理和监督，及时准确掌握森林资源现状及其消长变化情况，预警预测森林资源的发展态势，制定保护发展森林资源的林业方针、政策和长远规划，遏制森林资源下降势头，浙江省林业厅有针对性地组织了2001～2003年丽水市森林资源重点监测工作。同时通过丽水市年度监测，测试和检验了GPS在样地定位和复位中的应用可行性，分析了一类调查和二类调查结果的数据关系。

1）监测方法

2001—2003年，均通过设置调查样地，通过系统抽样方法估计各年度森林资源现状与动态变化，但各年度样地布设方案略有区别。

A 2001年

布设样地数956个，包括1999年全省森林资源连续清查时固定样地719个和在此基础上的新设样地237个。在固定样地中，包括1979年布设的样地236个，1994和1999年移位布设的483个；新设样地作为2004年全省第五次森林资源连续清查需要移位布设的样地，是对2004年全省连清即将移设样地的提前布设。

抽样调查结果精度为：活立木蓄积量精度89.9%，有林地蓄积量精度88.4%；林地面积精度96.6%，有林地面积精度95.6%。

B 2002年

2002年监测，首次对GPS定位技术进行了适用性研究，共布设调查样地957个，其中2001年的复位样地720个，新设样地237个。新设样地替换的样地，为1979年布设样地。

抽样调查结果精度为：活立木蓄积量精度90.0%，有林地蓄积量精度88.8%；林地面积精度96.7%，有林地面积精度95.6%。

C 2003年

在总结前两年监测结果的基础上，为了消除和评价特殊对待对总体蓄积量的影响，按系统抽样的原理，全部样地采用新设布点，共计调查样地960个，全面应用GPS导航定位确定样地位置，该样地布点系统与原有省级、县级系统均不重叠。

森林资源现状数据按总体抽样分层计算的方法估算，森林资源消长量数据以监测结果为基础，结合前期监测结果分析得到。

抽样结果精度为：活立木蓄积量精度92.0%，有林地蓄积量精度91.3%；林地面积精度97.3%，有林地面积精度96.4%。

2）效果分析

A 对重点林区的森林资源监督保护取得了初步成效

从2001～2003年的连续监测结果看，森林蓄积量由4069.39万立方米回升到4453.08万立方米，各年度总消耗量分别为350.69万立方米、324.33万立方米、354.79万立方米。2002年总蓄积量比2001年增加4.22万立方米，2003年比2002年增加63.21万立方米，丽水市森林蓄积量持续下降的势头得到基本遏制，并初步呈回升态势。森林资源的变化反映在单位面积蓄积量这一质量指标上，由于成过熟林、菇木阔叶林资源采伐，仍处于下降趋势，但幅度有所减缓；单位面积株数、林分平均郁闭度等指标趋于较平稳的回升态势，这要得益于人工林资源的稳步增长[4]。林分质量变化动态见表4-3。

表4-3 林分质量变化动态

项 目	年度	合计	天然林	人工林
单位面积蓄积量（立方米 / 公顷）	2001	43.54	43.00	45.65
	2002	40.62	39.15	46.18
	2003	43.00	40.89	49.53

（续）

项 目	年度	合计	天然林	人工林
单位面积株数（株 / 公顷）	2001	1111	1044	1373
	2002	1136	1040	1498
	2003	1182	1067	1475
平均郁闭度	2001	0.47	0.46	0.52
	2002	0.48	0.46	0.54
	2003	0.50	0.49	0.55
平均胸径（厘米）	2001	10.70	10.80	10.40
	2002	10.60	10.70	10.20
	2003	10.60	10.60	10.70

B GPS定位与导航技术得到了实践检验与推广

GPS技术由于具有定位准确性高、减轻劳动强度、提高劳动生产率等特点，从2002年开始，引入GPS技术在森林资源调查中试用研究，由于效果较好，2003年新设样地时全面采用了GPS定位技术。通过丽水市监测实践，解决了监测样地GPS坐标点的国家坐标系与WGS84坐标系的坐标转换与基准转换问题，GPS与罗盘仪罗差校正问题，提出了新设样地的GPS导航定位误差与定位精度的影响因素与处理对策。丽水市监测GPS的引入应用，为全面推广GPS在浙江省森林资源监测中的应用奠定了技术与实践基础。

C 对样地抽样调查数据与二类调查数据进行了比较分析

“九五”时期，丽水市各县开展了二类调查，但没有全市系统抽样控制的数据。如果以2001年的年度监测结果与之比较，林地面积、有林地面积、乔木林面积抽样精度分别为96.6%、95.6%、94.8%。二类调查的林地、有林地、乔木林面积均比抽样估计大。年度监测与“九五”清查林地面积比较见表4-4。

表4-4 年度监测与“九五”清查林地面积比较

单位：公顷

项 目	2001 年抽样	“九五”二类	差 值
林地面积	1 424 310	1 427 923	3613
有林地面积	1 267 660	1 303 274	35 614
乔木林面积	959 180	1 073 736	114 556

分析其中的原因，我们认为对于二类调查林地面积偏大的情况，主要是小班调查时易将林缘或林内小面积的非林地漏记而误作林地；有林地、乔木林面积偏大，很大程度上是因为当时“灭荒绿化”的需要，将灌木林、疏林等非有林地误记为有林地。比较结果给我们的启示，二类调查和数据更新，必须减少人为干扰，让数据反映客观真实的实地情况。

4.1.2 持续监测阶段（2004—2011年）

浙江省真正意义上的省级森林资源年度监测从2004年开始，并同时建立了年度公告制度，在2004～2011年的8年间，除2004年和2009年为国家监测年，复位调查全部样地外，其余年份，调查其中的1/3样地[5]。

1. 工作背景

1）全省林业分类经营的格局已经形成

根据林业分类经营的原则，浙江省1999年先行在21个江河源头、重点林区县开展了生态公益林建设试点。自2001年前后起，启动并完成了3000万亩重点公益林、2000万亩一般公益林和4000万亩商品林区划界定工作[6]。

2004年对重点生态公益林作了进一步调整，在2001年森林分类区划界定的基础上，根据经济社会发展要求和各县（市、区）森林资源经营管理实际情况，按照国家和省有关新规定，区划界定了3000万亩重点公益林，包括国家级公益林和省级公益林，全面实施森林生态效益补偿金制度[7]。自此开始，浙江省的林业分类经营建设正式拉开了序幕，全省的生态公益林建设呈现出良好的发展势头，森林生态功能得到不断增强，浙江省以木材生产为主向以生态建设为主的林业历史性转变已初见成效。

2）前期试点实践积累了经验与技术基础

通过2000年后连续的4年实践探索，对全省年度监测体系技术方案、工作路线、关键技术、存在的问题与解决方案均进行了有效检验，取得了预期试点效果。这些实践，为开展全省森林资源年度监测研究，优化年度监测方案设计，建立森林资源年度公告制度等奠定了坚实的基础，也为持续开展森林资源监测培养和锻炼了人才队伍。

3）通过三期移位后国家连清样地已成为固定样地

浙江省自1979年首次设立监测固定样地并定期复位开展森林资源清查。从1994年开始，为了探索样地长期固定可能带来特殊对待的影响，当时的林业部决定在浙江省进行固定样地的分期移位替换试点，每期系统替换样地总数的1/3。根据当时的安排，通过连续三期的样地移位，更新浙江省全部固定样地的初设位置，被替换的样地作为放弃样地不再复位。经过1994年、1999年和2004年三期的移位替换，到2004年，所有初设样地已全部移位并固定，样地位置整体上向东移动了3千米。此后各期的森林资源清查均是对2004年固定样地的复位调查，各期样地调查总数均为4252个，样地间距为4千米×6千米，样地的面积为800平方米，形状为正方形，边长为28.28米×28.28米。国家连清样地的固定，为浙江省抽取1/3连清固定样地开展省级年度监测提供了前提条件。

4）技术规程与标准体系已稳定

2004年，国家林业局对森林资源连续清查技术规程与标准进行了较大幅度修订，包括地类、林种的技术标准等，增加了森林生态状况调查与统计因子，修改了统计报表内容，比较明显的变化是一般灌木林不再列入森林覆盖率的计算。此后10年，一直保持了国家监测技术体系的相对稳定，这为开展省级森林资源年度监测提供了良好的技术环境和规程体系。

2. 监测目标

1）建立常态化年度监测的工作体系

开展森林资源年度监测，涉及监测资金的年度预算与投入、监测队伍的培养与新老交替更新、监测体系的可持续发展等因素。通过多方协力，建立常态化的森林资源年度监测工作体系。

2）建立利用1/3连清样地开展年度监测的技术体系

在2000年利用1/3连清样地开展试点基础上，优化抽样方案，研究完善采用1/3连清样地开展年度监测的方法体系，建立年度监测技术体系。

3）建立森林资源公报制度

通过每年开展年度监测，获得当年全省森林资源现状与动态数据，提供可靠的森林资源数量、质量及消长动态信息，为每年发布全省森林资源公报提供依据。

4）实现森林资源与生态状况并轨同步监测

在对森林资源进行年度监测的同时，同步开展森林生态状况监测，实现森林资源与生态状况并轨监测，发布森林生态现状与变化数据。

3. 监测方法

森林资源年度监测主要有两个技术关键：一是样地的抽取，即采用什么方法和比例抽取连清固定样地进行调查；二是数据的统计，即采用什么方法统计分析外业调查的数据。

1）抽样设计

浙江省年度监测每年抽取1/3连续清查固定样地进行调查。年度监测的样地抽取方法是：将所有样地每9个分成一组（3×3），见图4-1，中间的样地称为中心样地，以中心样地为基准，通过其横向、纵向、右上左下、左上右下分别形成4套样地组，每年调查其中一套样地，则4年刚好一个轮回，将全部固定样地调查一遍，见图4-2。这与两次连续清查的间隔年份相等。在图4-2中，方框内数字表示该样地属于第几套样本，以及在第几年调查，黑框为中心样地，每年均进行调查。图4-3，是2005年监测时的第1套样本的样地布设图。

图 4-1　抽样设计示意图

3	2	1	3	2	1	3	2	1	3	2
4		4	4		4	4		4	4	
1	2	3	1	2	3	1	2	3	1	2
3	2	1	3	2	1	3	2	1	3	2
4		4	4		4	4		4	4	
1	2	3	1	2	3	1	2	3	1	2
3	2	1	3	2	1	3	2	1	3	2
4		4	4		4	4		4	4	
1	2	3	1	2	3	1	2	3	1	2
3	2	1	3	2	1	3	2	1	3	2
4		4	4		4	4		4	4	

图 4-2　四套样本的抽样示意

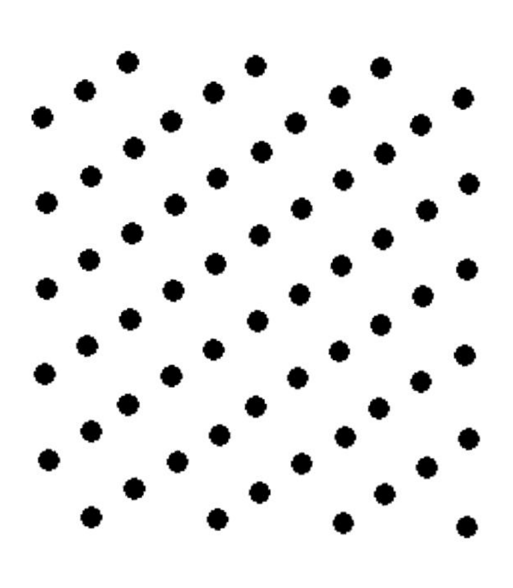

图 4-3　2005 年调查样地的地面分布图

这种样地抽取方法的优点较为明显：一是每套样地在地面上的分布较为规则；二是中心样地每年均调查，其数据可用于年度资源动态变化分析；三是除中心样地外，其他样地在年度监测中均被调查一次，可保证所有的连清样地在连清间隔期内均被调查一次；四是便于对样地进行分级，如可将中心样地定为强化样地，调查时可在常规调查项目的基础上增加其他因子。

2）数据统计

A 现状统计

由于年度监测在连续清查的间隔年中开展，年度监测现状数据的统计不同于连续清查，而是要充分利用最近一期连续清查（即基础年）的样地调查数据，以提高年度监测的效率与精度。年度监测的现状统计包括面积与蓄积量两个方面。

年度监测面积的估计主要采用马尔科夫链模型进行。即根据年度监测样地与基础年对应样地地类的变化，建立转移概率矩阵，再利用连续清查的各地类面积数据，计算出年度监测时的各地类面积。

马尔科夫链模型对林地各地类的面积估计，具体为：总体参数及误差的估计采用二相估计的方法。基础年调查样地的数据构成一相样本，一般监测年份调查的数据构成二相样本。通过建立一、二相样本之间的联系，对当年的总体作出估计。

一相样本各地类样地数转换公式如下：

$$n_i = \frac{\widetilde{A}_i}{1.2}$$

一相样本的总样地数：

$$n=n_1+n_2+n_3+\cdots+n_i+\cdots+n_L$$

a）符号说明

$\widetilde{A}_i$：一相样本中属于i地类的调查面积；

p_i：一相样本中属于i地类的样地数；

L：划分的地类数；

n：一相样本的样地数；

p_i：根据一相样本估计的i地类的面积成数，$p_i=\widetilde{A}_i/A$或$p_i=n_i/n$；

A：总体总面积；

m：二相样本的样地数，即后期调查的样地数；

m_i：二相样本中前次调查时为i地类的样地数；

m_{ij}：二相样本中前次调查时为i地类，本次调查时为j地类的样地数；

p_{ij}：二相样本中前次调查时为i地类，本次调查时为j地类的成数估计数，$p_{ij}=m_{ij}/m_i$；

a_i：经二相样本修正的i地类的成数估计值；

$D(a_i)$：第i地类的成数估计值的方差估计值；

$\sqrt{D(a_i)}$：第i地类的成数估计值的标准差；

Δ_i：第i地类的面积估计误差限；

p_{ci}：第i地类的面积估计精度；

A_i：估计的i地类的面积值。

b）计算公式

设p为根据二相调查结果计算的面积成数状态向量：

$$p=(p_1, p_2, \cdots, p_L)'$$

p_{ij}为由p_{ij}组成的矩阵，为复位样本各地类的马尔科夫转移矩阵：

$$\mathrm{p}_{ij}=\begin{pmatrix} p_{11} & p_{12} & \cdots & p_{1L} \\ p_{21} & p_{22} & \cdots & p_{2L} \\ \vdots & \vdots & \vdots & \vdots \\ p_{L1} & p_{L2} & \cdots & p_{LL} \end{pmatrix}$$

则经过二相样本修正后的后期面积成数状态向量的估计为：

$$a=p'p_{ij}=(a_1, a_2, \cdots, a_L)'$$

其中，

$$a_i=\sum_{k=1}^{L} p_k p_{ki}=p_1 p_{1i}+p_2 p_{2i}+\cdots+p_L p_{Li}, \quad i=1, 2, \cdots, L$$

修正后各地类面积成数之和应等于1，即 $\sum_{i=1}^{L} a_i=1$

a的方差矩阵为：

$$D(a)=\begin{pmatrix} D(a_1) & Cov(a_1, a_2) & \dots & Cov(a_1, a_L) \\ Cov(a_2, a_1) & D(a_2) & \dots & Cov(a_2, a_L) \\ \vdots & \vdots & \vdots & \vdots \\ Cov(a_L, a_1) & Cov(a_L, a_2) & \dots & D(a_L) \end{pmatrix}$$

其中a_i的方差估计值$D(a_i)$为：

$$D(a_i)=\sum_{k=1}^{L} p_k^2 \frac{p_{ki}(1-p_{ki})}{m_k}+\frac{\sum_{k=1}^{L} p_k p_{ki}^2-(\sum_{k=1}^{L} p_k p_{ki})^2}{n}+\frac{1}{n}\sum_{k=1}^{L}\frac{p_{ki}(1-p_{ki})p_k(1-p_k)}{m_k}$$

a_i与a_j $(i \neq j)$的协方差为：

$$Cov(a_i, a_j)=-\sum_{k=1}^{L} p_k^2 \frac{p_{ki}p_{kj}}{m_k}+\frac{\sum_{k=1}^{L} p_k p_{ki} p_{kj}-(\sum_{k=1}^{L} p_k p_{ki})(\sum_{k=1}^{L} p_k p_{kj})}{n}-\frac{1}{n}\sum_{k=1}^{L}\frac{p_k(1-p_k)p_{ki}p_{kj}}{m_k}$$

第i地类的面积估计数为：

$$A_i=A \cdot a_i$$

第i地类面积估计误差限为：

$$\Delta_i=A \cdot u_{0.05}\sqrt{D(a_i)}$$

$u_{0.05}=1.96$，这里假定为大样本，且估计值服从正态分布。

i地类面积估计精度为：

$$p_{ci}=(1-\Delta_i / A_i)*100\%$$

若要将地类a_i与a_j合并，则合并后的相应方差为：

$$D(a_i+a_j)=D(a_i)+D(a_j)+2Co(va_i, a_j)$$

更多地类的合并依次类推。

年度监测蓄积量估计采用二重回归估计的方法。以2005年年度监测为例，将基础年（2004年）的样地视为一重抽样样本，2005年调查的样地是在2004年样地基础上抽取1/3样地组成，将此视为二重抽样样本。建立回归方程进行回归估计，得出2005年全省活立木蓄积量及其他蓄积量。以后各年的蓄积量估计，也要与2004年及前几年的相同样地调查数据进行比较分析。

二相回归蓄积量估计方法具体为：首先以二相样本的样地蓄积量为因变量，样地对应的上一次调查数据为自变量（辅助变量），回归模型采用线性形式，采用最小二乘法求算参数。再以第一相总体各变量均值的估计值为自变量，估计本期样地各类估计值，并计算估计精度与抽样区间。

以后期样本的样地蓄积量为因变量，样地对应的前期调查数据为自变量（辅助变量）。回归模型采用线性形式，即

$y=b_0+b_1x_1+\cdots+b_{h-1}x_{h-1}+\varepsilon=X'B+\varepsilon$

其中，y为后期样本的实测样地蓄积量；$B=(b_0,b_1,\cdots,b_{h-1})'$为待估未知参数；$X=(1,x_1,x_2,\cdots,x_{h-1})'$为样地对应的前期调查数据；$\varepsilon$为随机误差；$h$为回归参数个数。$B$采用最小二乘法估计，即

$$B=(X'X)^{-1}X'y$$

其中，

$$X=\begin{pmatrix} x'_1 \\ x'_2 \\ \vdots \\ x'_m \end{pmatrix}=\begin{pmatrix} 1 & x_{11} & \dots & x_{1,h-1} \\ 1 & x_{21} & \dots & x_{2,h-1} \\ \vdots & \vdots & & \vdots \\ 1 & x_{m1} & \dots & x_{m,h-1} \end{pmatrix}$$

$\boldsymbol{y}=(y_1,y_2,\cdots,y_m)'$

后期监测各类蓄积量均值的估计值$\hat{\bar{Y}}$为：

$$\hat{\bar{Y}}=\hat{\bar{X}}'\hat{B}$$

其中$\hat{\bar{X}}=(1,\bar{X}_1,\bar{X}_2,\cdots,\bar{X}_{h-1})$是第一相总体各变量均值的估计值。

下面出现的符号$D(\hat{\bar{Y}})$与类似$S^2_{\hat{\bar{Y}}}$的相同，表示“$\hat{\bar{Y}}$的方差”。估计值$\hat{\bar{Y}}$的方差$D(\hat{\bar{Y}})$的一个估计为：

$$D(\hat{\bar{Y}})=D(\hat{\bar{X}}'\hat{B})=\hat{B}'D(\hat{\bar{X}})\hat{B}+\hat{\bar{X}}'D(\hat{B})\hat{\bar{X}}+D(\hat{\bar{X}})\otimes D(\hat{B})$$

其中，

$$D(\hat{B})=\begin{pmatrix} D(\hat{b}_0) & Cov(\hat{b}_0,\hat{b}_1) & \cdots & Cov(\hat{b}_0,\hat{b}_{h-1}) \\ Cov(\hat{b}_1,\hat{b}_0) & D(\hat{b}_1) & \cdots & Cov(\hat{b}_1,\hat{b}_{h-1}) \\ \vdots & \vdots & & \vdots \\ Cov(\hat{b}_{h-1},\hat{b}_0) & Cov(\hat{b}_{h-1},\hat{b}_1) & \cdots & D(\hat{b}_{h-1}) \end{pmatrix}$$

$$D(\hat{X})=\begin{pmatrix} 0 & 0 & \cdots & 0 \\ 0 & D(\hat{X}_1) & \cdots & Cov(X_1,X_{h-1}) \\ \vdots & \vdots & \vdots & \vdots \\ 0 & Cov(\hat{X}_{h-1},X_1) & \cdots & D(X_{h-1}) \end{pmatrix}$$

$D(\bar{X})\otimes D(B)$定义为两矩阵的对应元素的乘积的和，如当h=2时，

$$D(\hat{\bar{X}})\otimes D(\hat{B})=D(\bar{X}_1)D(\hat{b}_1)$$

当h=3时，

$$D(\hat{\bar{X}})\otimes D(\hat{B})=D(\bar{X}_1)D(\hat{b}_1)+D(\bar{X}_2)D(b_2)+2Cov(\bar{X}_1,\bar{X}_2)Cov(b_1,b_2)$$

$D(\hat{B})$的估计公式为：

$$D(\hat{B})=s_e^2(X'X)^{-1}$$

s_e^2为样本的回归剩余方差，其计算式子为：

$$s_e^2=\frac{1}{m-h}\sum_{i=1}^{m}(y_i-X_i'B)^2$$

$D(\hat{\bar{X}})$的各元素根据一相样本的样地数据进行估计：

$$D(\hat{X}_i)=\frac{1}{n(n-1)}\sum_{k=1}^{n}(x_{ik}-X_i)^2\quad(i=1,\cdots,h-1)$$

$$Cov(\hat{X}_i,X_j)=\frac{1}{n(n-1)}\sum_{k=1}^{n}(x_{ik}-X_i)(x_{jk}-X_j)\quad(i=1,\cdots,h-1,\ j=1,\cdots,h-1,\ i\neq j)$$

总体蓄积量平均数估计值的误差限为：

$$\Delta_i=A\cdot u_{0.05}\cdot\sqrt{D(\hat{Y})}$$

$u_{0.05}$=1.96，这里假定为大样本，且估计值服从正态分布。

相应的估计精度为：

$$p_{ci}=(1-\Delta_i/\hat{\bar{Y}})\times 100\%$$

如果要考虑树种组、林种，也可以采用分别建模的方法。设分成t个类型建模，其估计值为$\hat{y}=(y_1,y_2,\cdots,y_t)$，根据一相样本计算的各类型面积比例为$p=(p_1, p_1, \cdots, p_t)'$，则

$$\hat{Y}=p'\hat{y}$$

方差为：

$$D(\hat{\bar{Y}})=D(p'\hat{\bar{y}})=E(p')D(\bar{y})E(p)+E(\bar{y}')D(p)E(\bar{y})+D(p)D(\bar{y})$$

其中，

$$D(\hat{\bar{y}})=\begin{bmatrix} D(\hat{\bar{y}}_1) & 0 & \cdots & 0 \\ 0 & D(\hat{\bar{y}}_2) & \cdots & 0 \\ \vdots & \vdots & \vdots & \vdots \\ 0 & 0 & \cdots & D(\hat{\bar{y}}_t) \end{bmatrix}$$

$$D(p)=\begin{bmatrix} p_1(1-p_1) & -p_1p_2 & \cdots & -p_1p_t \\ -p_1p_2 & p_2(1-p_2) & \cdots & -p_2p_t \\ \vdots & \vdots & \vdots & \vdots \\ -p_1p_t & -p_2p_t & \cdots & p_t(1-p_t) \end{bmatrix}$$

$$D(p)=\begin{bmatrix} p_1(p_2+p_3+\cdots+p_t) & -p_1p_2 & \cdots & -p_1p_t \\ -p_1p_2 & p_1(p_1+p_3+\cdots+p_t) & \cdots & -p_2p_t \\ \vdots & \vdots & \vdots & \vdots \\ -p_1p_t & -p_2p_t & \cdots & p_t(p_1+p_2+\cdots+p_{t-1}) \end{bmatrix}$$

代入并经整理，有

$$\begin{aligned} D(\hat{\bar{Y}}) &= p_1D(\hat{\bar{y}}_1)+p_2D(\bar{y}_2)+\cdots+p_tD(\bar{y}_t) \\ &= (\hat{\bar{y}}_1-\hat{\bar{y}}_2)^2p_1p_2+(\bar{y}_1-\bar{y}_3)^2p_1p_3+\cdots+(\bar{y}_1-\bar{y}_t)^2p_1p_t \\ &= +\cdots+(\hat{\bar{y}}_{t-1}-\bar{y}_t)^2p_{t-1}p_t \end{aligned}$$

B 动态统计

动态统计包括总体蓄积量增量、生长量及消耗量的统计。生长量和消耗量都是在基础年调查后至本年度调查时期间发生的平均生长量与消耗量。生长量、消耗量、净增量应满足：

生长量–消耗量 = 净增量

总体蓄积量增量通过年度监测与基础年数据比较，利用回归估计等数学方法获得。生长量和消耗量的数据，按照连续清查的方法统计得出。

4. 监测结果与分析

2004—2011年，浙江省持续开展了省级森林资源年度监测，监测结果每年通过《浙江日报》连续向社会发布了8期公告。其中2004年、2009年是国家连续清查年，这两期是省级年度监测的基础年。

根据连续8年监测，表明全省的森林资源总量、森林资源质量和森林生态状况等反映森林资源状况的主要指标总体继续向着好的方向发展，全省在林业生态建设方面取得了较好的成效。

1）森林资源数量连续监测结果

A 林地面积呈峰值后稳定态势

2011年浙江省林地面积为661.12万公顷，比2009年增加了0.38万公顷。林地面积在2006年达到669.90万公顷的峰值后，2007年出现下降趋势，2008—2009年这种趋势更加明显，2011年与2009年相比，处于相对稳定状态，林地主要地类面积动态变化见表4-5。

表4-5 林地主要地类面积动态变化表

指标	林 地（万公顷）	森 林（万公顷）	乔木林（万公顷）	经济林（万公顷）	竹 林（万公顷）	其 他 灌木林（万公顷）	森 林 覆盖率（%）
2004年	667.97	584.42	420.18	112.52	78.29	31.36	57.41
2005年	668.86	589.09	426.18	112.65	78.98	28.32	57.87
2006年	669.90	593.62	429.00	111.80	79.21	27.78	58.31
2007年	669.58	589.83	426.12	113.43	78.98	28.48	57.94
2008年	664.46	593.55	429.38	109.50	81.93	26.60	58.31
2009年	660.74	601.36	410.07	107.95	83.34	15.34	59.07
2010年	661.85	601.90	413.21	103.91	84.78	15.34	59.12
2011年	661.12	605.28	415.81	104.71	84.76	15.41	59.46
2004—2011年净增量	−6.85	20.86	−4.37	−7.81	6.47	−15.95	2.05
年均增率（%）	−0.15	0.51	−0.15	−0.99	1.18	−7.27	—
2009—2011年净增量	0.38	3.92	5.74	−3.24	1.42	0.07	0.39
年均增率（%）	0.06	0.65	1.39	−3.05	1.69	0.46	—

B 森林覆盖率稳中略升

2011年浙江省森林面积为605.28万公顷，比2009年增加了3.92万公顷，森林面积稳中趋升；与2004年相比，增加20.86万公顷，增加较多。各时期林地与森林面积变化见图4-4。

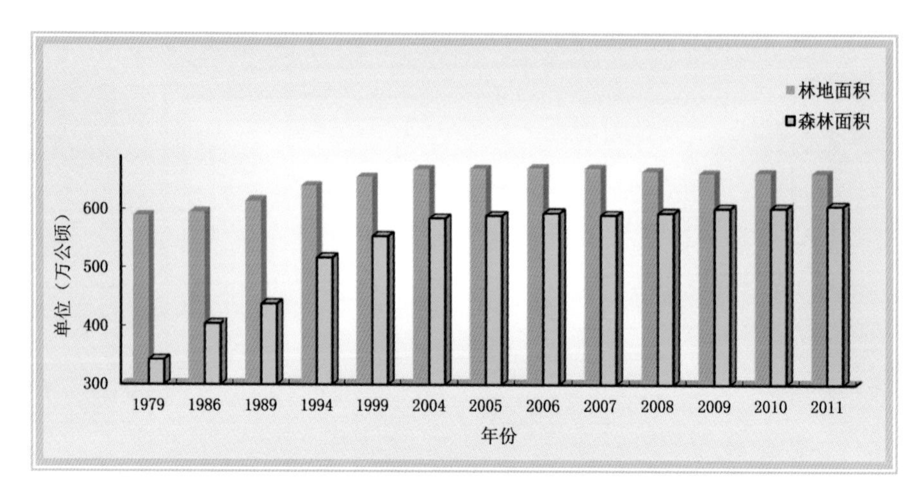

图 4-4　各时期林地与森林面积变化

通过对森林的各地类分析，2004—2011年的7年间，一般乔木林净增22.20万公顷、竹林净增6.47万公顷，经济林净减7.81万公顷。2009—2011年近3年间，一般乔木林净增5.74万公顷、竹林净增1.42万公顷，经济林净减3.24万公顷。经济林面积减少主要是由于桑、橘等灌木经济林面积减少所致。其他林地面积中，无林地面积减少，未成林地面积增加，在非林地转为林地的面积大幅减少的情况下，这种趋势是近年来浙江省积极落实省委、省政府提出的加强生态建设，实施海防林建设、“1818”平原绿化、造林补贴试点等加强营造林工作的成效体现。

2011年全省森林覆盖率为59.46%，比基础监测年2009年增长0.39个百分点，比2004年增长2.05个百分点。由图4-5各时期森林覆盖率变化可以看出，近几年来浙江省的森林覆盖率同样是稳中有升的。

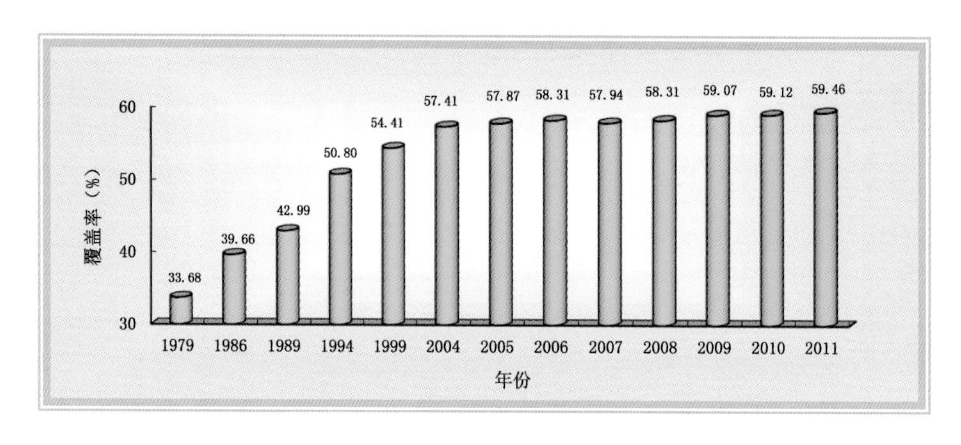

图 4-5　各时期森林覆盖率变化

C 林木蓄积量和毛竹株数稳步增加

林木蓄积量多年来处于持续增长态势。2011年活立木总蓄积量达到26 896.13万立方米，比2009年增加了2671.20万立方米，年增率为5.23%；森林蓄积量达到24 091.09万立方米，比2009年增加了2411.34万立方米，年增率5.27%。与2004年相比，增加了7513.20万立方米，年增率为4.64%；森林蓄积量比2004年增加了6867.95万立方米，年增率为4.75%。

2011年毛竹株数为229 067万株，比2009年增加26 736万株。每公顷立竹量为3029株，比2009年增加367株。与2004年相比，增加62 978万株，每公顷立竹量比2004年增加693株。

各类蓄积量与毛竹株数动态变化见表4-6。

表4-6 各类蓄积量与毛竹株数动态变化表

指标	活立木蓄积量（万立方米）	森林蓄积量（万立方米）	疏林蓄积量（万立方米）	散生蓄积量（万立方米）	四旁蓄积量（万立方米）	毛竹株数（万株）
2004年	19 382.93	17 223.14	29.35	1445.40	685.04	166 089
2005年	20 533.99	18 335.37	30.84	1487.32	680.46	174 069
2006年	21 669.61	19 381.30	32.81	1547.90	707.60	178 404
2007年	22 680.56	20 235.95	55.90	1655.77	732.94	180 817
2008年	22 894.71	20 412.06	55.03	1698.69	728.93	187 503
2009年	24 224.93	21 679.75	46.07	1697.85	801.26	202 331
2010年	25 404.97	22 763.96	43.90	1727.50	869.61	211 282
2011年	26 896.13	24 091.09	44.67	1818.67	941.70	229 067
2004—2011净增量	7513.20	6867.95	15.32	373.27	256.66	62 978
年均增率（%）	4.64	4.75	5.91	3.27	4.51	4.55
2009—2011净增量	2671.20	2411.34	－1.40	120.82	140.44	26 736
年均增率（%）	5.23	5.27	－1.54	3.44	8.06	6.20

各时期活立木蓄积量、毛竹株数变化见图4-6、图4-7。

2）森林资源质量连续监测结果

2004—2011年监测结果表明，森林资源质量有所提高，林龄结构朝着逐渐合理分布的可持续经营方向发展。林分质量动态变化见表4-7。

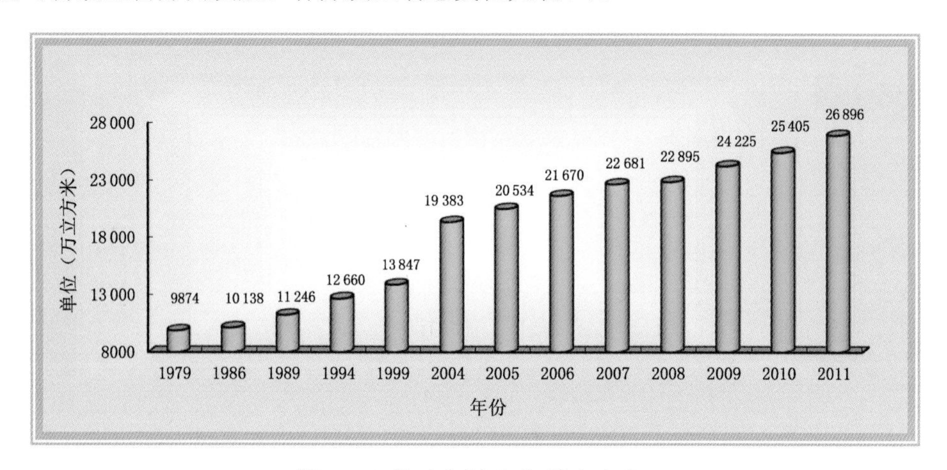

图 4-6　各时期活立木蓄积变化

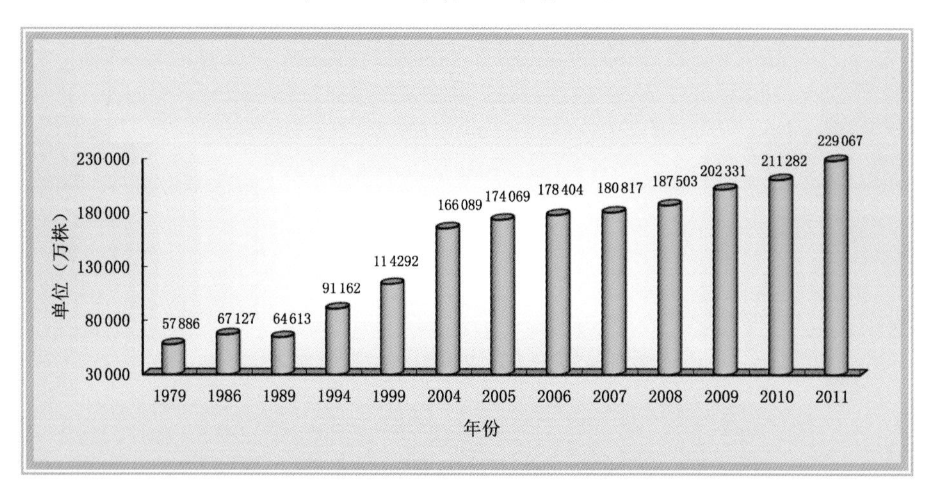

图 4-7　各时期毛竹株数变化

表4-7　林分质量动态变化表

指　标	单位面积蓄积量（立方米/公顷）	单位面积生长量（立方米/公顷）	乔木林单位面积株数（株/公顷）	毛竹林单位面积株数（株/公顷）	乔木林平　均郁闭度
2004 年	43.76	4.16	1266	2336	0.53
2005 年	46.13	4.47	1333	2453	0.54
2006 年	48.14	4.51	1389	2474	0.55
2007年	50.92	4.62	1444	2504	0.56
2008年	50.76	4.55	1410	2473	0.55

（续）

指　标	单位面积蓄积量（立方米/公顷）	单位面积生长量（立方米/公顷）	乔木林单位面积株数（株/公顷）	毛竹林单位面积株数（株/公顷）	乔木林平　均郁闭度
2009年	52.87	4.40	1494	2662	0.56
2010年	55.09	5.17	1539	2715	0.57
2011年	57.94	5.09	1610	3029	0.58
2004—2011年净增量	14.18	0.93	344	693	0.05
2009—2011年净增量	5.07	0.69	116	367	0.02

与2004年相比，2011年乔木林单位面积蓄积量由43.76立方米/公顷上升到57.94立方米/公顷，单位面积蓄积量总生长量由4.16立方米/公顷上升到5.09立方米/公顷，乔木林郁闭度由0.53上升到0.58，幼中龄林与近、成、过熟林面积比例由4.7∶1调整为2.9∶1。

与2009年相比，乔木林单位面积蓄积量上升了5.07立方米/公顷，单位面积蓄积量总生长量上升了0.69立方米/公顷，乔木林郁闭度上升了0.02，幼中龄林与近、成、过熟林面积比例由3.3∶1调整为2.9∶1。

各时期森林资源质量主要指标变化，见图4-8、图4-9。

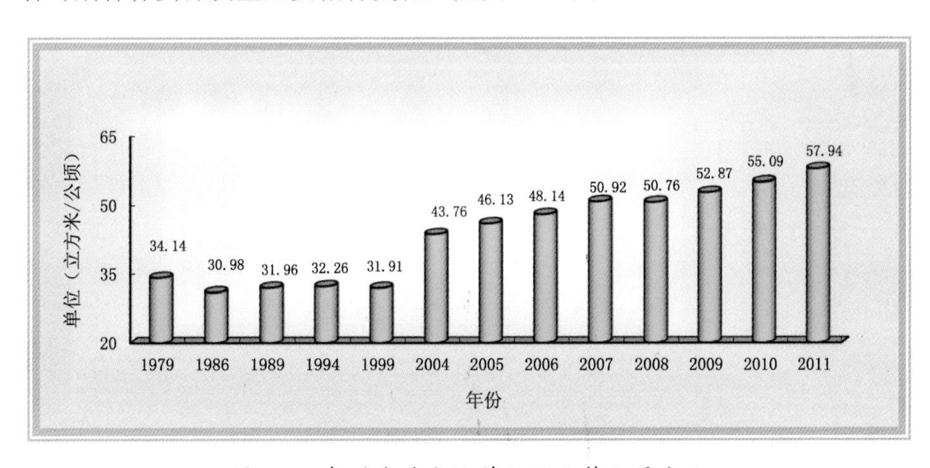

图 4-8　各时期乔木林单位面积蓄积量变化

3）森林生态状况连续监测结果

在乔木林森林群落结构中，2011年完整结构、较完整结构、简单结构的面积分别为223.14万公顷、190.98万公顷和1.69万公顷。

与2009年相比，乔木林增加5.74万公顷。其中，完整结构面积减少了4.58万公

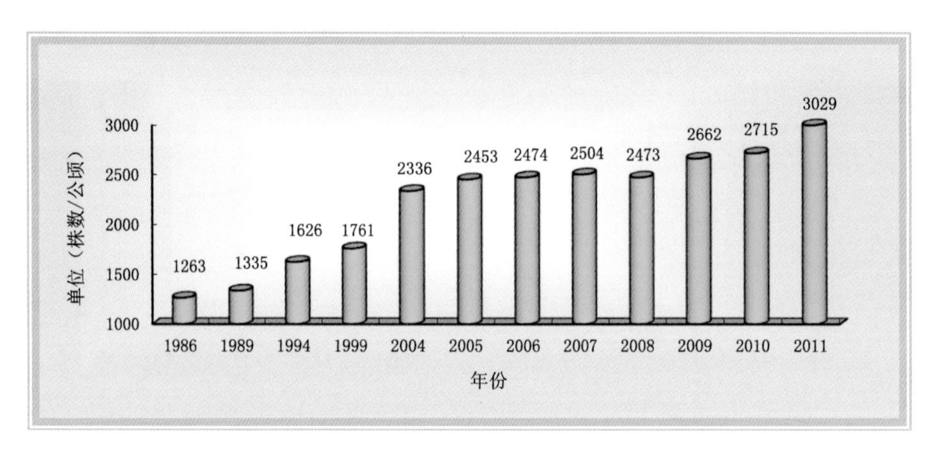

图 4-9　各时期毛竹林单位面积立竹量变化

顷，较完整结构面积增加了5.00万公顷，简单结构面积基本持平。完整结构面积减少，可能与全省开展森林抚育工作有较大关系。

与2004年相比，乔木林减少4.37万公顷。其中，完整结构面积减少了11.75万公顷，较完整结构面积增加了17.48万公顷，简单结构面积减少了4.79万公顷。

2011年乔木林树种类型结构中，针叶林、阔叶林、针阔混交林的面积比例由2004年的61.4:28.5:10.1，调整到2009年的52.7:33.4:13.9，再调整为2011年的49.7:35.1:15.2，针叶林的比重降到50%以下，阔叶林和针阔混交林的比重增加，树种类型结构朝着有利于充分发挥森林生态效益的方向发生变化。乔木林群落结构与树种类型结构面积动态变化见表4-8。

表4-8　乔木林群落结构与树种类型结构面积动态变化表

指　标	合　计（万公顷）	群落结构（万公顷）			树种类型结构（万公顷）		
		完整结构	较完整结构	简单结构	针叶林	阔叶林	针阔混
2004年	420.18	227.72	185.98	6.48	257.91	119.90	42.37
2005年	426.18	237.42	182.28	6.48	257.83	121.42	46.93
2006年	429.00	245.30	177.96	5.74	250.71	128.45	49.84
2007年	426.12	243.73	176.92	5.47	240.36	131.50	54.26
2008年	429.38	242.79	180.05	6.54	238.90	140.76	49.72
2009年	410.07	234.89	173.50	1.68	216.18	137.13	56.76
2010年	413.21	238.00	173.50	1.71	202.95	148.22	62.04
2011年	415.81	223.14	190.98	1.69	206.72	146.07	63.02

（续）

指　标	合　计（万公顷）	群落结构（万公顷）			树种类型结构（万公顷）		
		完整结构	较完整结构	简单结构	针叶林	阔叶林	针阔混
2004—2011年净增量	−4.37	−4.58	5.00	−4.79	−51.19	26.17	20.65
2004—2011年均增率（%）	0.00	0.00	0.00	−0.17	−0.03	0.03	0.06
2009—2011年净增量	5.74	−11.75	17.48	0.01	−9.46	8.94	6.26
2009—2011年均增率（%）	0.01	−0.03	0.05	0.00	−0.02	0.03	0.05

2011年森林自然度中，Ⅲ级以上、Ⅳ级、Ⅴ级的森林面积分别为32.29万公顷、316.66万公顷、256.33万公顷，与2009年相比，分别增加了−4.29万公顷、13.05万公顷和−4.84万公顷；与2004年相比，分别增加了−0.83万公顷、32.72万公顷和−11.03万公顷，综合而言，森林自然度基本稳定。

2011年森林面积中，森林生态功能好、中、差的面积分别为2.87万公顷、503.10万公顷和99.31万公顷，与2009年相比，生态功能好的森林面积持平，生态功能中等的面积增加了11.14万公顷，生态功能差的面积减少了7.22万公顷；与2004年相比，生态功能好的森林面积增加了0.72万公顷，生态功能中等的面积增加了47.01万公顷，生态功能差的面积减少了26.86万公顷。森林自然度与生态功能等级面积动态变化，见表4-9。

表 4-9　森林自然度与生态功能等级面积动态变化表

指　标	合　计（万公顷）	自然度等级（万公顷）			生态功能等级（万公顷）		
		Ⅲ级以上	Ⅳ级	Ⅴ级	好	中	差
2004年	584.42	33.12	283.94	267.36	2.15	456.09	126.17
2005年	589.09	35.42	284.97	268.7	3.24	463.72	122.13
2006年	593.62	36.12	288.93	268.57	3.22	470.87	119.53
2007年	589.83	33.68	288.17	267.98	2.45	466.61	120.77
2008年	593.55	35.60	290.57	267.38	3.25	471.88	118.42
2009年	601.36	36.58	303.61	261.17	2.87	491.96	106.53
2010年	601.9	36.15	309.18	256.57	2.87	497.39	101.64
2011年	605.28	32.29	316.66	256.33	2.87	503.1	99.31

（续）

指　标	合　计（万公顷）	自然度等级（万公顷）			生态功能等级（万公顷）		
		Ⅲ级以上	Ⅳ级	Ⅴ级	好	中	差
2004—2011年净增量	20.86	－0.83	32.72	－11.03	0.72	47.01	－26.86
2004—2011年均增率（%）	0.50	－0.36	1.56	－0.60	4.10	1.40	－3.40
2009—2011净增量	3.92	－4.29	13.05	－4.84	0	11.14	－7.22
2009—2011年均增率（%）	0.32	－6.23	2.10	－0.94	0.00	1.12	－3.51

从森林健康状况分析，2011年健康等级达到健康的森林面积比例为93.08%，健康等级为亚健康、中健康和不健康的面积比例分别为5.52%、1.22%和0.18%。2009年，健康、亚健康的森林面积比例分别为77.67%和16.04%，健康等级为中等和不健康的面积比例分别占5.41%和0.88%。与2009年的健康森林面积比例相比，达到健康等级的森林面积上升了15.41个百分点，说明经历2008年的雨雪冰冻灾害后，森林健康状况逐渐回升，表明全省多数森林恢复能力较强，健康状况良好。

从森林受灾状况分析，2011年遭受各种灾害的森林面积达22.63万公顷，占全部森林面积的3.74%。2008年的重大雨雪冰冻灾害，致使2009年遭受不同程度的各种森林灾害面积达107.25万公顷，占全部森林面积的17.83%。与2009年相比，森林因气候性受灾面积大幅度减少，森林火灾面积基本持平，森林病虫害危害面积有所上升。

5．分析总结

通过连续8年的监测，在公告制度建设、技术体系建设、数据深度分析、动态分析信息获取等方面取得了良好成效。

1）建立了年度公告制度，扩大了社会影响力

年度监测使森林资源数据的监测间隔期从原来的5年缩短为1年，大大提高了资源调查成果的时效性。浙江省借森林资源年度监测之机，建立了森林资源公告制度，每年通过《浙江日报》等权威媒体向社会公告主要监测成果数据。森林资源年度公告引起了广泛的关注，发改、统计、环保、土地等部门对年度监测成果十分重视，成果已成为相关部门决策与规划编制的基础数据，在全省性多项工作中得到了应用。

浙江省森林资源年度监测及公告的实践表明，森林资源监测不仅仅是一项技术工作，而且是一项十分受关注的社会工作。通过年度监测与公告，扩大了资源调查工作

与社会的交流，促进了监测成果的充分应用，提高了资源调查监测等基础性工作的社会影响力，使森林资源与生态建设的重要性逐步被社会所认可。

2）建立了1/3样地监测体系，研发了省级年度监测模式

从2005年开始，以国家连清调查年为基础年，其余4年为监测年；基础年，以国家森林资源连续清查样地为抽样调查数据，采用系统抽样统计方法估计总体特征。监测年，每年抽取1/3连清样地开展年度监测。在1/3样地抽样体系上，设计了“米”字型抽样方式，中心样地每年均调查，其他样地在四年的监测年周期内各被调查一次。在总体特征估计方法上，面积类数据估计采用马尔科夫链转移矩阵方法，蓄积量类数据估计采用二重回归估计的方法。通过省级年度监测实践，研发了利用1/3连清样地开展常态化省级年度监测的技术模式。

3）深度挖掘了年度监测特有信息，丰富了监测成果

年度监测因调查间隔期大为缩短，一些长间隔期所掩盖的短期资源变化情况也得以反映，可以获得比全省连清更为丰富的动态信息。

获得更准确的采伐消耗量。五年一次的连清调查中，由于间隔期较长，间隔期内进界但复查时已采伐的消耗量无法调查，但在年度监测中，间隔期的缩短，使采伐量监测的灵敏度提高，从而使监测的采伐量（包括未测采伐量）更准确。

枯损量消耗监测更精细。从8年连续监测结果看，枯损量远高于前5年平均值，主要原因是全省连清体系以5年为间隔期，每个间隔期前几年火烧木、病害木，经过若干年后已被采伐或枯烂无存，这部分林木在全省连清时均作为采伐木记载，枯立木或枯倒木枯损量仅计算清查当年仍存在的。但这些变化均能在年度监测中被调查到，使枯损量监测更精细化。

准确获取毛竹年度的新竹立竹量。五年一次的连清调查，新竹仅当年才能被调查到。其余四年的新竹，由于间隔期较长，不易准确识别竹龄。而年度监测中，新竹很容易区分，因此监测数据也更准确。

4）获取了动态变化信息，分析了资源变化因素

通过持续监测，获取了丰富的森林资源动态变化信息，结果表明，全省森林资源呈现蓄积量持续增长，质量继续提高，结构趋于合理，森林生态状况向好的方向发展。分析监测周期内影响森林资源的变化因素，主要有以下几个方面：

（1）森林资源保护力度加大，公益林采伐受限。随着林业由木材生产为主向生态建设为主的战略性转变，重点生态公益林建设全面加强，实施了森林生态效益补偿金制度，公益林的林木采伐受到了限制，有效保护了全省生态区位重要地区、生态脆弱地区及生物多样性富集区的森林。

（2）农村能源结构发生重大变化，薪柴需求急骤减少。农村能源中，柴草（薪柴，农作物秸秆）等传统生物能源，长期在农村家庭能源结构中所占有很大比重。世纪之交，液化气、电饭锅、电热水器等逐渐普及应用，2007年前后，电磁炉、太阳能等逐步进入农村市场，各类新能源在家庭能源结构中占的比重非常大，传统的薪柴等生物能源在家庭能源结构中的比重则逐渐下降，显著减少了对森林的人为干扰。

（3）木材加工业的木料来源趋向多样化。随着交通的便捷、物流成本的降低，木材加工业的原材料来源也多样化，输入性木材逐渐增多，充分利用了省内省外两种资源，有效利用省外国外森林资源，拓宽了木材资源供应渠道。

（4）松材线虫病和森林火灾等森林灾害威胁较大。从2011年的监测结果看，遭受各种灾害的森林面积为22.63万公顷，占全部森林面积的3.74%。可见，开展森林有害生物防灾和森林消防，提升森林防灾和减灾能力，对于维护全省森林资源和国土生态安全具有重要意义。

（5）突发灾害性天气对森林资源增长影响较大。2008年初的雨雪冰冻灾害给浙江省的森林资源造成重大损失，从2009年森林灾害监测结果看，遭受了不同程度的各种森林灾害的面积达107.25万公顷，占17.83%。其中灾害等级达到轻、中、重度的受害面积占森林面积的比例分别为10.94%、5.89%和1.00%；从受害森林面积的各灾害类型看，雪压、风折（倒）等气候灾害占88.17%。可见，2008年初因雨雪冰冻灾害雪压，使森林的受灾面积较大。

4.1.3 完善提高阶段（2012—2015年）

自2012年党的十八大以来，生态文明建设深入推进，为建立科学的领导干部实绩考核体系，改进市级党政领导班子和领导干部实绩考核评价工作，需要对各设区森林质量指标进行监测，将监测数据落实到各市副总体。为此，省林业厅作出部署，自2012年起将省级年度监测工作延伸到各设区市，进而全省进入了省、市联动监测阶段，省级年度监测也由以前的每年抽查1/3固定样地转变为每年对所有固定样地进行复查。2014年为国家连清年，首次利用平板电脑为介质开展了野外调查，2015年进行了完善并全面应用于野外数据采集工作。

1．抽样方案设计

省、市联动监测样地布设，是根据各市精度设计要求和变动系数情况，在省级连清样地基础上进行加密，增设市级监测样地。省、市联动监测样地布设，要求将全省所有4252个连清样地包含在内。因此，2012～2015年，省级年度监测的样地，与国家连续清查样地无任何差别，相当于每年均对连清样地进行复位调查。样地抽样与布设、技术标准、调查方法、数据处理与统计方法、调查成果与国家森林资源连续清查完全一致。

2．监测结果

1）2015年监测现状

A 森林资源综述

根据2015年浙江省监测结果，全省林地面积为660.49万公顷，其中，森林面积为605.68万公顷；活立木蓄积量为3.31亿立方米，其中，森林蓄积量为2.97亿立方米；毛竹总株数为28.53亿株。

全省乔木林单位面积蓄积量为69.41立方米/公顷，其中，天然乔木林为67.09立方米/公顷，人工乔木林为75.70立方米/公顷。乔木林分平均郁闭度0.60。毛竹林每公顷立竹量3311株。

全省活立木蓄积量总生长量与总消耗量之比为2.41∶1，活立木蓄积量继续呈现生长大于消耗的趋势。

全省森林覆盖率为59.50%，一般灌木林覆盖率1.46%；若按浙江省以往同比计算口径，则森林覆盖率为60.96%，继续位居全国前列。

B 林地面积

全省林地面积为660.49万公顷，其中：森林605.68万公顷，疏林地1.20万公顷，一般灌木林地14.85万公顷，未成林造林地8.14万公顷，苗圃地5.50万公顷，迹地7.67万公顷，宜林地17.45万公顷。

全省605.68万公顷森林面积中，乔木林有427.82万公顷（含乔木经济林10.54万公顷），灌木经济林86.84万公顷，竹林91.02万公顷。

林地各地类面积比例见图4-10。

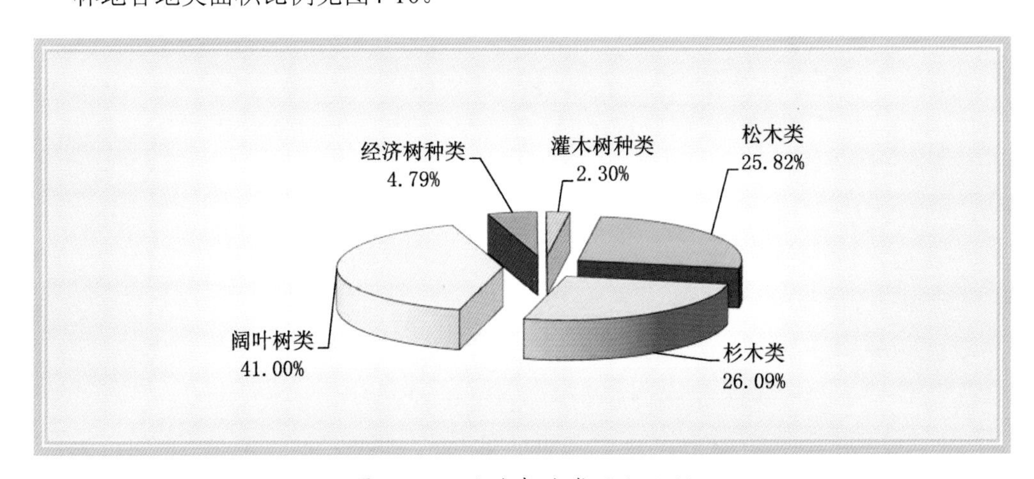

图 4-10　林地各地类面积比例

C 活立木蓄积量

全省活立木蓄积量33 073.53万立方米，其中：森林蓄积量29 696.98万立方米，疏林蓄积量24.81万立方米，散生木蓄积量2152.19万立方米，四旁树蓄积量1199.55万立方米。

活立木蓄积量按组成树种分：松木类8539.31万立方米，杉木类8628.22万立方米，阔叶树类13 559.08万立方米，经济树种类1585.73万立方米，灌木树种类761.19万立方米。

活立木各组成树种类蓄积量比例见图4-11。

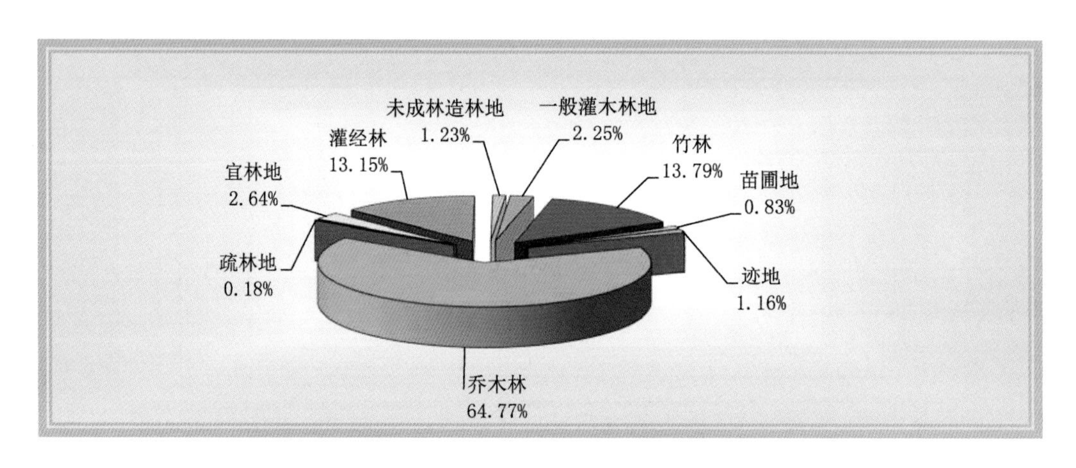

图 4-11 活立木各组成树种蓄积比例

D 森林资源结构

在森林林种结构中，防护林面积为244.18万公顷，蓄积量14 939.12万立方米；特用林面积17.72万公顷，蓄积量1789.43万立方米；用材林面积246.40万公顷，蓄积量12 555.74万立方米；经济林面积97.38万公顷，蓄积量412.69万立方米。

乔木林龄组结构中，幼龄林面积为168.09万公顷，蓄积量7678.98万立方米；中龄林面积为130.95万公顷，蓄积量9510.44万立方米；近熟林面积为69.39万公顷，蓄积量6358.17万立方米；成、过熟林面积为59.39万公顷，蓄积量6149.39万立方米。乔木林中，幼龄林、中龄林的面积、蓄积量分别占总数的69.90%和57.88%，说明全省乔木林仍然以幼龄林和中龄林为主体。

在乔木林树种类型结构中，针叶林面积为170.96万公顷，蓄积量13 662.78万立方米；阔叶林面积为185.78万公顷，蓄积量11 268.65万立方米；针阔混交林面积71.08万公顷，蓄积量4765.55万立方米。总体而言，全省阔叶林、针阔混交林面积呈逐年增长态势，阔叶林面积已超过针叶林面积。

E 天然林与人工林资源

天然林资源，全省天然林面积为362.01万公顷，占森林面积的59.77%；天然林蓄积量20 961.56万立方米，占森林蓄积量的70.58%。

人工林资源，全省人工林面积为243.67万公顷，占森林面积的40.23%；人工林蓄积量8735.42万立方米，占森林蓄积量的29.42%。

F 经济林与竹林资源

全省经济林面积97.38万公顷，占森林面积的16.04%；经济林蓄积量412.69万立方米，占森林蓄积量的1.39%。茶叶、柑橘、油茶、板栗、杨梅、蚕桑、山核桃七大经济树种，合计占经济林面积的86.00%。

全省竹林面积为91.02万公顷，占森林面积的15.03%。其中，毛竹林为79.75万公顷，杂竹林为11.27万公顷。

全省毛竹总株数为285 316万株，毛竹林每公顷立竹量为3311株，当年生新竹占毛竹总株数的19.20%。

G 森林生态状况

群落结构中，乔木林中具有乔、灌、草三个层的完整结构面积占60.95%；仅有乔、灌层或乔、草层的较完整结构面积占38.71%；仅有乔木层的简单结构面积占0.34%。

森林自然度中，处于演替后期、顶极树种明显可见、自然度为III级及其以上的森林面积占5.37%；人为干扰很大、处于演替逆行阶段的次生林、自然度为Ⅳ级的森林面积占54.00%；人为干扰强度极大、处于难以恢复的逆行演替后期（包括各种人工林）、自然度为Ⅴ级的森林面积占40.63%。总体而言，由于人为活动的长期影响，全省森林自然度等级较高的面积偏少。

森林健康中，全省森林健康等级达到健康的面积比例为96.64%，健康等级为亚健康、中健康、不健康的面积比例分别为2.92%、0.32%和0.12%。达到健康等级的森林面积居于绝对优势地位。

森林灾害中，无林木受害或受害比例在10%以下的森林面积占98.46%；遭受其他不同程度森林灾害的面积占1.54%，其中灾害等级达到轻度、中度和重度的受害面积占森林面积的比例分别为0.87%、0.55%和0.12%。

从受害森林面积的各灾害类型看，森林病虫害占59.06%，森林火灾占5.14%，雪压、风折（倒）等气候性灾害占33.23%，其他灾害类型占2.57%。各灾害类型比例结构与2014年基本一致。

全省森林面积中，森林生态功能好、中、差三个等级的面积所占比例分别为1.18%、84.40%和14.42%。全省森林生态功能指数为0.5178，比2014年提高0.0206。

2）森林资源动态变化

林地面积呈现略增态势。全省林地面积为660.49万公顷，比2014年增加了0.72万公顷。与2012年相比减少0.78万公顷，年均减少0.26万公顷，林地面积呈现稳中略减态势。

森林覆盖率稳中略升。全省森林面积为605.68万公顷，比2014年增加了0.69万公顷，森林覆盖率比2014年上升0.07个百分点。与2012年相比森林面积增加1.62万公顷，年均增加0.54万公顷，森林覆盖率比2012年上升0.16个百分点，年均上升0.05个百分点。在森林面积中，乔木林面积略有增长，竹林面积呈增长态势，灌木经济林面积由于土地整理以及桑园、柑橘比较效益较差等因素总体呈现减少趋势。林地主要地类面积动态变化情况见表4-10。

表4-10　林地主要地类面积动态变化表

指　标	林地（万公顷）	森林（万公顷）	乔木林（万公顷）	竹林（万公顷）	灌木经济林（万公顷）	一般灌木林（万公顷）	森林覆盖率（%）	一般灌木林覆盖率（%）
2012年	661.27	604.06	416.15	86.43	101.48	15.08	59.34	1.48
2013年	660.31	604.78	426.21	88.10	90.47	15.08	59.41	1.48
2014年	659.77	604.99	426.88	90.06	88.05	15.09	59.43	1.48
2015年	660.49	605.68	427.82	91.02	86.84	14.85	59.50	1.46
2012—2015总增量	−0.78	1.62	11.67	4.59	−14.64	−0.23	0.16	−0.02
2012—2015年均增量	−0.26	0.54	3.89	1.53	−4.88	−0.08	0.05	−0.01
2014—2015增量	0.72	0.69	0.94	0.96	−1.21	−0.24	0.07	−0.02

活立木蓄积量稳步增加。2015年，活立木蓄积量量比2014年增加1688.67万立方米，比2012年增加4848.70万立方米，年均增加1616.23万立方米；活立木蓄积量处于稳步增长态势。各类蓄积量动态变化情况见表4-11。

表4-11　各类蓄积量动态变化表

单位：万立方米

指　标	活立木蓄积量	森林蓄积量	疏林蓄积量	散生蓄积量	四旁蓄积量
2012年	28 224.83	25 221.55	32.73	1963.21	1007.34

（续）

指　标	活立木蓄积量	森林蓄积量	疏林蓄积量	散生蓄积量	四旁蓄积量
2013年	29 590.60	26 499.15	27.96	2001.89	1061.60
2014年	31 384.86	28 114.67	27.29	2109.17	1133.73
2015年	33 073.53	29 696.98	24.81	2152.19	1199.55
2012—2015总增量	4848.70	4475.43	−7.92	188.98	192.21
2012—2015年均增量	1616.23	1491.81	−2.64	62.99	64.07
2014—2015增量	1688.67	1582.31	−2.48	43.02	65.82

森林资源质量有所提高。与2014年相比，乔木林单位面积蓄积量增加了3.55立方米/公顷；乔木林郁闭度上升0.01；幼中龄林的比重下降而近、成、过熟林的比重上升，阔叶林、针阔混交林面积之和占乔木林的比例由59%上升到60%。与2012年相比，乔木林单位面积蓄积量增加了8.80立方米/公顷；乔木林郁闭度增加了0.02；近、成、过熟林面积比重上升了3.41个百分点，阔叶林、针阔混交林面积之和占乔木林的比例由53%上升到60%。监测结果表明，龄组结构、树种结构朝着逐渐合理分布的可持续经营方向发展。

3．分析讨论

通过对全部森林资源连清样地进行年度复查，本阶段主要在以下方面得到了完善提高。

1）减少了数据波动，提高了监测精度

省级年度监测体系与国家连清监测体系的完全衔接，相当于5年1次的国家连清调查，缩短为1年1次，监测样地数由前期的1/3到本期的全部年度复查，每年产出的现状数据更为系统平稳，动态变化结果更为可靠，获取了高精度保障的年度监测数据。

2）应用了平板电脑“互联网+”技术开展野外调查

为加强移动互联网技术、平板电脑数据采集技术在野外调查的应用，自2014年起，采用基于无线专网的互联网数据传输技术，运用平板电脑为调查介质，研发了移动端数据采集系统，实现了野外调查数据的无纸化采集、即时检查、实时传输功能，提高了工作效率和调查质量。

3）拓展了森林生态状况监测内容

应用丰富的固定样地监测数据，每年对森林植被生物量与碳储量进行评估，对森林生态服务功能年价值进行了测算，包括年固碳释氧、年涵养水源、年固土保肥、年积累营养物质、年净化大气、年生物多样性保育价值量进行了评估，拓展和丰富了监测内容。

4）为开展遥感监测提供了丰富的建标样本

每个调查样地均有精确的GPS坐标，这些系统布设、类型多样的调查样地，为开展遥感监测监督分类、遥感定量模型研发提供了最佳建标样本和丰富的第一手基础数据。

5）开展了蓄积量生长率月际分布研究

以固定样地连年调查数据为基础研究材料，对正常年度内的林木生长率月际分布情况进行系统研究，为消减年度监测的时间误差创造了条件，使年度监测更为精准，并使由年度出数上升为月度出数成为可能。

4.2 省、市联动监测

省、市联动监测是森林资源一体化监测的重要组成部分，与省级年度监测的完善提高阶段同步联动、协同开展外业数据调查，从2012年起，每年开展了省、市联动监测。通过省、市联动监测，将省级年度监测工作延伸到各设区市，实现了省、市同步年度出数，为省对市森林增长实绩考核提供了重要依据。

4.2.1 监测方法与精度设计

采用抽样统计调查方法，统计方法与连清调查一致。抽样样地设计，是在全省总体4252个样地基础上，进一步将11个设区市作为副总体，通过样地加密方法，将省级森林资源年度监测工作延伸到各设区市，形成省、市联动监测体系。

抽样设计精度如下：各市副总体设计精度要求原则上低于省总体5个百分点，即森林面积精度要求达到90%以上，活立木蓄积量精度要求达到85%以上（湖州市为80%以上，嘉兴、舟山二市不作要求）。省域总体下全省11个设区市副总体，根据各设区市林木蓄积量、林地面积大小，将其分为以下三大类，分别提出设计精度要求。

Ⅰ类监测市：林地面积、林木蓄积量设计精度各比省总体降低5个百分点，即森林面积抽样精度要求达到90%以上，林木蓄积量抽样精度要求达到85%以上。Ⅰ类监测市林地面积合计占全省比重为93.6%，林木蓄积量合计占全省比重为96.5%。根据现有省级森林资源连续清查体系样地数量能否满足设计精度要求，可进一步细分为$Ⅰ_1$类和$Ⅰ_2$类两个子类。

$Ⅰ_1$类监测市：包括杭州、温州、金华、丽水4个市。该类监测市的现有森林资源连续清查体系样地数量能够满足设计精度要求，无需再另外加密样地。

I_2类监测市：包括宁波、绍兴、衢州、台州4个市。该类监测市现有森林资源连续清查体系样地数量不能满足设计精度要求，需要在现有连清体系基础上再适当加密样地。

Ⅱ类监测市：仅指湖州市。由于该监测市竹林面积比重大，在设计精度要求上，林木蓄积量抽样精度再降低5个百分点，即要求达到80%以上，但森林面积抽样精度仍要求达到90%以上。由于湖州市面积较小、毛竹林样地比重较大，故需要对现有森林资源连续清查体系样地进行较大幅度加密。

Ⅲ类监测市：包括嘉兴、舟山两个市。该类监测市从当地林业生态建设要求看，国土绿化状况是社会和公众关注的焦点，也是资源监测的重点，林木蓄积量指标相对退居次要位置，因此，在监测设计精度上，仅对森林面积作抽样控制，要求抽样精度达到90%以上，对林木蓄积量精度不作要求。由于嘉兴、舟山二市面积均很小，因而需要在现有森林资源连续清查体系样地基础上成倍加密，还要辅以遥感抽样监测调查，使森林面积抽样精度达到90%以上。

根据2009年国家连清时的各市森林面积与活立木蓄积量变动系数，按设计精度要求测算各市所需的地面样地调查数量，目前各设区市共加密地面样地1123个，全省地面样地调查总数已达到5375个，实现了省、市联动森林资源年度出数。同时，对嘉兴、舟山两市副总体森林面积监测辅以遥感抽样监测方法，两市共布设遥感抽样监测样地5151个。

全省11个设区（市）副总体共布设地面样地5375个，在省级监测的基础上增加1123个样地。各设区市样地数分别为：杭州市692个、宁波市579个、温州市471个、嘉兴市535个、湖州市477个、绍兴市414个、金华市451个、衢州市443个、舟山市164个、台州市431个、丽水市718个。各市监测样地设计数量与精度预估见表4-12。

表4-12　各市监测样地设计数量与精度预估

市别	设计精度/%		地面样地/个			遥感样地		预估精度/%	
	森林面积	林木蓄积量	现有省样数	增设样地数	监测样地数	监测样地数/个	间距/（千米×千米）	森林面积	林木蓄积量
全省	95	90	4252	1123	5375	5151	—	97.74	95.83
杭州	90	85	692	0	692	—	—	94.51	88.86
宁波	90	85	368	211	579	—	—	91.74	85.09
温州	90	85	471	0	471	—	—	91.55	86.23

（续）

市别	设计精度/%		地面样地/个			遥感样地		预估精度/%	
	森林面积	林木蓄积量	现有省样数	增设样地数	监测样地数	监测样地数/个	间距/（千米×千米）	森林面积	林木蓄积量
嘉兴	90	—	165	370	535	3885	1×1	92.56	76.39
湖州	90	80	241	236	477	—	—	91.26	80.76
绍兴	90	85	338	76	414	—	—	90.10	85.01
金华	90	85	451	0	451	—	—	92.57	88.11
衢州	90	85	371	72	443	—	—	93.23	85.45
舟山	90	—	49	115	164	1266	1×1	93.90	75.61
台州	90	85	388	43	431	—	—	91.43	85.98
丽水	90	85	718	0	718	—	—	95.84	90.93

嘉兴、舟山两市在地面调查样地基础上，采用遥感抽样监测方法，布设遥感样地5151个，详见表4-13。

表4-13 嘉兴、舟山遥感抽样监测样地数量表

单 位	监测样地数（个）	间距（千米×千米）	预估精度（%）
合 计	5151	—	—
嘉兴市	3885	1×1	92.6
舟山市	1266	1×1	93.9

4.2.2 监测结果

1. 林地面积监测结果

2012—2015年，各设区（市）连续4年省、市联动监测的林地面积监测结果见表4-14。

表4-14 各设区（市）林地面积监测结果

单位：万公顷

统计单位	2012 年	2013 年	2014 年	2015 年
合 计	662.71	662.02	661.7	664.45
杭 州	120.32	119.59	120.08	120.32

（续）

统计单位	2012 年	2013 年	2014 年	2015 年
宁　波	47.19	47.19	47.03	47.03
温　州	71.56	71.80	71.80	72.03
嘉　兴	3.99	3.91	4.31	4.47
湖　州	29.41	29.41	28.92	28.79
绍　兴	44.30	44.30	43.86	44.96
金　华	69.89	70.37	70.13	69.88
衢　州	63.89	63.29	62.29	62.10
舟　山	6.36	6.36	6.28	6.29
台　州	62.16	62.16	62.16	63.02
丽　水	143.64	143.64	144.84	145.56

2．森林面积监测结果

2012—2015年，各设区（市）连续4年省、市联动监测的森林面积监测结果，见表4-15。

表4-15　各设区（市）森林面积监测结果

单位：万公顷

统计单位	2012 年	2013 年	2014 年	2015 年
合　计	606.15	607.42	607.09	609.96
杭　州	110.88	111.36	110.88	111.12
宁　波	44.00	43.68	43.52	43.05
温　州	61.17	61.41	61.65	62.37
嘉　兴	3.78	3.70	4.07	4.23
湖　州	27.70	27.82	26.96	27.21
绍　兴	41.04	41.26	41.04	42.17
金　华	65.07	65.07	65.55	65.07
衢　州	59.10	58.10	56.50	56.50
舟　山	5.68	5.60	5.33	5.33
台　州	58.05	58.53	58.05	58.66
丽　水	129.68	130.89	133.53	134.26

3．森林覆盖率监测结果

2012—2015年，省、市联动监测中，各设区（市）森林覆盖率监测结果如表4-16所示。森林覆盖率按浙江省以往同比口径计算，为森林面积与其他灌木林面积之和占土地总面积的百分比。

表4-16　各设区（市）森林覆盖率指标监测结果

单位：%

统计单位	2012 年	2013 年	2014 年	2015 年
杭　州	67.82	67.96	67.53	67.82
宁　波	49.65	49.13	48.78	48.07
温　州	54.53	55.16	55.58	55.99
嘉　兴	9.06	8.87	9.81	10.19
湖　州	48.21	48.42	46.96	47.37
绍　兴	50.39	50.66	50.39	51.68
金　华	60.35	60.57	61.02	60.57
衢　州	68.85	67.72	65.91	65.91
舟　山	49.38	48.74	46.61	46.61
台　州	62.19	62.69	62.19	63.16
丽　水	76.88	77.44	79.11	79.52

4．林木蓄积量监测结果

2012—2015年，省、市联动监测的各设区（市）林木蓄积量监测结果如表4-17所示。

表4-17　各设区（市）林木蓄积量监测结果

单位：万立方米

统计单位	2012 年	2013 年	2014 年	2015 年
合　计	28 598.05	30 031.27	31 494.13	33 179.55
杭　州	5610.80	5872.17	6076.50	6335.79
宁　波	1657.44	1757.01	1819.77	1924.25
温　州	2998.21	3150.12	3350.95	3557.18
嘉　兴	183.19	198.60	207.91	232.11
湖　州	633.22	660.39	695.69	743.92
绍　兴	1761.10	1833.37	1858.20	1963.02

（续）

统计单位	2012年	2013年	2014年	2015年
金　华	3086.34	3321.30	3538.81	3767.78
衢　州	2537.00	2611.10	2672.53	2785.67
舟　山	226.80	244.40	259.82	278.28
台　州	2577.75	2702.92	2811.54	2928.88
丽　水	7326.20	7679.89	8202.41	8662.67

5．森林蓄积量监测结果

2012—2015年，省、市联动监测的各设区（市）森林蓄积量监测结果如表4-18所示。

表4-18　各设区（市）森林蓄积量监测结果

单位：万立方米

统计单位	2012年	2013年	2014年	2015年
合　计	25 639.17	27 003.18	28 285.36	29 877.47
杭　州	5238.77	5483.85	5646.98	5917.25
宁　波	1480.14	1572.09	1634.23	1724.85
温　州	2671.92	2834.23	3018.50	3229.18
嘉　兴	53.25	59.32	66.46	72.71
湖　州	439.21	464.87	489.70	523.26
绍　兴	1510.34	1587.90	1604.41	1698.55
金　华	2816.85	3035.53	3232.59	3457.91
衢　州	2275.85	2339.42	2384.48	2461.91
舟　山	185.14	200.47	218.71	240.83
台　州	2479.83	2601.93	2701.26	2813.85
丽　水	6487.87	6823.57	7288.04	7737.17

4.2.3　结果分析

1．省对市抽样控制结果

自2012年建立省、市联动森林资源监测体系，省总体与市副总体均采用一类调查方法，至今已连续开展4年，它属于省一类数据控制市一类数据的控制类型，其主要指标监测结果详见表4-19。

表4-19　省、市联动监测主要指标一览表

年度	项别		林地面积（万公顷）	森林面积（万公顷）	林木蓄积量（万立方米）	森林蓄积量（万立方米）
2012	省总体	中值	661.27	604.06	28 224.79	25 254.57
		区间	646.67～675.87	586.04～622.08	26 972.17～29 477.41	23 997.8～26 511.34
	11市副总体合计		662.71	606.15	28 598.05	25 639.17
2013	省总体	中值	660.31	604.78	29 590.6	26 499.15
		区间	645.7～674.92	586.78～622.78	28 314.05～30 867.15	25 209.91～27 788.39
	11市副总体合计		662.02	607.42	30 031.27	27 003.18
2014	省总体	中值	659.77	604.99	31 384.86	28 114.67
2014	省总体	区间	645.16～674.38	589.96～620.02	30 076.11～32 693.61	26 789.06～29 440.28
	11市副总体合计		661.70	607.09	31 494.13	28 285.36
2015	省总体	中值	660.49	605.68	32 939.41	29 553.62
		区间	645.88～675.1	587.83～623.53	31 559.62～34 319.2	28 163.39～30 943.85
	11市副总体合计		664.45	609.96	33 179.55	29 877.47

结果表明，各年度11市副总体的各指标合计数均落在相应的省总体指标区间内，且与省总体指标中值十分接近，说明省总体对11市副总体具有很好的控制效果。

2．主要结果精度分析

2015年，全省完成地面调查样地5375个。根据已完成的地面调查样地抽样统计结果，各市森林资源主要结果抽样精度如表4-20所示。

表 4-20　2015 年各设区（市）有关指标抽样精度

单　位	样地总个数	林地面积（%）	森林面积（%）	林木蓄积（%）	森林蓄积量（%）
浙江省	4252	97.8	97.5	95.8	95.2
杭州市	692	95.3	94.6	90.2	89.3
宁波市	579	92.1	91.4	86.4	84.8
温州市	471	93.0	91.6	87.2	85.6

（续）

单　位	样地总个数	林地面积（%）	森林面积（%）	林木蓄积（%）	森林蓄积量（%）
嘉兴市	535	74.7	73.9	79.9	55.4
湖州市	477	91.0	90.3	80.5	73.1
绍兴市	414	91.5	90.9	86.7	85.4
金华市	451	93.1	92.5	88.9	87.8
衢州市	443	94.0	93.0	86.3	84.4
舟山市	164	84.3	81.7	77.7	73.7
台州市	431	92.8	92.1	86.6	85.9
丽水市	718	96.8	96.0	91.8	90.6

注：1. 浙江省总体抽样结果按国家连清样地数4252个进行测算，其土地总面积为10.18万平方千米；各设区市副总体的土地面积合计为10.36万平方千米。
2. 嘉兴、舟山两市的数据，为地面调查样地抽样结果。

与设计精度相比，主要结果的实际精度情况如下：

1）林地面积

除嘉兴、舟山两市外，其余各市的林地面积抽样精度均超过90%，其中丽水市、杭州市超过95%。嘉兴、舟山两市分别布设1千米×1千米遥感样地后，林地面积抽样精度分别为91.6%和94.8%，均超过设计精度90%的要求。

2）森林面积

各市的森林面积地面样地抽样精度均超过90%的设计精度要求。嘉兴、舟山两市布设遥感样地后，森林面积抽样精度分别为90.4%和93.8%，均超过设计精度90%的要求。

3）林木蓄积量

湖州市抽样精度满足80%的设计精度要求，其余各市的林木蓄积量抽样精度均超过85%的设计精度要求。嘉兴、舟山两市精度不作要求。

4）森林蓄积量

除湖州市抽样精度不足75%，宁波、绍兴、衢州不足85%外，其余各市均超过85%。嘉兴、舟山两市精度不作要求。

4.2.4　分析讨论

省、市联动监测体系，以省级4252个连清固定样地为基础，根据各市资源禀赋和变动系数情况，以满足省对市森林质量指标的考核要求为原则，分类设计精度要求，在连清样地基础上，分别不同设区市加密市级固定样地，考虑了监测费用与精度间的平衡关系。该监测体系充分运用省级固定样地数据节省了调查成本，也实现了省、市两级森林资源的联动监测，建立了省、市两级联动监测体系。根据监测实践，在以下两个方面作探讨。

（1）关于各设区市土地总面积。浙江省国土面积（陆域范围）为10.18万平方千米，但不能分解落实到各设区市。省、市联动监测的各市土地面积，采用的是测绘主管部门提供的数据，全省陆域面积合计为10.36万平方千米。因此，各市土地面积之和，不等于全省土地面积，这是必须提醒注意的问题。

（2）由于以设区市为副总体的样地监测体系，样地数量相对较少，在体系设计时，仅以满足森林面积、森林蓄积量主要监测指标精度要求测算样地数量，因此，监测结果仅能满足这些主要指标的可靠性要求，对于其他指标的监测，则不能保障精度要求而导致监测结果不确定性较高，无法满足监测要求。如若监测市级森林资源各类面积、蓄积量类指标的系统性完整性数据，则需要在省、市联动监测基础上，进一步加密固定样地，建立市级监测的基础年和监测年技术方案与工作体系。

4.3 市、县联动监测

2008～2012年，选择杭州市开展了市、县联动监测试点，在省级连清样地基础上加密样地，其抽样结果作为控制数，同时对县级二类小班进行更新，获取市、县两级同步监测数据。杭州市的这一监测体系，设计5年为一个监测周期，2008年为基础年，其样地数至少为省级样地数的3倍，其余年为监测年，样地数为基础年的1/3，从而形成了一个完整的包含有基础年和监测年的市、县联动监测体系。杭州市的这一监测体系每年能形成新的森林资源数据，因此，可称之为资源监测体系。

2013—2014年，丽水、衢州两市所辖各县（市、区）采用档案更新结合补充调查方法，开展了森林资源数据更新，汇总得到全市森林资源数据；市级利用省、市联动抽样监测结果作为控制数，对汇总结果进行控制，建立了省、市联动监测样地控制下的市、县联动监测。这一监测体系，不属于含有基础年和监测年的完整市、县联动监测体系，每年仅属于监测年的工作水平，是对林地面积、森林面积、林木蓄积量、森林蓄积量、森林覆盖率几大考核指标年度出数，不形成基础年的系统完整的森林资源数据。因此，这种监测可称之为考核监测。

4.3.1 杭州市、县联动资源监测

1. 市级抽样设计

根据当时最近一次（2004年）全省森林资源清查结果，杭州市有省级样地691

个，样地间距4千米×6千米，活立木总蓄积量变动系数165.45%。据此测算，当总体蓄积量精度达到90%，需要的理论样地数为不少于1052个。

按系统抽样方法在省级样地基础上再加密2倍，需要布设的样地数量约2095个，样地间距为4千米×2千米，总蓄积量、森林蓄积量的估计精度均在92%以上；林地面积、森林面积、有林地面积、乔木林面积精度均在95%以上；竹林面积、国家特灌面积精度在85%以上。从各副总体抽样精度测算分析，在再加密2倍的情况下，只有城区副总体精度未达到设计精度要求，需要通过样地进一步加密的方式达到精度要求。因此，采用城区副总体样地间距为1千米×1千米，其余副总体在省级样地间距再加密2倍，即样地间距为4千米×2千米的方案，作为杭州市监测样地抽样方案[9, 10]。基础年杭州市监测样地布点系统见图4-12。

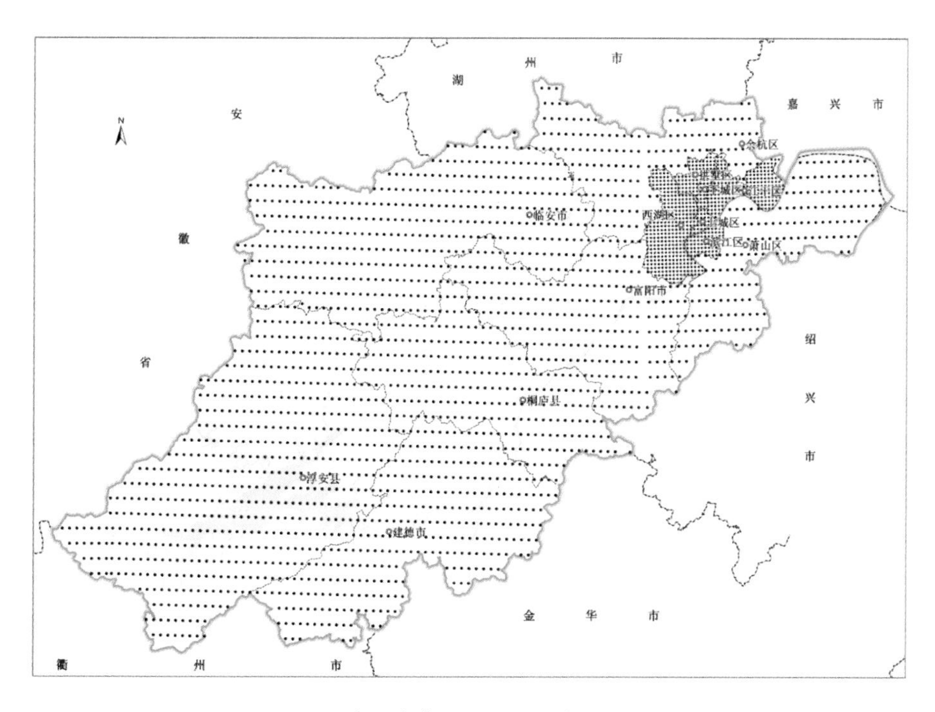

图 4-12　基础年杭州市监测样地布点系统

省级样地基础上加密设计市级样地，抽样精度设计要求如下：基础年全市活立木总蓄积量达到90%以上，监测年达到85%以上。各县域副总体抽样精度要求为：淳安、临安、建德、桐庐、富阳等重点产材县和林区县基础年总蓄积量设计精度要求达到85%以上，余杭、萧山两个非林区县设计精度达到80%以上，西湖等6个主城区合并的城区副总体，基础年总蓄积量设计精度要求达到85%以上。

借鉴2004～2011年省级年度监测时，区分基础年和监测年方法，将现有样地每9

个分成一组（参见图4-1），监测年采取每年抽取1/3基础年固定样地的方式，进行监测和数据处理。也即首年2008年为基础年，2009—2012年4个年度为监测年，每5年组成一个监测周期。

2．样地布设

2008年为基础年，采用系统抽样方法布设样地总数为2709个，其中主城区副总体705个，样地间距为1千米×1千米，其余县域副总体区合计样本2004个，样地间距为4千米×2千米。监测年中，2009年为899个，2010年为919个，2011年为899个，2012年为912个。其中2009年的监测年样地，与省级森林资源连续清查样地完全重合。

3．基础年抽样调查结果

1）森林资源监测综述

根据2008年杭州市基础年抽样调查结果，全市林地面积为120.68万公顷，其中森林面积为104.16万公顷；活立木蓄积量为4728.41万立方米，其中森林蓄积量为4254.08万立方米；毛竹总株数为27 883.15万株。

全市乔木林单位面积蓄积量为55.06立方米/公顷，其中，天然乔木林为55.71立方米/公顷，人工乔木林为54.01立方米/公顷。乔木林分平均郁闭度0.54。毛竹林每公顷立竹量2338株。

全市森林覆盖率为61.89%，一般灌木林覆盖率为5.10%；若按浙江省以往同比计算口径，则森林覆盖率为66.99%。

2）林地面积

杭州市林地面积120.68万公顷，其中，森林面积104.16万公顷，疏林地0.65万公顷，一般灌木林地8.59万公顷，未成林地1.46万公顷，苗圃地0.15万公顷，无立木林地2.43万公顷，宜林地3.24万公顷。

全市104.16万公顷森林面积中，乔木林有77.27万公顷，特灌林有8.99万公顷，竹林有17.90万公顷。

杭州市林地各地类面积比例见图4-13。

3）活立木蓄积量

杭州市活立木蓄积量4728.41万立方米，其中，森林蓄积量4254.08万立方米，疏林蓄积量11.17万立方米，散生木蓄积量338.61万立方米，四旁树蓄积量124.55万立方米。

活立木蓄积量按组成树种分：松木类1404.39万立方米，杉木类1421.29万立方米，阔叶树类1269.45万立方米，经济树种类304.13万立方米，灌木树种类329.15万立方米。

活立木各组成树种蓄积量比例见图4-14。

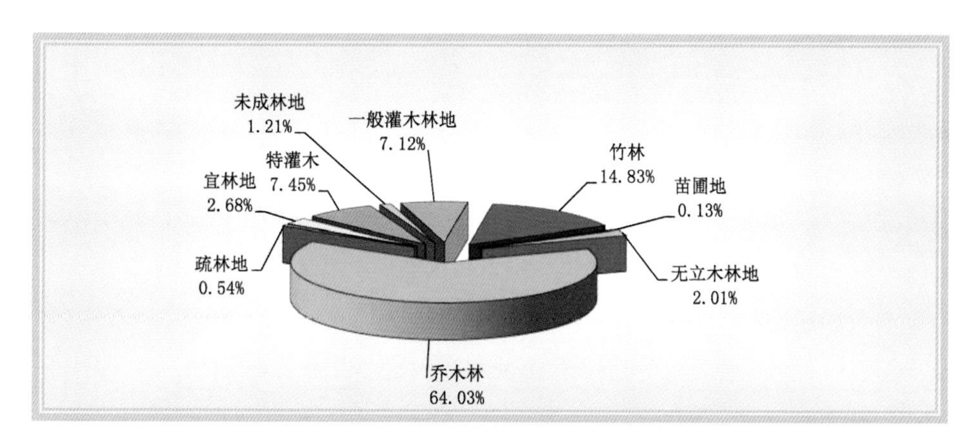

图 4-13　杭州市林地各地类面积比例

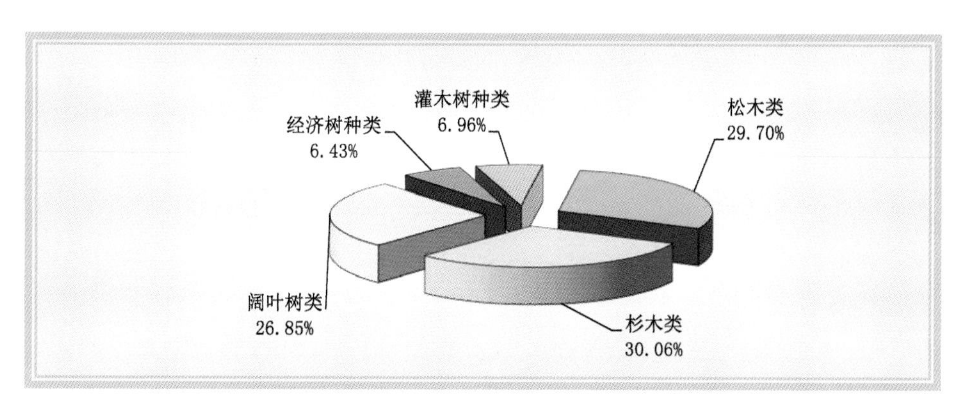

图 4-14　杭州市活立木各组成树种蓄积比例

4）乔木林资源结构

乔木林龄组结构幼龄林面积为30.13万公顷，蓄积量1083.09万立方米；中龄林面积为25.59万公顷，蓄积量1373.75万立方米；近熟林面积为13.36万公顷，蓄积量1090.55万立方米；成、过熟林面积8.19万公顷，蓄积量706.69万立方米。乔木林中，幼龄林、中龄林的面积、蓄积量分别占总数的72.11%和57.75%，说明全市乔木林仍然以幼龄林和中龄林为主体。

乔木林树种类型结构针叶林面积为39.20万公顷，蓄积量2479.13万立方米；阔叶林面积为30.05万公顷，蓄积量1302.78万立方米；针阔混交林面积为8.02万公顷，蓄积量472.17万立方米。在乔木林树种结构中，全市针叶林面积略大于阔叶林、针阔混交林面积之和。

5）天然林与人工林资源

天然林资源：全市天然林面积为56.45万公顷，占森林面积的54.20%；天然林蓄积量2639.77万立方米，占森林蓄积量的62.05%。

人工林资源：全市人工林面积为47.71万公顷，占森林面积的45.80%；人工林蓄积量1614.31万立方米，占森林蓄积量的37.95%。

6）经济林与竹林资源

经济林资源：全市经济林面积为16.44万公顷，占森林面积的15.78%。按乔灌类型分，乔木经济林为7.37万公顷，灌木经济林为9.07万公顷；按亚林种分，果树林为8.83万公顷，食用原料林为5.67万公顷，药用林为0.24万公顷，其他经济林为1.70万公顷。

竹林资源：全市竹林面积为17.90万公顷，占森林面积的17.19%。其中，毛竹林11.26万公顷，杂竹林6.64万公顷。

全市毛竹总株数为28 152.45万株，当年生新竹占毛竹总株数的17.41%。

7）森林生态状况

森林群落结构：乔木林中，完整结构面积占43.92%，较完整结构面积占54.61%，简单结构面积占1.47%。

森林自然度：自然度为Ⅲ级及其以上的森林面积占12.00%，Ⅳ级的森林面积占47.23%，Ⅴ级的森林面积占40.77%。总体而言，由于人为活动的长期影响，全市森林自然度等级较高的面积偏少。

森林健康：全市森林健康等级达到健康的面积比例为90.25%，健康等级为亚健康、中健康、不健康的面积比例分别为7.96%、1.33%和0.47%。达到健康等级的森林面积居于绝对优势地位。

森林生态功能：全市森林面积中，森林生态功能好、中、差三个等级的面积所占比例分别为0.62%、90.80%和8.58%。

4. 市、县联动监测结果分析

杭州市的市、县联动森林资源监测，市级采用基础年与监测年相结合5年轮回的抽样调查方法，县级采用抽取部分二类小班复位调查、模型推算、档案更新相结合方法，建立市级抽样控制下的森林资源市、县联动年度监测体系，2008～2012年，杭州市主要指标监测结果详见表4-21。

表4-21 市、县联动监测主要指标一览表

年度	项别		林地面积（万公顷）	森林面积（万公顷）	林木蓄积量（万立方米）	森林蓄积量（万立方米）
2008	市总体（基础年）	中值	120.68	104.16	4399.34	3978.72
		区间	115.01～126.36	97.60～110.72	4133.51～4665.17	3711.50～4245.93
	各县更新数合计		117.02	108.14	4158.95	4031.27

（续）

年度	项别		林地面积（万公顷）	森林面积（万公顷）	林木蓄积量（万立方米）	森林蓄积量（万立方米）
2009	市总体（监测年）	中值	121.33	106.49	4572.19	4191.7
		区间	115.7～126.95	99.67～113.30	4274.54～4869.84	3887.38～4496.02
	各县更新数合计		116.91	108.45	4349.72	4224.02
2010	市总体（监测年）	中值	121.26	105.32	4812.76	4370.86
		区间	115.63～126.89	98.71～111.92	4534.47～5091.05	4094.09～4647.63
	各县更新数合计		116.92	108.66	4587.19	4458.39
2011	市总体（监测年）	中值	121.86	107.37	4944.47	4488.76
		区间	116.26～127.47	100.75～113.98	4647.80～5241.14	4192.50～4785.02
	各县更新数合计		116.97	108.84	4786.43	4650.33
2012	市总体（监测年）	中值	120.11	107.04	5123.35	4944.47
		区间	114.44～125.78	100.44～113.64	4819.22～5427.48	4373.68～4999.88
	各县更新数合计		117.07	109.02	4979.17	4876.53

结果显示，市对县的控制属于市一类数据对县二类合计数的控制，各年度各指标的合计数也均落在相应的市总体指标区间内，但从离中值接近情况分析，其控制效果显然不及省一类数据对市一类数据的控制。在实际工作中，当县级二类更新合计数未落在市抽样调查区间范围时，要以县为单位分析二类动态更新的工作质量，对工作质量差的县首先进行整改，整改后效果仍不理想，再整改质量次差的县，若多数县进行整改但效果还不理想时，那就要考虑系统误差问题了，需对县级二类更新数据进行系统平差，使其落到市级一类指标区间内。

4.3.2 丽水、衢州两市、县联动考核监测

丽水和衢州两市，市级样地直接采用省、市联动监测的抽样数据进行控制，样地没有加密；县级数据更新方法和杭州市方法一样，也是抽取部分二类小班开展复位调查、模型更新和档案更新。建立省、市联动监测控制下的市、县联动年度监测体系，其监测结果要用于省对市、省对县的森林增长指标实绩考核。

根据两市省、市联动样地监测主要指标抽样区间，与各县二类更新结果合计值进行比较，2013年、2014年丽水市与衢州市的主要指标监测结果详见表4-22和表4-23。

表4-22 丽水市的市、县联动监测主要指标一览表

年度	项别		林地面积（万公顷）	森林面积（万公顷）	林木蓄积量（万立方米）	森林蓄积量（万立方米）
2013	市总体	中值	143.64	130.89	7679.89	6823.57
		区间	136.17～151.11	122.64～139.14	7050.14～8309.64	6182.15～7464.99
	各县更新数合计		145.95	138.98	7414.55	7320.9
2014	市总体	中值	144.84	133.53	8202.41	7288.04
		区间	137.31～152.37	125.12～141.95	7529.81～8875.01	6602.96～7973.12
	各县更新数合计		145.95	139.06	7712.23	7613.01

表4-23 衢州市的市、县联动监测主要指标一览表

年度	项别		林地面积（万公顷）	森林面积（万公顷）	林木蓄积量（万立方米）	森林蓄积量（万立方米）
2013	市总体	中值	63.29	58.10	2611.10	2339.42
		区间	58.23～68.35	52.41～63.79	2253.38～2968.82	2012.5～2756.46
	各县更新数合计		67.01	63.69	2494.46	2480.79
2014	市总体	中值	62.29	56.50	2672.53	2384.48
		区间	57.31～67.27	50.97～62.04	2306.39～3038.67	2012.5～2756.46
	各县更新数合计		66.92	63.57	2634.72	2619.11

从监测结果看，丽水市的各项指标更新的全市合计数，均落在相应市总体指标控制区间内，考核监测效果较好。衢州市各项指标中，林地面积、林木蓄积量和森林蓄积量的各县合计数，受市总体指标抽样区间控制，但2014年森林面积指标未落在区间内，各县合计数略超过市总体抽样上限，说明在考核监测工作中，要注意各县森林面积增减的数据更新，要重点关注森林转入转出样地的检查。由于市级样地未进行加密设置，市、县联动考核监测的抽样精度要比杭州市加密后的低，因此，丽水、衢州两市抽样控制数的区间会大些，中值抽样误差也大些，使监测结果的不确定性增大。

4.3.3 主要成效

1．丰富了森林资源调查体系，构建了市、县联动监测新模式

我国现行的森林资源调查体系分为三大类，即森林资源连续清查（一类调查）、

森林资源规划设计调查（二类调查）和森林作业设计调查（三类调查），各类调查的调查目的、内容和要求等都不同。一类调查对全国和省级层面森林资源现状及消长动态进行监测。二类调查为县级行政区掌握森林资源现状及动态，区域林业发展规划等提供依据。三类调查为林业基层生产单位提供某一特定范围或作业地段的作业性调查数据。在国家、省、市、县、基层林业生产单位五类森林管理主体中，唯独市级主体，无相应监测类型与之对应。设区市一级的森林资源监测仍是一个难点，如何准确、及时地监测设区市的森林资源监测，成为亟须解决的重要课题。

浙江省通过杭州、丽水和衢州3个市的市、县联动监测实践，探索了市、县联动监测的两种模式，即通过省级样地再加密2倍（加密后是省级样地数的3倍）方法，或通过省、市联动监测样地控制下的市、县联动监测。市级采用固定样地抽样调查方法，县级监测均采用抽取部分二类小班开展复位调查、模型更新和档案更新方法进行数据更新监测。市、县联动监测实践，实现了市、县两级同时出数，提高了监测的时间和空间分辨率，填补了设区市森林资源监测的空白。

2. 探索了抽样调查与规划设计调查的结合及控制问题

通过市、县联动监测，对抽样调查与规划设计调查的技术标准、技术方法、统计口径、数据处理方法等进行了探索，对市、县两级监测结果进行了区间控制，对森林资源一体化监测进行了尝试。监测结果不仅对全市总体监测结果进行精度控制，而且对有较高精度保障的县域副总体监测结果也有精度控制，结果可靠性高。监测数据既有从市级和县级层面的宏观监测结果，又有小班层面的微观监测成果，因此，既能总体把握全市总体及各县域副总体的森林资源发展趋势和动向，又使监测成果落实到山头地块，具有较好的可核查性。

3. 厘清了资源监测与考核监测的不同要求

市、县联动监测分为资源监测与考核监测两类。资源监测，市级监测采用抽样调查方式，区分为基础年和监测年，每5年设置一个基础年，基础年样地数是省、市联动监测样地再加密2倍，数据通过系统抽样统计方法获得，监测年样地数量为基础年的1/3，面积类数据采用马尔可夫链转移模型估计，蓄积量类数据采用回归估计方法获得，能获取整体资源数据；考核监测，针对的是林地面积、森林面积、活立木蓄积量、森林蓄积量、森林覆盖率等几项大指标的考核需要，各设区市几大项指标数据可直接通过省、市联动监测中的市级调查样地，采用系统抽样统计方法获得，但资源数据不能整体出数。

4.4 县级动态监测

4.4.1 工作历程

为适应经济社会发展对林业日益增长的信息需求，2005年，浙江省林业厅部署开展了县级森林资源动态监测工作，制定了《浙江省县级森林资源动态监测技术方案》，编制了《浙江省县级森林资源动态监测技术操作细则（试行）》。当年在开化、松阳等5个县进行试点，2006年在建德等11个县推广，2007年再安排桐庐等12个县开展动态监测。县级动态监测方案主要是采用档案更新、补充调查、小班复位调查、模型更新等方法进行数据更新。

在实施过程中，逐渐暴露了一些问题，由于认识、资金、技术等原因，工作推动难度越来越大。2008年，在连续三年进行试点基础上，我们进行了认真的总结研究，提出了“稳妥推进、逐步提高、分类指导”的工作思路，进一步确定了以档案更新、模型推算、补充调查、复位调查为方法的，由基础到全面、由低级到高级逐步实施完善的技术路线。同时，完善并出台了《浙江省县级森林资源动态监测技术操作细则》，制订了《浙江省森林资源档案管理实施办法（试行）》。2009年5月，举办了两期县级森林资源档案管理与动态监测技术培训班，龙泉、淳安等26个县当年开展了森林资源动态监测工作。

2010年，根据国家林业局关于编制省级、县级林地保护利用规划的通知要求，结合县级动态监测工作，全省90个县级单位，除杭州市上城区、下城区，宁波市海曙区、江东区4个纯城区外，共86个县进行了县级森林资源基础数据更新，并将数据时间点统一到2009年。

2013年，为推进县级森林增长指标考核监测，龙泉等12个县开展了森林资源数据更新，将数据更新到2012年底。2014年、2015年，进一步扩大到33个县，每个设区市均有县级单位开展森林资源数据更新，将数据分别更新到2013年和2014年底。县级森林增长指标的考评，主要以二类调查成果为基础，通过林地变更调查及动态监测更新年度数据，经县级自查和省级核查评定。

4.4.2 监测方法

县级森林资源监测，也分为基础年和监测年。将二类调查年作为基础年，一般每10年设置一个基础年，两轮二类调查间隔期内各年度作为监测年。

基础年的二类调查，应进行全面系统的实地调查，建立新的森林资源家底数据。

在调查方法上，既要考虑基础年的现状调查数据，也要考虑与监测年的年度监测数据衔接。在技术标准衔接上，要与今后国家将推行的技术标准（如地类标准）、国家地理坐标系统等要求相衔接，提供监测周期内标准相对稳定的基础数据。根据县级森林资源基础年调查要求，对二类调查技术规程需要进行修订，规程设计修订情况在专题中有详细阐述。二类调查方法应执行已发布实施的《浙江省森林资源规划设计调查技术操作细则（2014年版）》和浙江省地方标准《森林资源规划设计调查规程》。

监测年的动态监测，在各个监测年，以基础年小班为基本变更单元，采用档案更新、补充调查、模型推算、复查调查等方式，进行小班数据逐年更新和逐级汇总，形成新的森林资源年度监测数据。

其中，档案更新是对发生采伐、造林、林地征占用、森林火灾、森林病虫害、雪压、林种调整等突变小班，在两期遥感影像判读验证、档案记载验证基础上进行数据更新。

补充调查是对采伐迹地、火烧迹地、宜林地、未成林造林地、未成林封育地、其他灌木林地等经过一定间隔期后地类可能会发生变化的地块，对前期无蓄积量幼林、间隔期内可能零星采伐消耗、竹林扩鞭等地块，以及其他可能发生变化但又无法确定的地块，通过野外实地调查方式进行更新。

模型推算更新是通过建立生长模型，为符合一般生长规律的渐变小班主要测树因子更新，主要测树因子包括平均年龄、平均胸径、平均树高、单位株数、单位蓄积量等，其中单位蓄积量是关键测树因子。

复位调查是指抽取部分村庄，以行政村为单位，对该村范围内全部地块进行逐个调查，更新小班档案，村庄抽取采用轮流抽取方法，监测周期内一般不重复。

4.4.3 监测结果

自2005年至今，已有多县次开展了森林资源动态监测，但各县开展动态监测有很大自主权，是否开展动态监测主要取决于各县的意愿和需求。从全省范围看，省级、县级林地保护利用规划基数的县级动态监测结果更新，是根据编制规划需要，根据国家和省有关要求开展的，它将各县森林资源数据统一更新到2009年底。这是更新范围最广，数据应用较深入的一次动态监测更新。全省除杭州市上城区、下城区，宁波市海曙区、江东区4个纯城区外的86个县进行了更新。监测结果在林地保护利用规划中，作为规划基数、规划指标分解、规划指标确定的依据。根据各县统一到2009年的调查更新结果进行汇总，得到全省二类调查更新结果，监测结果以此为例阐述。

1. 各类面积情况

根据二类调查更新结果汇总，2009年全省汇总林地面积为6 760 919公顷。

在林地面积中，有林地5 884 777公顷，疏林地11 726公顷，灌木林地560 849公顷，未成林地100 572公顷，苗圃地11 417公顷，无立木林地113 729公顷，宜林地76 347公顷，辅助生产林地1502公顷。各类林地面积构成见图4-15。

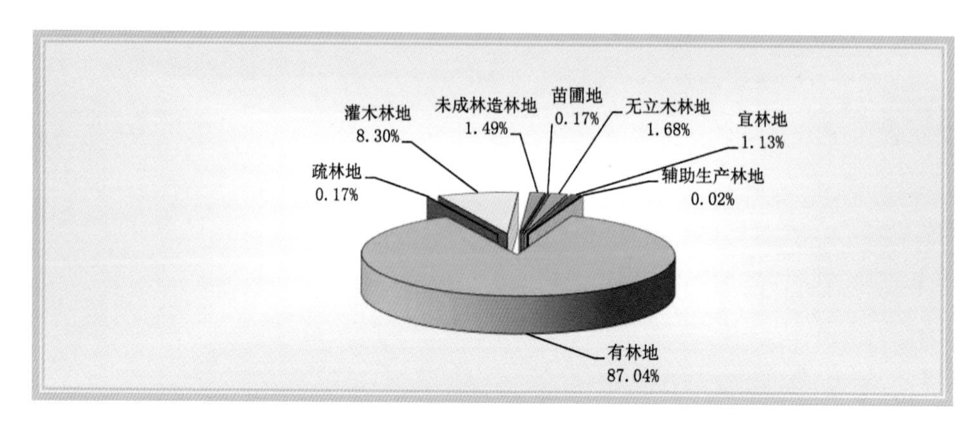

图 4-15　林地各地类面积比例

在有林地面积中，乔木林地5 058 918公顷，占85.97%；竹林825 801公顷，占14.03%；红树林58公顷，占比例很小。

在灌木林地面积中，国家特别规定灌木林地454 674公顷，占81.07%；其他灌木林地106 175公顷，占18.93%。

森林是指有林地和国家特别规定灌木林地之和。根据二类调查更新结果汇总，2009年全省森林面积6 339 451公顷，其中，有林地面积5 884 777公顷，国家特别规定灌木林地面积454 674公顷。各县各类林地面积见表4-24。

表4-24　2009年各县林地面积更新结果

单位：公顷

统计单位	林地	有林地				灌木林地		
		小计	乔木林地	竹林	红树林	小计	特灌林	其他灌木林
合　计	6 760 919	5 884 777	5 058 918	825 801	58	560 849	454 674	106 175
杭州市	1 168 103	1 013 214	855 792	157 422		100 950	70 571	30 379
江干区	495	402	317	85		42		42
拱墅区	751	667	638	29		53	18	35
西湖区	12 930	10791	10 194	597		2023	1905	118
滨江区	518	387	336	51		117		117
萧山区	27 828	24 970	17 341	7629		1702	1423	279

（续）

统计单位	林地	有林地				灌木林地		
		小计	乔木林地	竹林	红树林	小计	特灌林	其他灌木林
余杭区	48 891	41 161	18 697	22 464		5642	4731	911
桐庐县	142 755	127 613	113 814	13 799		9512	3464	6048
淳安县	358 122	296 680	283 563	13 117		43 486	35 257	8229
建德市	185 695	160 927	150 376	10 551		14 980	13 804	1176
富阳市	129 555	111 888	78 565	33 323		14 160	4213	9947
临安市	260 563	237 728	181 951	55 777		9233	5756	3477
宁波市	458 868	398 422	317 229	81 193		43 645	35 291	8354
江北区	5037	4441	2941	1500		410	400	10
北仑区	28 529	21 674	20 504	1170		5989	3167	2822
镇海区	5659	4842	4180	662		596	550	46
鄞州区	68 009	60 282	47 162	13 120		5471	5153	318
象山县	73 685	57 953	49 271	8682		12 606	8930	3676
宁海县	109 182	96 223	82 269	13 954		8407	7546	861
余姚市	64 169	57 070	37 706	19 364		5195	5020	175
慈溪市	19 605	18 000	15 972	2028		664	443	221
奉化市	84 993	77 937	57 224	20 713		4307	4082	225
温州市	778 582	675 701	626 687	48 956	58	29 158	16 593	12565
鹿城区	13 971	11 129	10 123	993	13	326	141	185
龙湾区	6061	3726	3725	1		792	569	223
瓯海区	28 838	22 923	20 580	2343		1826	1570	256
洞头县	5701	4865	4851	14		341	3	338
永嘉县	213 010	191 037	183 929	7108		5248	3061	2187
平阳县	58 403	48 912	41 961	6951		1429	946	483
苍南县	69 877	53 528	48 753	4747	28	3866	1178	2688
文成县	93 159	89 501	85 208	4293		1237	1184	53
泰顺县	144 781	131 262	118 042	13 220		7138	4647	2491
瑞安市	70 731	55 848	50 009	5838	1	2827	1120	1707

（续）

统计单位	林地	有林地				灌木林地		
		小计	乔木林地	竹林	红树林	小计	特灌林	其他灌木林
乐清市	74 050	62 970	59 506	3448	16	4128	2174	1954
嘉兴市	53 609	23 293	21 260	2033		29 403	28 328	1075
南湖区	4111	2842	2834	8		1269	1269	
秀洲区	6904	3422	3398	24		3458	3458	
嘉善县	3174	2313	2312	1		857	857	
海盐县	5988	1785	1583	202		3641	3591	50
海宁市	14 294	4894	4464	430		9275	9032	243
平湖市	6820	6378	5315	1063		368		368
桐乡市	12 318	1659	1354	305		10 535	10 121	414
湖州市	307 184	259 315	129 214	130 101		37 652	36 740	912
吴兴区	36 048	29 909	17 554	12 355		4049	3749	300
南浔区	12 291	3447	3116	331		8843	8787	56
德清县	44 368	37 260	13 850	23 410		5773	5768	5
长兴县	76 246	65 245	40 984	24 261		8058	7701	357
安吉县	138 231	123 454	53 710	69 744		10 929	10 735	194
绍兴市	471786	406490	326024	80466		49554	43179	6375
越城区	13 450	11 650	9435	2215		1391	926	465
柯桥区	56 881	49 938	37 109	12 829		5472	4766	706
新昌县	81 476	67 814	58 411	9403		10 623	9404	1219
诸暨市	146 046	130672	102 817	27855		7716	6528	1188
上虞区	53 699	48921	39 874	9047		3863	3511	352
嵊州市	120 234	97 495	78 378	19 117		20 489	18 044	2445
金华市	698 853	607 073	559 431	47 642		64 327	53 421	10 906
婺城区	84 378	75 246	63 279	11 967		5605	5358	247
金东区	31 040	22 074	21 678	396		7834	7557	277
武义县	116 839	96 853	85 377	11 476		14 361	13 500	861
浦江县	67 110	62 318	59 296	3022		3078	2748	330

（续）

统计单位	林地	有林地				灌木林地		
		小计	乔木林地	竹林	红树林	小计	特灌林	其他灌木林
磐安县	101 874	90 104	79 816	10 288		9291	5558	3733
兰溪市	69 548	55 272	52 738	2534		10 946	9650	1296
义乌市	57 339	53 038	50 022	3016		2365	2251	114
东阳市	108 346	100 535	98 159	2376		4455	2886	1569
永康市	62 379	51 633	49 066	2567		6392	3913	2479
衢州市	669 211	567 306	474 362	92 944		76 612	66 019	10 593
柯城区	47 330	43 613	38 271	5342		2161	1164	997
衢江区	130 556	120 224	89 317	30 907		7969	7359	610
常山县	85 439	62 701	55 780	6921		19 192	17 744	1448
开化县	190 142	157 207	151 260	5947		22 914	21 048	1866
龙游县	68 825	54 596	25 070	29 526		10 489	9525	964
江山市	146 919	128 965	114 664	14 301		13 887	9179	4708
舟山市	70 566	60 328	59 488	840		6386	2251	4135
定海区	29 548	26 265	25 695	570		2153	883	1270
普陀区	22 795	18 868	18 697	171		2144	1105	1039
岱山县	13 794	12 096	12 026	70		1218	250	968
嵊泗县	4429	3099	3070	29		871	13	858
台州市	623 051	540 897	498 947	41 950		51 390	42 898	8492
椒江区	7841	4466	4387	79		2525	2371	154
黄岩区	70 887	60 444	52 132	8312		8557	8316	241
路桥区	5174	3811	3705	106		986	872	114
玉环县	19 750	16 274	16 105	169		398	272	126
三门县	66 621	53 633	52 154	1479		8565	7918	647
天台县	104 388	96 163	86 569	9594		3976	3389	587
仙居县	164 581	153 240	142 854	10 386		6325	3495	2830
温岭市	33 411	28 366	27 552	814		1236	976	260

（续）

统计单位	林地	有林地				灌木林地		
		小计	乔木林地	竹林	红树林	小计	特灌林	其他灌木林
临海市	150 398	124 500	113 489	11 011		18 822	15 289	3533
丽水市	1 461 106	1 332 738	1 190 484	142 254		71 772	59 383	12 389
莲都区	120 576	104 832	94 879	9953		13 263	13 085	178
青田县	207 073	189 069	180 295	8774		13 069	11 173	1896
缙云县	120 489	104 139	92 552	11 587		9727	7299	2428
遂昌县	221 122	199 645	181 764	17 881		10 971	9658	1313
松阳县	113 713	96 980	87 117	9863		9916	8595	1321
云和县	83 340	75 486	70 264	5222		5555	4559	996
庆元县	167 706	163 629	137 510	26 119		2286	1234	1052
景宁县	161 600	149 872	133 640	16 232		4031	1368	2663
龙泉市	265 487	249 086	212 463	36 623		2954	2412	542

根据二类调查更新结果，全省有林地、疏林地和灌木林地面积之和为6 457 352公顷。按照经营目标不同，分为防护林、特用林、用材林、经济林和薪炭林五类，其中，防护林2 093 257公顷，占32.42%；特用林212 365公顷，占3.29%；用材林3 249 946公顷，占50.32%；经济林860 102公顷，占13.32%；薪炭林41 682公顷，占0.65%。2009年全省各县林种结构现状汇总，如表4-25所示。

表4-25　2009年全省各县林种结构现状汇总表

项目	合计	公益林			商品林	
		防护林	特用林	用材林	经济林	薪炭林
面积（公顷）	6 457 352	2 093 257	212 365	3 249 946	860 102	41 682
比例（%）	100.00	32.42	3.29	50.32	13.32	0.65

2. 各类蓄积量情况

2009年，全省汇总二类调查活立木蓄积量23 092.8万立方米。根据二类调查更新结果汇总，2009年全省一般乔木林（不含乔木经济林）面积为470.4万公顷，蓄积量22 212.8万立方米，单位面积蓄积量为47.22立方米/公顷。全省各县活立木蓄积量如表4-26所示。

表4-26 2009年全省各县活立木蓄积量汇总表

单 位	活立木蓄积量（万立方米）	一般乔木林		
		面 积（万公顷）	蓄积量（万立方米）	单位面积蓄积量（立方米/公顷）
合 计	23 092.80	470.40	22 213.02	47.22
杭州市	4346.60	78.91	4090.80	51.84
江干区	8.20	0.03	2.48	82.67
拱墅区	6.50	0.06	4.88	81.33
西湖区	94.40	1.00	85.83	85.83
滨江区	4.30	0.03	2.73	91.00
萧山区	88.30	1.63	81.50	50.00
余杭区	97.70	1.68	75.01	44.65
桐庐县	459.80	10.77	442.76	41.11
淳安县	1529.30	26.51	1482.71	55.93
建德市	658.40	14.46	651.59	45.06
富阳市	370.20	7.57	353.80	46.74
临安市	1029.50	15.15	907.51	59.90
宁波市	1193.20	28.82	1156.43	40.13
江北区	15.50	0.23	14.20	61.74
北仑区	75.90	1.99	74.45	37.41
镇海区	17.70	0.39	14.74	37.79
鄞州区	229.50	4.50	195.44	43.43
象山县	140.70	4.51	136.16	30.19
宁海县	281.30	7.75	269.56	34.78
余姚市	162.80	3.25	184.90	56.89
慈溪市	40.10	0.96	33.93	35.34
奉化市	229.70	5.23	233.04	44.56
温州市	2530.90	60.28	2409.56	39.97
鹿城区	35.50	0.95	34.56	36.38
龙湾区	8.50	0.27	6.14	22.74

（续）

单　位	活立木蓄积量（万立方米）	一般乔木林		
		面　积（万公顷）	蓄积量（万立方米）	单位面积蓄积量（立方米/公顷）
瓯海区	84.60	1.84	76.95	41.82
洞头县	10.40	0.48	8.49	17.69
永嘉县	780.20	17.80	758.64	42.62
平阳县	190.40	4.01	189.45	47.24
苍南县	133.50	4.61	131.01	28.42
文成县	444.70	8.29	386.39	46.61
泰顺县	427.20	11.49	419.18	36.48
瑞安市	186.90	5.00	171.04	34.21
乐清市	229.00	5.54	227.71	41.10
嘉兴市	110.50	1.31	36.18	27.62
南湖区	8.00	0.00	0.02	—
秀洲区	3.00	0.04	0.72	18.00
嘉善县	15.00	0.00	0.04	—
海盐县	23.50	0.16	8.53	53.31
海宁市	28.40	0.45	15.04	33.42
平湖市	14.70	0.53	8.07	15.23
桐乡市	17.90	0.14	3.76	26.86
湖州市	673.90	11.89	571.35	48.05
吴兴区	96.30	1.67	89.03	53.31
南浔区	13.40	0.30	8.75	29.17
德清县	115.10	1.39	66.42	47.78
长兴县	192.50	3.71	163.31	44.02
安吉县	256.60	4.83	243.83	50.48
绍兴市	1301.30	29.5	1268.07	42.99
越城区	18.20	0.93	38.18	41.05
柯桥区	192.40	3.53	173.06	49.03

（续）

单　位	活立木蓄积量（万立方米）	一般乔木林		
		面　积（万公顷）	蓄积量（万立方米）	单位面积蓄积量（立方米/公顷）
新昌县	267.10	5.37	263.26	49.02
诸暨市	354.10	9.42	344.19	36.54
上虞区	147.70	3.20	135.28	42.28
嵊州市	321.80	7.05	314.11	44.55
金华市	2438.80	52.87	2373.58	44.89
婺城区	236.30	6.34	229.75	36.24
金东区	104.40	1.97	97.35	49.42
武义县	264.50	8.06	259.99	32.26
浦江县	256.30	5.71	253.10	44.33
磐安县	435.30	7.76	415.85	53.59
兰溪市	245.00	4.37	230.69	52.79
义乌市	232.20	4.69	229.28	48.89
东阳市	414.30	9.31	412.15	44.27
永康市	250.50	4.65	245.40	52.77
衢州市	2088.30	41.06	2047.82	49.87
柯城区	61.70	1.64	60.01	36.59
衢江区	273.10	6.99	262.17	37.51
常山县	194.70	4.35	188.97	43.44
开化县	872.70	14.91	866.89	58.14
龙游县	104.40	2.29	98.19	42.88
江山市	581.70	10.88	571.58	52.53
舟山市	69.80	5.39	63.44	11.77
定海区	22.20	2.09	19.61	9.38
普陀区	39.40	1.81	37.78	20.87
岱山县	6.80	1.19	4.77	4.01
嵊泗县	1.40	0.30	1.28	4.27

（续表）

单　位	活立木蓄积量（万立方米）	一般乔木林		
		面　积（万公顷）	蓄积量（万立方米）	单位面积蓄积量（立方米/公顷）
台州市	2008.70	45.79	1969.78	43.02
椒江区	15.10	0.33	14.13	42.82
黄岩区	285.50	4.53	279.64	61.73
路桥区	11.20	0.26	9.29	35.73
玉环县	32.50	1.25	29.32	23.46
三门县	197.40	5.00	191.05	38.21
天台县	349.90	8.37	344.75	41.19
仙居县	585.60	13.20	577.82	43.77
温岭市	75.00	2.54	72.94	28.72
临海市	456.50	10.30	450.85	43.77
丽水市	6330.80	114.58	6226.01	54.34
莲都区	344.70	8.28	332.83	40.20
青田县	728.10	17.54	717.56	40.91
缙云县	455.30	8.60	449.87	52.31
遂昌县	779.20	17.75	771.31	43.45
松阳县	427.70	8.02	422.11	52.63
云和县	344.40	6.79	340.86	50.20
庆元县	923.10	13.36	915.36	68.51
景宁县	799.20	13.09	792.50	60.54
龙泉市	1529.10	21.14	1483.62	70.18

3．同期一类调查主要结果

2009年，是浙江省开展森林资源连续清查国家监测年，该监测结果数据可作为全省各县二类调查更新结果的总控数。根据2009年浙江省森林资源第七次连续清查结果，全省林地面积为660.74万公顷，占土地总面积的64.91%。森林面积为601.36万公顷，森林覆盖率59.07%。全省活立木总蓄积量24 224.93万立方米，其中森林蓄积量21 679.75万立方米，占89.49%。乔木林单位面积蓄积量52.87立方米/公顷。

林地面积中，森林面积为601.36万公顷，占91.01%；疏林地3.58万公顷，占0.54%；其他灌木林地[①]15.34万公顷，占2.32%；未成林地7.66万公顷，占1.16%；苗圃地2.63万公顷，占0.40%；无立木林地12.92万公顷，占1.96%；宜林地17.25万公顷，占2.61%。

森林面积中，乔木林[②]410.07万公顷，占68.19%；经济林[③]107.95万公顷，占17.95%；竹林83.34万公顷，占13.86%。

未成林地面积中，未成林造林地4.79万公顷，占62.53%；未成林封育地2.87万公顷，占37.47%。

无立木林地面积中，采伐迹地6.72万公顷，占52.01%；火烧迹地4.29万公顷，占33.21%；其他无立木林地1.91万公顷，占14.78%。

宜林地面积中，宜林荒山荒地17.01万公顷，占98.61%；其他宜林地0.24万公顷，占1.39%。

全省有林地、疏林地和灌木林地面积之和为620.28万公顷，根据经营目标不同，分为防护林、特用林、用材林和经济林四类。其中，防护林203.98万公顷，占32.89%；特用林14.12万公顷，占2.28%；用材林294.23万公顷，占47.43%；经济林107.95万公顷，占17.40%。

4．结果比较与验证

由于一类调查与二类调查属于不同的调查体系，因此，各县二类调查更新结果汇总数，与全省一类连清结果不相等，这是一种正常情况。为验证全省二类调查更新结果的可靠性，采用抽样控制法与抽样中值比较法，以分析二者之间的相关性和吻合性。

1）抽样中值比较法

抽样中值比较法就是以抽样调查结果中值作为真值，比较各县二类调查更新汇总结果与其的差值及准确度（或相对误差），从而评价二类调查更新结果是否具有准确性。

2009年，全省二类调查更新林地面积为676.09万公顷，与一类调查抽样中值660.74万公顷，差值为15.35万公顷，更新结果准确度为97.7%；森林面积为633.95万公顷，与抽样中值601.36万公顷，差值为32.59万公顷，更新结果准确度为94.6%；活立木蓄积量为23 092.80万立方米，与抽样中值24 224.93万立方米，差值为－1132.13万立方米，更新结果准确度为95.3%；乔木林蓄积量22 213.02万立方米，与抽样中值21 679.75万立方米，差值为533.27万立方米，更新结果准确度为97.5%。

---

① 其他灌木林地不含灌木经济林地。

② 乔木林不含乔木经济林。

③ 经济林包含乔木经济林和灌木经济林。

可以看出，各县二类调查更新汇总主要结果的相对误差基本在5%以内，更新结果具有较高的准确性。全省二类调查更新与一类抽样中值比较，如表4-27所示。

表4-27　二类调查更新与一类抽样中值比较

项目	一类调查抽样中值	二类调查更新		
		更新结果	与抽样中值差值	准确度 %
林地面积（万公顷）	660.74	676.09	15.35	97.70
森林面积（万公顷）	601.36	633.95	32.59	94.60
活立木蓄积量（万立方米）	24 224.93	23 092.80	－1132.13	95.30
乔木林蓄积量（万立方米）	21 679.75	22 213.02	533.27	97.50

2）抽样区间控制法

抽样区间控制法就是以一定的可靠性概率保证下的一类调查抽样控制区间为依据，比较二类调查更新结果汇总数是否处于抽样控制区间内，从而评价二类调查更新结果是否具有可靠性。

根据一类连清调查成果，2009年全省林地面积抽样中值为660.74万公顷，置信区间为[641.51, 679.97]，抽样精度为97.1%；森林面积抽样中值为601.36万公顷，置信区间为[567.45, 635.27]，抽样精度为94.4%；活立木蓄积量中值24 224.93万立方米，置信区间为[23 116.88, 25 332.98]，抽样精度为95.4%；乔木林蓄积量中值21 679.75万立方米，置信区间为[20 205.64, 23 153.86]，抽样精度为93.2%。2009年全省一类抽样区间与二类调查更新结果比较，如表4-28所示。

表 4-28　2009 年一类抽样区间与二类调查更新结果比较

项目	样本单元数 n	样本平均数 M	标准差 S	变动系数（%）	抽样精度（%）	抽样结果（万公顷・万立方米）			二类调查更新结果（万公顷・万立方米）
						中值	误差限	置信区间	
林地面积	4252	0.6491	0.4773	73.53	97.1	660.74	19.23	641.51 ～ 679.97	676.09
森林面积	4252	0.5907	0.4917	83.23	94.4	601.36	33.91	567.45 ～ 635.27	633.95
活立木蓄积量	4252	1.9037	2.8970	152.18	95.4	24 224.93	1108.05	23 116.88 ～ 25 332.98	23 092.8
乔木林蓄积量	4252	1.7037	2.9275	171.83	93.2	21 679.75	1474.11	20 205.64 ～ 23 153.86	22 213.02

根据各县二类调查更新结果汇总，2009年全省林地面积为676.09万公顷，森林面积为633.95万公顷，乔木林蓄积量为22 213.02万立方米，均处于抽样置信区间内；活立木蓄积量为23 092.8万立方米，略低于抽样区间下限，说明全省二类调查更新汇总的活立木蓄积量略偏低。但总体来看，二类调查更新结果具有较高的可靠性。

4.4.4 主要成效

基础年的二类调查成果，是两个二类调查间隔期内的监测年进行动态监测的本底数据。基础年的二类调查数据，直接应用于当年林业生产管理；各监测年，以二类调查数据为基础数据，通过小班档案更新、补充调查、复位调查和模型推算更新等方法，实现了县域范围内小班数据的及时更新，使森林资源数据更新落实到山头地块；同时，由于模型更新推算结果和动态监测成果受固定样地监测的林木生长规律和抽样置信区间控制，保证了县级动态监测结果的可靠性。

县级动态监测方法充分运用了档案数据、遥感影像数据、野外调查数据等相关监测信息，实现了由资源现状调查向动态监测转变，提高了监测的时间分辨率和空间分辨率，即时间分辨率上将监测时间间隔提高到一年，空间分辨率上能得到同时点的省、市及县级森林资源数据，为最终实施省、市、县三级森林资源一体化监测奠定基础。

县级森林资源动态监测，档案管理是工作基础，难点是生长模型研建。通过加强县级动态监测工作，形成一个效能更新、效率更高的信息资源体系，推动了森林资源一体化监测平台建设，实现监测平台从“林地一张图”到“资源一张图”的推进完善。

在动态监测方法创新上，浙江省新一轮二类调查要求小班去细班化调查，反映在数据结构上，图斑数据与属性数据形成一对一关系，因此，县级动态监测的森林资源数据更新，要求图斑数据和属性数据进行同时更新，持续保持图斑数据与属性数据的一对一关系。

4.5 相关工作协同监测

森林资源监测涉及林业工作的方方面面，当前与森林资源一体化监测较密切、需要进行协同开展工作，主要有林地年度变更调查、自然资源资产负债表编制、森林增长绩效考核、生态服务功能评估、碳汇功能监测、固定样地调查与小班更新建模等。做好相关工作之间的统筹配合，能大大减少工作内容的重复，提高工作效率。相关工作协同是指多个与之相关联的工作，通过整体部署和精心安排，特别是对基础数据采集工作的整体安排和运筹，以减少实际工作中的多头部署和重复调查，实现一查多用。

4.5.1 县级资源调查监测与林地年度变更调查相协同

林地年度变更调查，是以上期林地数据库为本底，依据林业经营管理资料，结合遥感影像判读分析结果，对林地范围变化，以及林地范围内地类变化的林地地块，逐块调查核实，上图入库，同时更新林地权属、森林类别、林种、工程类别等信息，更新形成当期的林地变更调查数据库。县级资源调查监测与林地变更调查工作能协同开展，主要协同点为：

（1）基础年，县级新一轮森林资源二类调查数据，将为全面修正完善浙江省林地“一张图”数据提供本底基础。新一轮二类调查规程，取消了细班的划分，建立了图斑与属性数据的一对一关系，增加了林地管理类型、林地保护等级、林地质量等级、立地质量等级、交通区位等因子。可见，新一轮的二类调查数据，完全满足了林地“一张图”建设的要求，可据此更替原先建立的林地“一张图”本底数据，以此作为今后持续开展林地年度变更调查的基础数据库。

（2）一般年，林地变更调查数据，将为县级森林资源年度动态监测提供突变小班的面积类指标数据。林地变更调查，侧重点是对各土地类别和植被覆盖变化等面积类变化数据进行变更。这些变更成果，将为森林资源动态监测提供面积类数据更新资料。在此基础上，进一步对树种组成、胸径、树高、单位株数、单位蓄积量等因子进行更新，得到森林资源动态监测成果。

在协同监测实践中，2012年在龙泉市、2013年在龙泉市和安吉县分别开展了林地变更调查试点，2014年全面推开全省县级林地变更调查。具体工作中，将县级林地变更调查与森林资源动态监测进行了有效协同，从而减少了重复劳动。

4.5.2 二类调查与地理国情普查相协同

全省地理国情普查任务是查清浙江省地形地貌、地表覆盖等地表自然和人文地理要素的现状和空间分布情况。森林资源二类调查与其协同开展工作，主要是地理国情普查数据，能为二类调查提供植被大图斑数据，作为开展全面实地外业的预区划图斑。

植被大图斑，是指借助遥感影像信息提取与解译系统中面向对象的多尺度分割算法，基于eCognition Developer和ArcGIS二次开发，提取的影像中的植被覆盖区划图斑矢量信息。利用叠加植被覆盖大图斑界的遥感影像底图，到实地核对修正或直接现地对坡勾绘，全面区划验证图斑界，采用目测调查法记载林分树种组成、平均胸径、平均树高、平均年龄、郁闭度、疏密度等林分因子。利用植被覆盖大图斑信息，提高了调查质量，减少了外业区划工作量。

2013年，玉环县利用地理国情普查植被大图斑数据，开展了新一轮森林资源二类调查。调查充分应用了高分辨率卫星遥感影像作为调查底图，以地理国情普查的植被覆盖大图斑界作为预区划图斑，通过到实地逐个图斑核查纠正的方式，对大图斑进行细分区划，形成符合二类调查区划要求的小班图形数据。

4.5.3　年度监测与考核评价工作相协同

森林增长指标考核、林业发展实绩考核、自然资源资产负债表编制，是建设森林浙江、提高林业管理水平的重要举措，对于建设生态林业民生林业，推进美丽浙江建设具有重大意义。年度监测与考核评价工作的协同，主要体现在整合与优化监测资源，利用年度监测数据开展相关考核评价工作。

（1）省级考核评价，直接采用省、市联动监测的省级年度监测成果。与国家森林资源连续清查和省级森林资源年度监测工作相衔接，每年对全部4252个国家连清样地进行复位调查，以全省监测成果为基础，结合营造林与森林资源管护方面的工作情况进行考核评价。省级考核评价结果与国家森林资源连清体系监测结果完全衔接一致，受国家体系控制。

（2）市级考核评价，采用省、市联动监测的市级大成数地类数据，通过内业处理、整合，得到考核所需的几个指标数据。在省总体4252个样地基础上，以各设区市为副总体，适当加密部分市的监测样地数量，采用以地面抽样监测为主、遥感抽样监测为辅的方法，建立市级考核监测体系。各市副总体考核的主要指标合计值应落在全省总体的置信区间内，受省级抽样结果控制。

（3）县级考核评价、自然资源资产负债表编制，采用市、县联动或县级动态监测成果，通过数据处理直接得到考核指标数据。动态监测以二类调查成果为基础，采用森林资源档案更新等方法，对基础数据进行更新和统计汇总，监测结果是县级考核评价的依据。各设区市所辖县考评主要指标合计值，应落在市副总体的置信区间内，受市级抽样结果控制。

在协同工作实践中，主要有：①2013年浙江省在12个县开展了森林增长指标考核评价试点，2014年、2015年扩大到33个县开展试点；②2014年、2015年，开展了省对26个县林业发展实绩考核评价工作；③2015年、2016年，开展了省对11个设区市森林质量指标考核评价工作；④2016年湖州市、丽水市利用市、县监测数据开展了自然资源资产负债表编制。这些考核评价工作均与年度监测工作进行了有效协同，实现了一查多用。

4.5.4 固定样地调查与小班模型更新工作相协同

监测年二类调查小班数据更新，突变小班采用手工更新方法进行数据更新，但还有大量无干扰的自然生长小班的胸径、树高、蓄积量等需要进行更新。一般是通过建立反映小班总体生长情况的各类生长模型进行有关测树因子的模型更新。固定样地调查与小班模型更新主要协同点有：

（1）利用固定样地连续调查数据，作为建立生长模型建模样本和检验样本。两期或多期连续监测样地数据，包含有林分和单木水平的定期生长量生长率数据，经过提取、筛选，可作为生长模型研建样本；模型研建后，通过预留一部分连续监测样地数据，作为模型适用性检验的检验样本。

（2）利用前述研建的模型，对目标数据生长量进行小班更新，更新后的小班生长量和生长率结果，必然带有固定样地数据的痕迹，受到抽样调查的控制。

在模型研建实践方面，浙江省在市、县联动监测和县级动态监测中，均开展了利用固定样地调查数据进行生长模型研建，利用固定样地生长量、生长率作为抽样控制值对小班更新结果进行控制的探索。

4.5.5 年度监测与生态服务功能、碳汇功能监测评估相协同

森林生态服务功能评估、林业碳汇功能监测是拓展监测范围，丰富监测内涵，满足社会公众和政府部门信息需求的重要工作。年度监测与二者相协同，主要是利用现成的森林资源固定样地监测数据，作为生态服务功能、碳汇功能监测评估的数据源。

（1）森林生态服务功能评估，是以森林资源连清固定样地或省级年度监测样地为基本测算单元，按照“样地→总体”的技术主线，计算每个固定样地的森林生态服务功能，利用样地调查因子中的生态功能综合指数和植被总覆盖度对每个样地的部分生态服务功能实物量进行调整，生成全省森林生态服务功能实物量数据库。根据抽样统计方法由每个样地的生态服务功能分类汇总出各类型的生态功能服务实物量总量，利用抽样技术理论，在95%可靠性指标下，对生态服务功能指标做出精度分析和区间估值。

（2）森林植被碳汇功能监测，是以样地为评估基本单元，采用单株生物量模型法（乔木、毛竹、杂竹、下木和灌木）、单位面积生物量模型法（草本）和单位面积生物量法（矮化乔木林、灌木经济林），测算每个固定样地的森林植被生物量，包括地上生物量和地下生物量。在此基础上，运用系统抽样统计方法，将样地水平微观数据转换到全省宏观尺度，估算全省总体的森林植被碳储量，提供主要评估结果的估计精度和估计区间。

（3）森林碳储量市、县联动监测，综合运用设区市森林资源市、县联动年度监测体系，获取同一时段的市、县两级森林资源数据。利用设区市的各县域森林资源更新数据和市域范围内的样地生物量数据库，建立乔木生物量模型和有关生物量评估参数，测算各县域森林植被碳储量，实现了森林资源监测与碳储量监测的协同监测。

参考文献

[1] 陶吉兴, 季碧勇, 张国江, 等. 浙江省森林资源一体化监测体系探索与设计[J]. 林业资源管理. 2016, (3): 28-34.

[2] 刘安兴. 森林资源监测技术发展趋势[J]. 浙江林业科技. 2005, 25(04): 70-76.

[3] 张国江, 刘安兴. 森林资源年度监测中若干问题研讨[J]. 华东森林经理. 2002, 16(2): 37-39.

[4] 张国江, 刘安兴. 森林资源连续清查中未测采伐量测算方法[J]. 浙江林学院学报. 2002, 19(3): 27-30.

[5] 刘安兴. 浙江省森林资源动态监测体系方案[J]. 浙江林学院学报. 2005, 22(4): 449-453.

[6] 茅史亮, 李土生, 邱瑶德, 等. 浙江省生态公益林区划界定现状和建设建议[J]. 浙江林业科技. 2003, 23(1): 59-62.

[7] 周子贵, 汪永红, 夏淑芳, 等. 浙江省生态公益林分类补偿初探[J]. 浙江林业科技. 2014, 34(5): 72-77.

[8] 陶吉兴, 张国江, 季碧勇, 等. 杭州市森林资源市县联动年度化监测的探索与实践[J]. 林业资源管理. 2014, (4): 14-18.

[9] 张国江, 季碧勇, 王文武, 等. 设区市森林资源市县联动监测体系研究[J]. 浙江农林大学学报. 2011, 28(1): 46-51.

第 5 章 一体化监测体系优化

5.1 总体思路方案

5.1.1 指导思想

森林资源一体化监测的指导思想是：以满足国家宏观决策和经济社会发展需要、服务于生态文明建设为宗旨，以“强基固本，应用引导，整体推进，上下联动，创新发展”为指引，努力拓展发展思路，改进技术手段，切实增强服务能力。从时代要求和浙江省实际出发，制定统一的监测体系结构、调查方法以及合理的监测指标体系，将原有的多项森林资源调查关联工作有机地融合为一个整体，形成协同合力的“一个平台”，实现不同尺度森林资源监测成果的高度统一，产生多级协调的“一套数”、“一张图”。要科学设计监测路线图，实现监测数据上下衔接、逐级控制、有精度保证；要厘清基础年与监测年的不同作用与要求，协同好监测工作与考核、评价、审计等工作的关系，努力扩大监测成果的共享；要高度重视高新技术的应用，着力改进野外数据采集的技术装备和内业数据与图像的处理分析能力。

5.1.2 原则要求

浙江省森林资源一体化监测体系，是指以省、市森林资源抽样调查和县级森林资源小班区划调查为工作基础，以资源出数年度化、省市县上下联动化、相关工作协同化和监测技术信息化为特征，以“一个平台”“一张图”“一套数”为方向的森林资源监测体系，从而实现森林资源监测数据的科学、权威和一查多用。根据上述指导思想，在具体建设过程中，应遵循以下原则要求[1]：

（1）强基固本，前瞻引领。夯实省、市两级森林资源监测以抽样调查（一类调查）、县级森林资源监测以小班调查（二类调查）为基本方法的工作基础，明确监测目标与任务要求，科学设计监测路线图，建立全省统一的监测框架体系，引领全省森林资源一体化监测工作朝着“一个平台”“一张图”“一套数”方向发展。

（2）上下衔接，逐级控制。全省森林资源一体化监测体系，必须上与国家森林资源连续清查体系相对接，下达县后可继续延伸至乡镇，省、市、县监测主线形成相互衔接的工作与技术体系，做到监测数据上下衔接、逐级控制、有精度保证，监测结果可测量、可核查、可报告。

（3）应用引导，持续开展。必须将监测工作与森林资源年度公告制度、林业绩效评价、政府实绩考核与离任审计、森林资源资产负债表编制、森林资源不动产登记等工作有机结合，努力增强监测成果的服务能力。同时，要建立开展持续监测的组织、技术与资金等保障机制，努力使监测工作成为常态化年度性工作。

（4）因地制宜，分类要求。将调查工作分为基础年和监测年，一类调查每 5 年、二类调查一般每 10 年设置一个基础年。在基础年必须进行全面系统的调查，以建立新的森林资源家底；在各个监测年，抽取部分样地或小班进行复位调查，然后采用档案更新、模拟推算等方法进行监测出数。

（5）高效协同，一查多用。对各级森林资源监测工作及以监测数据为指标的各项考核、评价、审计工作，须进行有效的协同，尽量避免重复劳动，特别要避免外业调查数据的重复采集，努力实现外业数据与内业结果的一查多用。同时，要建立规范统一的森林资源信息管理系统，为今后整合林业信息管理系统提供基础本底。

（6）技术领先，创新发展。充分利用高清遥感影像、移动 GPS 等 3S 技术、移动端数据智能采集等“互联网＋”技术、海量数据存储加工等大数据技术、统计预测与控制等数据模型技术，用于野外数据采集与内业数据处理工作，提高内外业工作效率。同时，根据形势发展需要，应及时调整监测目标、内容与范围，创新监测理论和技术方法，不断提升监测水平和服务能力。

5.1.3 基本目标

根据森林资源一体化监测体系内涵和建设方向，确定如下两项基本目标[1]：

（1）基于抽样调查理论，设计从省到市逐级加密样地的框架，采用地面调查为主、遥感监测为辅的技术方法，探索建立省市联动、上下一体的森林资源监测体系，实现省、市同步出数，为推进国家与地方监测的“一体化”提供经验和示范。

（2）以小班复位调查更新、档案更新和模拟推算更新为基础，设计受市域抽样控制的县域森林资源动态监测技术，解决市、县两级森林资源一类监测与二类监测数据的控制、相容与可比问题，逐步建立省、市、县三级同步的连续监测体系。

5.1.4 主要任务

从森林资源一体化监测成果的服务范围，确定其主要任务为：

（1）每年更新森林资源及生态状况家底数据，并向社会进行公告。

（2）为开展各级各类森林资源增长情况实绩考核提供框架、方法和依据。

（3）为开展领导干部森林资源资产离任审计和森林资源资产负债表编制提供依据。

（4）为森林资源不动产登记提供依据。

（5）为有关规划性、决策性、考核性、评估性工作提供依据。

（6）其他必要的工作任务。

5.1.5 监测指标

森林资源一体化监测指标的建立，既要满足森林面积、蓄积量监测的常规性要求，又要充分体现森林生态多功能和多目标监测的发展需要，据此确定以下监测指标与内容[1]（表5-1）。

5.1.6 监测框架

森林资源一体化监测体系，以年度监测为核心，纵向上要求省、市、县联动一体，横向上要求相关工作互相协同，手段上要求以信息技术为依托。由于监测方法的不同，省、市、县三级联动又进一步分为省、市联动与市、县联动两个部分。因此，省市联动框、市县联动框、相互协同框和信息技术框四者共同构成了全省森林资源一体化监测框架[1]（图5-1）。

表 5-1 森林资源一体化监测指标体系

序号	指标名称	指标内容
1	森林资源数量指标	森林、林木和林地的面积、蓄积、结构，包括乔木林按龄组、起源、林种、树种组的面积和蓄积，竹林、经济林、灌木林的面积与类型等。
2	森林资源质量指标	乔木林的树种类型组成、单位面积蓄积量、单位面积生长量、平均胸径、平均郁闭度等。
3	覆盖率指标	分为不含一般灌木林的森林覆盖率（国家现口径），含一般灌木林的森林覆盖率（国家原口径，浙江省沿用至今）两种；平原地区可采用林木覆盖率指标。
4	森林资源动态指标	林地面积、森林面积、活立木总蓄积、森林蓄积的生长量、消耗量、净增量、净增率等。
5	森林生态状况指标	森林群落结构、森林自然度、森林健康、森林灾害各等级的面积分布与比例，森林生态功能指数等。
6	森林碳汇功能指标	森林生物量、森林碳储量、森林年固碳量、森林年释氧量及其变化动态等。
7	森林生态服务功能指标	森林涵养水源、固土保肥、固碳释氧、净化大气、积累营养物质的实物量、价值量，森林生物多样性保护、森林游憩的价值量等。

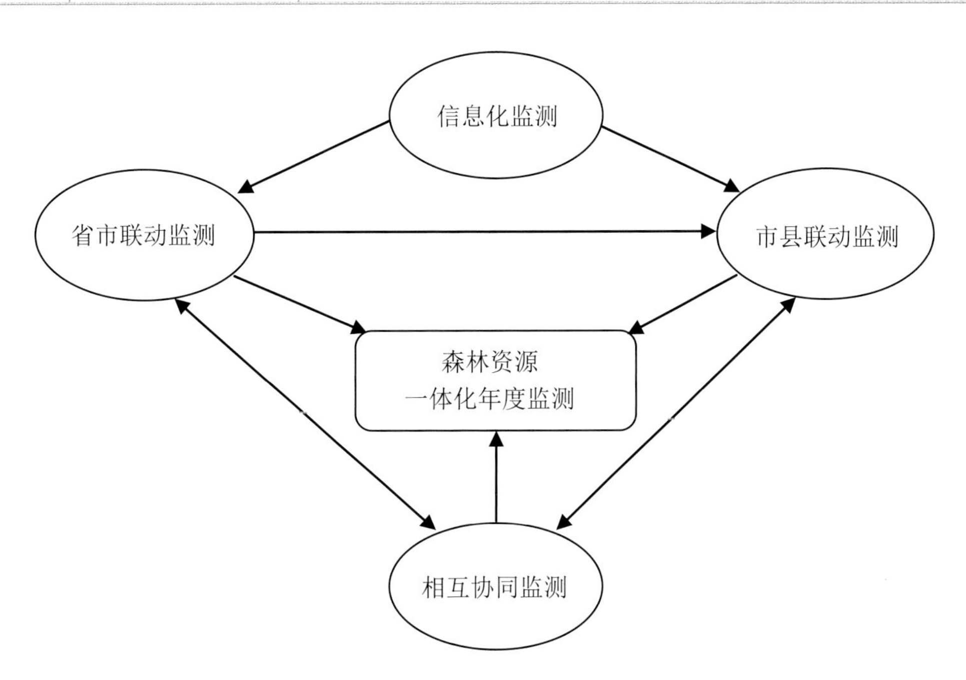

图 5-1 森林资源一体化监测体系框架图

5.2　年度监测优化

5.2.1　省级年度监测

采用抽样调查监测方法。森林资源抽样调查俗称一类调查，省级抽样设计精度要求：按95%的可靠度，森林面积精度要求达到95%以上，活立木蓄积量精度要求达到90%以上。据此全省共布设4252个样地，这4252个样地同时也是国家连续清查体系在浙江省内的布设样地。单个样地面积为800平方米，形状为正方形，边长为28.28米×28.28米。对每一样地需确定地类进行每木检尺调查等。浙江省自1979年建立森林资源连续清查监测体系以来，每次复查的结果精度均超过了设计要求，如2014年的连清复查精度结果分别为：森林面积97.52%，活立木蓄积量95.83%。不论各设区市样地如何加密，规定各年度的省级森林资源与生态状况均依据4252个样地进行出数。

5.2.2　市级年度监测

采用抽样调查监测方法。在对全省4252个样地进行复查的基础上，进一步将11个设区市作为副总体，通过样地加密方法，将省级森林资源年度监测工作延伸到各设区市，形成省、市联动监测体系。各市副总体设计精度要求原则上低于省总体5个百分点，即森林面积精度要求达到90%以上，活立木蓄积量精度要求达到85%以上（湖州市为80%以上，嘉兴、舟山两市不作要求）。根据2009年国家连清时的各市森林面积与活立木蓄积量变动系数，按设计精度要求测算各市所需的地面样地调查数量，目前各设区市共加密地面样地1123个，全省地面样地调查总数已达到5375个，从而实现了省、市联动森林资源年度出数。同时，拟对嘉兴、舟山两市副总体森林面积监测辅以遥感抽样监测方法，两市共布设遥感抽样监测样地5151个（表5-2）。

表 5-2　各市监测样地设计数量与精度预估

市别	设计精度（%）		地面样地（个）			遥感样地（个）		预估精度（%）	
	森林面积	林木蓄积量	现有省样数	增设样地数	样地总数	样地数量	间距（千米×千米）	森林面积	林木蓄积量
全　省	95	90	4252	1123	5375	5151		97.74	95.83
杭州市	90	85	692	0	692			94.51	88.86
宁波市	90	85	368	211	579			91.74	85.09

（续）

市别	设计精度（%）		地面样地（个）			遥感样地（个）		预估精度（%）	
	森林面积	林木蓄积量	现有省样数	增设样地数	样地总数	样地数量	间距（千米×千米）	森林面积	林木蓄积量
温州市	90	85	471	0	471			91.55	86.23
嘉兴市	90	—	165	370	535	3885	1×1	92.56	76.39
湖州市	90	80	241	236	477			91.26	80.76
绍兴市	90	85	338	76	414			90.10	85.01
金华市	90	85	451	0	451			92.57	88.11
衢州市	90	85	371	72	443			93.23	85.45
舟山市	90	—	49	115	164	1266	1×1	93.90	75.61
台州市	90	85	388	43	431			91.43	85.98
丽水市	90	85	718	0	718			95.84	90.93

由于省与市年度监测的样地外业调查，通过省、市联动监测体系同步完成。就省整体而言，每年的外业调查时间保持在4～10月间完成，不存在明显的时间误差。但就某个具体的市而言，各年度的调查时间段并非完全一致，存在着调查时间误差，需要通过年生长率的月际分配情况进行校正。

5.2.3 县级年度监测

采用小班区划调查方法。小班区划调查俗称二类调查，又称规划设计调查，将二类调查年作为基础年，一般每10年设置一个基础年，两轮二类调查间隔期内各年度作为监测年。基础年应进行全面系统的实地调查，建立新的森林资源家底数据；各个监测年以基础年小班为基本变更单元，采用复位调查更新、档案更新、模拟推算更新等方式，进行小班数据逐年更新和逐级汇总，形成新的森林资源年度监测数据。

森林资源调查小班可分为突变小班和渐变小班。对于突变小班，依据营造林、采伐、征占用、灾害损失等森林经营管理档案，并辅以必要的补充调查，进行面积、蓄积量指标滚动更新。对于渐变小班，面积类指标主要作逻辑更新，蓄积量类指标利用当年当地建立的林分生长模型进行模拟更新。

上级部门针对县级更新成果的核查，地类或森林类型的面积核查，可设置一定数量的面积为若干平方千米的大样地（如2千米×2千米），利用近一年内的高分辨率遥感资料并结合一定比例的地面调查（如每一块2千米×2千米大样地内，选取0.5千米×0.5千米斑块进行实地调查），获得大样地范围内的地类或森林类型面积变化数据，按变化率大小来推算面积数据的年度变化[2]；对于蓄积量核查，可检查其档案管理制度并依据分布在该县的固定样地监测数据及资源消耗与枯损调查分析数据等，对档案更新质量、生长更新模型的准确性等进行复核评价。

5.3 联动监测优化

5.3.1 省、市联动年度监测

省、市联动监测根据抽样理论设计，以省总体森林资源年度监测工作为基础，对设区市副总体进行样地加密调查，形成了起自国家连续清查体系，省市联动、上下一体的抽样调查监测体系。

省、市联动监测样地野外调查一次性完成，再对省总体和11个副总体分别组织调查样地，按抽样调查数理统计方法进行数据处理，省总体得到完整的森林资源与生态状况指标数据，各设区市副总体主要得到几大考核性指标数据。对于市级小面积地类指标，如未成林造林地、火烧迹地、采伐迹地等，由于精度较低，难以提供准确的指标数值。

如前所述，在省、市联动监测路线设计时，市级年度监测主要为了满足省对市的森林增长指标绩效考核和市对县的森林资源抽样控制需要，只有少数几个大数据指标（考核指标为主）才有理想的监测效果，不能产出整体性市级森林资源数据。若要产出整体性市级森林资源数据，则市级副总体调查要区分为基础年和监测年，每5年设置一个基础年，基础年样地数为省、市联动监测时样地数的3倍，监测年样地数保持不变。在监测年，面积因子采用马尔可夫链转移模型估计，蓄积量因子则采用回归估计方法，通过一系列的数据处理技术，获得市级副总体的整体森林资源数据。

省、市联动年度监测主体工作路线[1]如图5-2所示。

5.3.2 市、县联动年度监测

市、县联动监测是对省、市联动监测的承启，通过市、县联动监测，形成了完整的省、市、县一条龙监测体系，也实现了一类调查监测数据与二类调查监测数据的对接。在这个工作体系中，不论是市级监测还是县级监测，都要分为基础年和监测年。基础年需开展全面系统的外业调查，得到完整的森林资源指标数据；监测年则对其中部分样地或小班进行调查，以基础年数据为基点，通过动态更新技术监测出数，主要

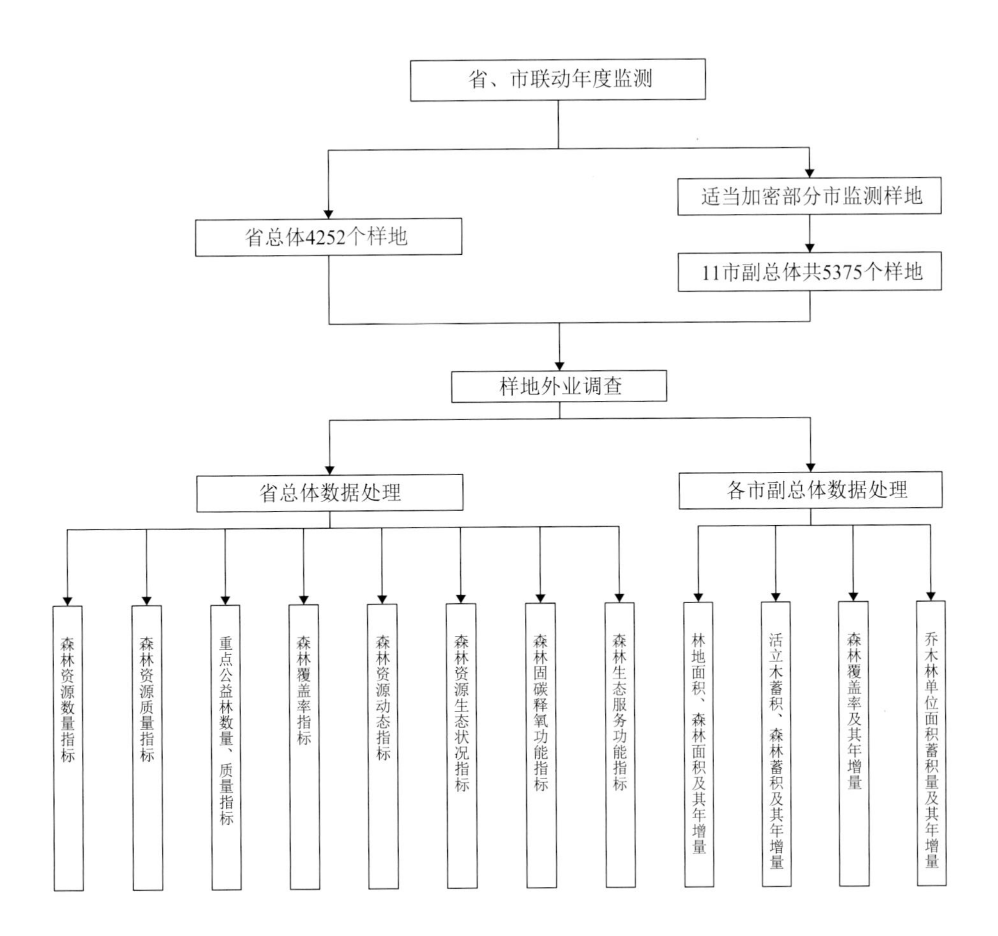

图 5-2 省、市联动年度监测路线图

得到几大考核性指标数据。

市、县联动监测体系层级上，分为市级抽样控制调查监测和县级二类调查动态更新两个层级。市级抽样控制调查监测以宏观性监测为主，主要是对全市总体和各县副总体监测进行总体精度控制和趋势性变动分析[3]。县级二类调查动态更新，主要是通过与市级抽样控制调查的联动，采用不同的数据更新方法，对县级森林资源二类调查数据进行年度滚动更新。

市、县两级监测以固定样地为纽带，通过市对所辖县的森林资源年度监测数据进行总体精度控制，形成市、县联动控制体系。同时，也为县级二类调查小班更新生长模型提供基础建模数据[3]。市对县的控制，是森林面积、活立木蓄积量等几大指标市级一类调查数据对县级二类调查数据的控制。当县级二类合计数落在市级区间范围时，可确认县级二类调查或更新数据，否则需进行补充调查、修正甚至返工，直至落到区间范围。若一个设区市内不是所有县同步进行动态监测或档案数据更新时，则市级无法对县级进行数据控制。

市、县联动年度监测主体工作路线[1]如图5-3所示。

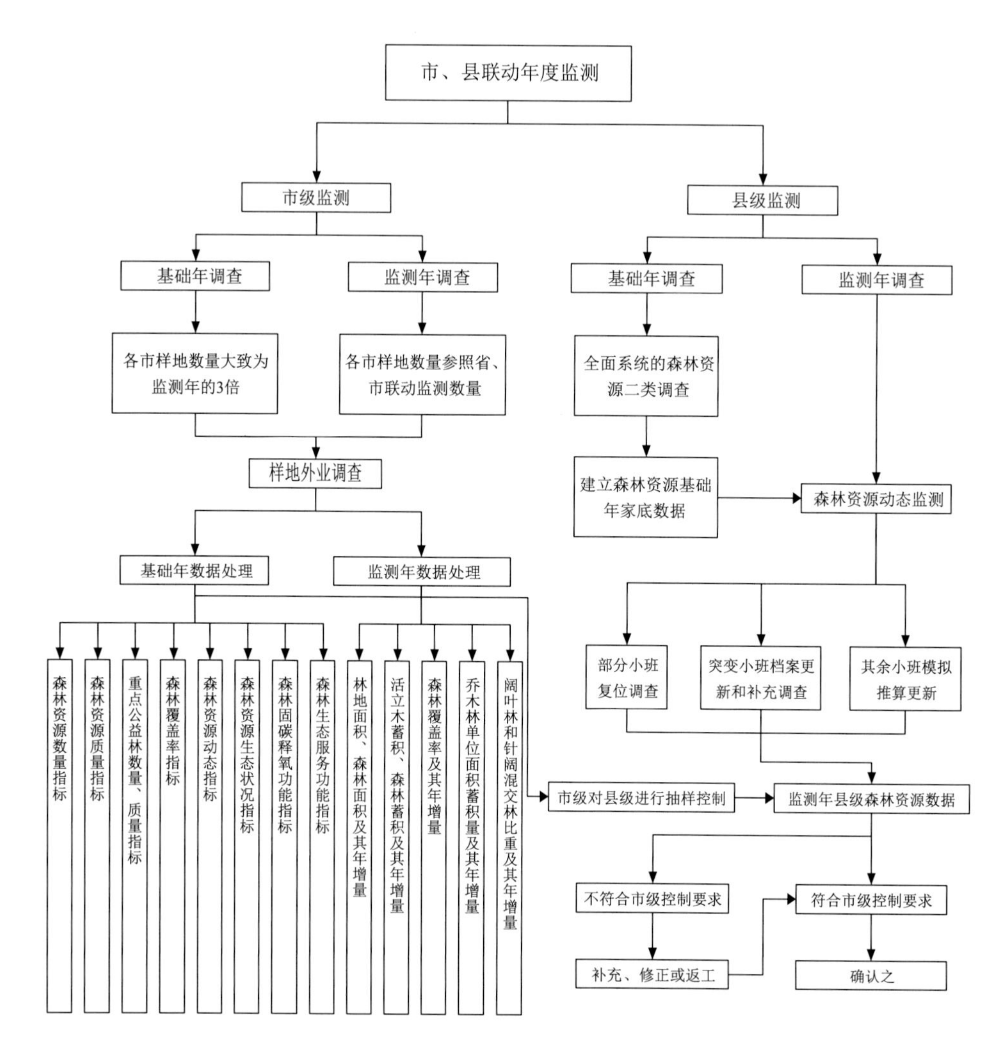

图 5-3 市、县联动监测路线图

5.4 协同监测优化

森林资源协同监测，是指多个与之相关联的工作，通过整体部署和精心安排，特别是对基础数据采集工作的整体安排和运筹，以减少实际工作中的多头部署和重复调查，实现数据成果的一查多用。

协同监测以协同管理为前提。通过协同管理优化，可以解决“资源孤岛”、“信息孤岛”、“应用孤岛”三大问题，能把局部力量进行合理地排列、组合，将各种分散的、不规则存在的资料信息融合成一个综合“信息源”，对每项信息节点依靠几种业务逻辑关系进行关联，为各自的目标进行协同运作，通过各种资源的开发、利用和增值以充分达成共同的目标[4]。为此，要对各业务环节进行充分地整合并纳入统一平台进行管理，任何一个业务环节的动作都可以轻松“启动”其他关联业务的运作，并对相关信息进行及时更新，从而实现资源的优化整合、分工协作，实现相关业务之间的平滑链接。

在建立森林资源一体化协同监测“平台”后，进行“一套数”与“一张图”的推进过程中，林地“一张图”可以担当起重要角色。在以森林资源二类调查成果为本底建立的包括遥感影像、地理信息、林地图斑与林地属性信息为一体的林地“一张图”管理系统中，通过设立林地“一张图”图斑与森林资源监测小班、经营档案小班、作业设计小班以及地籍管理小班等的内设接口[5]，能够十分方便地进行森林经营档案管理、森林资源数据更新和各项规划与作业设计，开展各项考核、评价工作，产出统一的“一套数”和“一张图”。

协同监测管理，包含多层次协同管理和多业务协同管理两个方面[4]。多层次协同管理主要涉及省、市、县三个监测层次的管理，须做好省、市联动与市、县联动两条监测路线的协同。多业务协同管理，目前正在开展的业务工作主要有：国家林业局森林资源省、市联动监测试点省项目，省级森林资源与生态状况年度监测，省对市级党政领导班子和领导干部实绩考核，省、市对县级森林增长指标考核，省对26个欠发达县林业绩效考核、林地年度变更调查等。

协同监测路线图应该是个开放的路线图，相关工作根据任务变化可以随时进行调整，目前其主体工作路线[1]如图5-4所示。

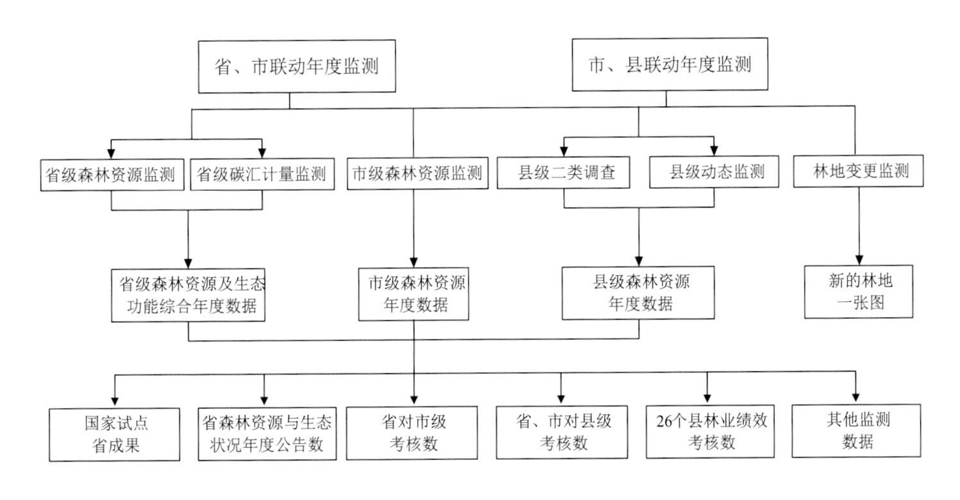

图5-4 相关工作协同监测路线图

5.5 优化方向引领

通过对浙江省森林资源一体化监测的目标体系、指标体系、抽样控制体系和监测路线图的设计，形成了纵向联动、横向协同的监测平台体系，统一的方法体系和监测数据逐级控制体系，能够实现省、市、县年度监测和联动监测，实现多项关联工作的协同管理，使森林资源监测的“一张图”和“一套数”成为现实，将促进浙江省的森林资源监测工作朝着一体化监测方向发展。

总结浙江省10多年的监测工作经验，在森林资源一体化监测推进过程中，应着重引领好以下几个方面的工作：

（1）要做好顶层设计。一要做好整体方案的顶层设计，明确目标、任务和责任，按照技术路线图规范、有序地开展工作；二要建立省级总体部署，带动市、县联动开展的工作机制，省级层面必须下大工夫、花大力气、加大投入，从行政、技术、资金等方面确保项目的常态化持续运作；三要建立应用引导型工作机制，将监测工作与森林资源年度公告制度、林业绩效评价、政府职绩考核、自然资源资产负债表编制等工作有机结合，扩大成果的应用范围，提升项目的生命力；四要协同好相关工作的关系，为了减少工作重复、做到一查多用，需进行系统协调、有机整合，以形成协同推进的互动局面，提升工作成效，扩大成果共享。

（2）要建好基础工作。森林资源一体化监测的工作基础，反映在业务建设和能力建设两个方面。业务建设方面应做好以下三项基础性工作：①省级森林资源一类年度监测，这是整个监测体系的龙头工作；②县级森林资源二类基础年调查，这事关能否为县级动态监测提供新的可靠的资源本底基础；③县级森林资源档案管理制度，这是县级动态监测最基础、最不能缺省的工作环节。在能力建设方面，集中体现在监测队伍与机构的建设，特别要加强基层人才的培养和监测机构的专职化，尽快建立各级专业队伍和专门监测机构，形成常态化运作机制。

（3）要重视高新技术的应用。要充分利用高清遥感影像用于二类调查的小班区划和面积类指标调查，提高调查效率和数据的准确性；充分利用移动端数据采集技术，实现森林资源数据的无纸化调查，大幅度提高野外调查的智能化水平；充分利用基础地理信息和计算机技术，做好野外调查前的室内预处理工作，建立森林资源动态数据库，提升数据处理与图件制作和数据管理水平；充分利用林业“一张图”与国土“一张图”的叠加分析，合理厘清林地的管理属性，科学开展林地变更调查；充分利用模拟更新技术，对那些处于自然消长状态的小班进行属性数据推算更新，获得森林资源年度动态数据。

（4）要把握好市级监测这个关键节点。市级监测采用抽样调查方式，也区分为基础年和监测年，每5年设置一个基础年。监测年样地数量为基础年的1/3，面积因子采用马尔可夫链转移模型估计，蓄积量因子则采用回归估计方法。本方案设想将省、市联动监测中的市级调查样地，作为市、县联动监测中的市级监测年样地，而市级基础年样地可在此基础上扩展3倍进行设计。这样既做到了市级监测与省级监测的对接和市级监测对县级监测的数据控制，又避免了市级样地的重复调查，使市级监测真正发挥承上启下的作用。

（5）要区分好资源监测与绩效考核的不同要求。本研究从资源监测的整体要求对全省森林资源一体化监测方案进行了系统设计，如果单纯出于林业绩效考核需要，针对的是林地面积、森林面积、活立木蓄积量、森林蓄积量、森林覆盖率等几项大指标，监测年工作要求可适当降低，不必要求资源数据的整体出数。各设区市几大项指标数据可直接通过省、市联动监测获得。县级绩效考核，突变小班可采用补充调查基础上的档案更新方法，渐变小班可直接进行模拟推算更新，然后统计汇总出几大项指标数据。至于市级基础年调查和县级监测年抽取一定比例的小班复位调查工作，可不作统一的要求。

参考文献

[1] 陶吉兴, 季碧勇, 张国江, 等.浙江省森林资源一体化监测体系探索与设计[J]. 林业资源管理, 2016, (3): 28-34.

[2]曾伟生. 全国森林资源年度出数方法探讨[J]. 林业资源管理, 2013, (1): 26-31.

[3]张国江, 季碧勇, 王文武, 等.设区市森林资源市县联动监测体系研究[J]. 浙江农林大学学报, 2011, 28 (1): 46-51.

[4] 刘永杰. 森林资源协同管理应用系统建设研究[J]. 林业资源管理, 2013, (6): 162-167.

[5] 周昌祥. 我国森林资源规划设计调查的回顾与改进意见[J]. 林业资源管理, 2014, (4): 1-3.

第 6 章 一体化监测体系运行与管理

为推进一体化监测体系建设，需要对影响体系运行的影响因素进行分析，在工作组织、资金保障、技术支撑、能力建设、质量监控、成果管理上做好顶层设计和管理，确保一体化监测体系顺利运行，使一体化监测取得预期成果。

6.1 组织管理体系

全省森林资源一体化监测体系，上与国家森林资源连续清查体系相对接，下达县后可继续延伸至乡镇，省、市、县监测主线形成相互衔接的工作与技术体系，监测成果可为各个行政层级提供服务。从浙江省的情况看，建立省、市、县联动的组织管理一体化监测体系，是体系运行的组织保障[1]。

组织管理一体化，就是统筹省、市、县监测工作，按照“目标一致、上下协调，分工协作、合建共享”的原则，共同组织开展森林资源监测工作，形成全省“一盘棋”。由于省级体系与国家体系具有天然的一体化，因此，通过五年一次的国家连清年监测，可实现国家、省、市、县的一体化监测。

6.1.1 工作组织

在浙江省森林资源一体化监测组织管理体系中，全省整体工作的组织者为省林业厅；协调者为市政府及其林业主管部门，各县（市、区）政府；技术支撑者为省森林资源监测中心；实施者为省森林资源监测中心和各市、县林业主管部门。

6.1.2 职责分工

根据各单位的职能、责任和权利，职责分工为：

省林业厅，重点做好顶层牵引、整体部署、督促检查、结果审定、政策支持与经费扶持等工作。

市级政府及其林业主管部门，各县（市、区）政府，起着承上启下的作用，应重点做好所在区域的工作部署、督促协调、检查复核、经费扶持等工作。

省森林资源监测中心，重点做好整体方案设计、相关技术规程制定、技术培训、业务指导、质量抽查与结果复核等工作。除此之外，还要承担完成省、市联动监测任务。

各市林业主管部门，完成其市级监测与汇总工作；各县级林业主管部门，完成其县级监测与自查工作。

6.2 技术保障体系

森林资源一体化监测是在当前生态文明建设和林业发展新形势下提出的新课题，是优化森林资源管理水平，推进森林资源监测向纵深发展的客观要求，也是森林资源监测领域一项新的工作，具有探索性和研究性。因此，更有必要做好技术保障，确保体系成功运行，使一体化监测取得预期成果。

6.2.1 科学设计体系方案

为了切实加强省、市、县森林资源年度监测出数工作，全面推进浙江省森林资源一体化监测体系建设，科学指导全省森林资源年度监测和相关考评工作，明确建设目标和工作要求，统一森林资源年度监测的技术与方法，实现监测数据的科学权威，实现森林资源数据一查多用，必须在现有森林资源监测技术和实践基础上，进一步优化一体化监测体系，科学设计一体化监测技术路线图，对省、市、县森林资源联动化监测、年度化监测和协同化技术方案进行顶层设计。

6.2.2 充分应用新技术

随着技术进步和监测内容的扩展，森林资源监测技术必须与时俱进，不断创新。

要研究新技术在林业上的适用性、实用性和科学性，提升监测技术装备和数据处理能力；要充分利用云计算、物联网、大数据、移动互联网、智能化、北斗卫星导航定位及通信等新技术，推动移动互联网、传感设备在林业资源、生态环境监测中的应用。通过试点检验新技术新设备的适用性和实用性，积累经验，为推进新一代技术与传统林业技术深度融合作好技术储备，促进森林资源调查技术革新和效率提升。

加快移动终端野外数据采集系统、高清遥感影像等实用技术的推广应用，提高工作效率，减少错误发生率，尽快建立起外业调查与内业处理一条龙工作体系。加强对新技术的集成应用，实现监测技术手段一体化，不断增强监测能力，提高监测水平。

6.2.3 切实加强技术业务支撑

加强技术队伍业务建设，做好技术培训。以继续教育为核心，采取集中培训和分散自学相结合的办法，对林业专业人员进行基础理论知识、基本操作技能、林业实用技术的培训，做到专业和技能统一，理论与实践并行，加强知识更新和储备，全面提升专业队伍的整体素质。

加强监测技术研究，做好技术攻关与研发。依托省级森林资源监测技术支撑单位、国内与省内相关科研院所等研发平台，建立研发体系，推动科技创新，研制适应时代发展要求的技术规程，充分利用现代科学技术推进调查技术革新，不断推动技术进步。

6.3 质量监控体系

6.3.1 建立监测成果质量核查体系

省、市、县监测成果须通过规定的质量核查认定后，才能使用或成果发布。省级年度监测成果及省、市联动监测成果，须经省级林业主管部门核查验收认定后才能进行公告和对外使用，核查验收通常包括实施单位自查、省级核查、成果审评三个程序。市、县联动监测成果，须经市级检查、省级核查、成果审评三个程序，经省级林业主管部门验收通过后使用。县级森林资源调查和动态监测成果，需按县级自查、省市核查、成果审评三个程序进行。

（1）监测自查。省、市、县三级森林资源监测的实施单位，均应建立成果质量自查体系，组建专职检查组，对调查监测成果进行自查自检。通过成果质量自查，提高调查监测人员的质量意识，建立质量管理体系，从源头上为提高成果质量提供可靠保障。

（2）省级核查（省市核查）。省、市、县三级森林资源监测成果完成后，上报上级林业主管部门进行核查。省级成果、市级成果，分别由实施单位和市级林业主管部门上报省级林业主管部门开展省级核查；县级成果由县级林业主管部门上报省、市两级林业主管部门开展省市核查。

（3）成果审评。省、市林业主管部门根据自查和核查结果，对调查监测成果进行质量审评，评定调查质量水平。

6.3.2 建立外业调查质量控制体系

（1）树立质量意识。增强调查人员的质量观念，严格树立质量就是生命，没有外业调查的质量，就没有整项工作的质量，没有质量便谈不上监测的意识。

（2）创新管理模式。样地调查组织确立“项目负责人—大组长—工组长—组员”四级垂直的金字塔式管理模式。突出调查过程管理，做到“前期巡回指导，中间质量控制，后期全面质量验收”，项目负责人、大组长在工组外业调查时全程辅导、全程检查、全程跟踪、及时解答疑难问题。

小班更新质量检查实行调查组自查、县级检查和省市抽查三级管理。由县级检查组全面负责检查，再由省级负责抽查。在调查过程中，及时发现和处理有关技术问题，保证技术标准与方法的统一，提高调查质量，确保工作进度。

（3）坚持先培训后上岗。为规范操作方法，准确掌握技术要领，全体调查人员必须进行技术培训。技术培训按照“统一组织、全员培训、严格考核”的要求，采取“理论讲解、野外操作、技术考核”的方法，达到“人员确定、时间保证、内容全面、操作具体”的要求。

培训采用理论学习与实际操作相结合、技术训练和生产实践相结合的方式进行，做到学用结合。培训结束后，组织理论知识考试和生产实习考核，考核合格后，才能上岗调查。

（4）采用GPS等技术手段监督外业调查。在样地调查中，可采用GPS航迹采集功能进行质量监督。要求调查工组在测定样地实际位置坐标等GPS信息的同时，采集其一定时间的GPS航迹，查看航迹保存时信号是否稳定、存点时间等信息，透过存点时间再结合样地远近、难易程度、样木多少、天气状况等因素分析样地外业调查情况，以充分发挥GPS高科技“第三只眼”的监督作用。

6.3.3 建立内业调查质量控制体系

（1）数据录入双轨制。在数据录入过程中，严格执行“背靠背”双轨制录入制度，然后修正两遍输入数据间差异，保证原始数据的准确性、录入数据的完整性。

（2）设置严密逻辑条件。在样地信息逻辑检查中，对样地、样木因子及复位样地前后期相关因子进行一系列严密的逻辑检查，以确保原始调查数据的准确无误和前后期样木平衡。

在小班信息更新逻辑检查中，重点检查前后期小班面积、动态变化原因，小班地类、林种、森林类别、优势树种等是否存在矛盾。

（3）加强监测数据分析研究。通过对监测数据的纵向和横向比较，总量数据与增量数据（或单位面积数据）比较，存量数据和速率数据的比较，总体数据与细分数据的比较，林业日常管理数据和调查监测数据比较，分析研究监测结果的可靠性和准确性。

6.4 能力条件建设

6.4.1 加强监测机构与队伍建设

加强市、县级两级监测机构与队伍建设，加强基层人才的培养和监测机构的专职化，尽快建立各级专业队伍和专门监测机构，形成常态化运作机制，满足日常的森林资源年度动态监测工作需要[2, 3]。

积极培育调查中介服务机构，鼓励中介机构参与森林资源一体化监测工作，加强森林资源规划设计调查队伍建设，加强对规划设计调查社会中介机构的管理，提高中介单位行业自律和调查质量意识。

6.4.2 加强信息化条件建设

林业信息化是林业发展的必然趋势，是林业现代化的一个重要标志。为此，应把信息化技术手段融入一体化监测工作之中，使林业资源信息成为信息化建设的一个有机组成部分[4]。

一是推进应用信息系统建设，逐步实现“一个平台”、“一张图”、一体化监测目标。加快信息资源整合，搭建林业公共基础平台框架，建立一站式林业公共服务体系，推进“资源一张图”建设。将已建系统和所有业务整合到一个平台，实行统一管理，按权限使用，打破条块分割，实现互联互通，提高资源使用效益。做到林业资源的统筹规划、分类管理，建立以林业自然资源为基础的一体化动态监测平台。

二是加快林业数据标准规范建设，确保资源信息畅通。统一省市联动、市县联动、一类调查、二类调查的数据标准和系统建设规范，推进各类调查数据的融合统一。建设以公共地理信息数据为基础，集成森林资源基础数据、专题数据的信息资源服务平台，实现所有信息资源和业务应用的集中，推动林业基础数据的开放与对接，为建立林地“一张图”、资源“一张图”奠定数据基础。

三是加强计算机硬件配置。基于各类信息系统的研建、资料保密、应用的需要，配置专用服务器、高性能电脑、大型工程打印机、平板电脑等计算机硬件，为推进森林资源一体化平台建设提供基础设施条件。

6.4.3 加强工作经费保障

森林资源监测具有野外工作量大、条件艰苦、危险性大、流动性强等特点，公益性特征明显，不产生直接经济效益，完全依赖于政府资金的投入。在全省森林资源一体化监测体系不断建立完善的同时，伴随而来的资金严重不足，必须得到各级财政资金的支持。财政支持要以财政事权为基础，设立经常性预算项目，专项资金要做到足额、逐年递增和专款专用。在经费管理与使用上，由于野外调查地域范围广，且很多是在农村和林区开展调查，对于这种艰苦性、危险性的工作应进行适当的激励，以稳定调查队伍，提高工作效率，调动工作积极性。

6.5 成果管理体系

6.5.1 成果保密管理

对调查成果的管理，应当遵守国家有关保密法律法规，按照国家档案及保密管理的有关要求执行，统一管理，及时存档，各级职能部门按照相关保密规定使用成果数据。需要使用内部成果数据的，须向主管部门提出书面申请，说明用途、范围、类型及数据管控措施，并按规定签署数据保密协议书，按程序和批准内容提供相关数据。保管和使用调查成果数据的单位，须配备符合国家保密、消防及档案管理有关规定和要求的存放使用设施与条件，建立完善的数据保密管理制度；经批准复制的载体要进行编号与登记，按同等密级进行管理；要进行经常性的保密教育和检查，确保保密措施落实到位[5]。

6.5.2 成果数字化管理

成果数字化是采用已成熟的数字化技术进行成果资料输入、编辑、修改、压缩、识别、存储等流程，使传统的纸质成果资料存储到数据库，并实现计算机管理。所有图件以200dpi 以上扫描存储为 TIF、JPEG等格式。

所有与森林资源档案有关的电子文档均应归档。保存与纸质文件内容相同的电子文档时，要与纸质文件之间相互建立准确、可靠的标识关系；专用软件产生的电子文档，必须连同专用软件一并归档。使用者对电子档案的使用应在权限规定范围之内。电子档案的销毁，应在办理审批手续后，方可实施；非保密电子档案可进行逻辑删除。属于保密范围的电子档案被销毁时，如存储在不可擦除载体上，须连同存储载体一起销毁并在网络中彻底清除。数字化成果，应从制度上和技术上针对突发事件、非法访问、非法操作、人为破坏、计算机病毒等，采取与系统安全和保密等级要求相符的网络设备安全保证、数据安全保证、操作安全保证、身份识别方法等防范对策。

6.5.3 监测成果的发布使用

（1）信息筛选加工。森林资源监测所取得的数据量很大，可在大量的信息中进行针对性选择，提取少量具有代表性、最能反映森林资源与生态状况的指标和数据向社会公布。

信息筛选就是选取一些社会比较关注、社会能够接受的指标和信息，作为向社会发布的备选数据。同时，在信息的表达方式上要避免过分专业，尽量减少晦涩难懂的专业术语，力求表达方式大众化，以方便与社会交流。在信息筛选基础上，通过分析、评价，提炼出社会较为关注、切合公众利益的信息。

（2）发布信息审查。根据国家有关规定和要求，需要对发布的信息进行审查把关，保证国家秘密不予泄露，国家规定须保密的数据不得向外公布。发布信息审查把关由行业主管部门负责。

（3）信息发布与社会影响收集分析。鉴于监测成果的权威性、公益性，选择当地主流媒体进行成果信息的发布。信息发布后，对社会反应情况进行收集、整理、分析、研判，掌握社会反响动态，总结经验，优化今后的信息发布设计，提高信息的社会影响力。

参考文献

[1] 陶吉兴, 季碧勇, 张国江, 等. 浙江省森林资源一体化监测体系探索与设计[J]. 林业资源管理, 2016, (3): 28-34.

[2]肖智慧. 国家森林资源与生态状况综合监测[M]. 中国林业出版社, 2013.

[3]肖兴威. 中国森林资源和生态状况综合监测研究[M]. 中国林业出版社, 2007.

[4]高祥. 森林资源调查监测信息化技术方法研究[D]. 北京林业大学, 博士论文, 2015.

[5]国家林业局. 林地变更调查工作规则（林资发〔2016〕57号）.中国政府网http://www.gov.cn/xinwen/2016-05/06/content_5070689.htm/2016年5月6日.

第7章 高新技术应用

7.1 现代测量技术

随着数字电子技术的飞速发展，测量技术进入数字时代。在测量领域逐步实现测量仪器的机电一体化工业生产，推动了测量技术和仪器性能的提高。网路技术的发达又使互联网技术和网络化的仪器应用于测量领域，使得测量领域的智能化水平提高，综合处理信息的能力提升。

7.1.1 森林计测技术发展过程

森林计测技术作为现代测量技术在林业行业的具体应用，是获取森林信息的基本手段，森林计测设备的性能对森林信息获取的效率和森林数据的精度起决定性作用。目前在我国，用于地面森林调查的便携式森林计测设备主要有测高器、测径仪、测距仪、罗盘仪等。

根据相关文献研究，森林计测设备发展过程可划分为机械式测量设备、电子测量设备和智能测量设备三个阶段。机械式测量设备以1928年麻生测高器的发明为标志，在此后的半个多世纪内，出现了包括克里斯屯（Christen）测高器[1]、毕特利希杆式角规、光学测树仪[2,3]等典型设备及其各类改型[4]。从20世纪80年代开始，随着遥测技术的发展以及传感器、单片机等电子技术的成熟，对电子测量设备的研究占据主导地位，包括利用激光、超声波对直径[5]、高度[6]、距离[7]等参数进行测量的研究，应用数字摄影技术的尝试[8]和对电子角规[9]的研究，并出现了瑞典Vertex系列测高测距仪[7]和德国Leica、日本Nikon等公司生产的优秀产品。进入21世纪以来，随着信息化技术加速发展，PDA、智能手机、平板电脑等智能便携设备的出现，地面便携式测量设备也呈现出与林业信息化相匹配的特点，如实现测量数据的数字化采集和实时传输；探索测算设备与PDA、平板电脑等智能便携设备的协同工作模式等。

目前便携式测量设备呈现出电子化、数字化、智能化的发展趋势，这不但有利于提高测量效率，更重要的是测量数据的数字化杜绝了人工输入错误，符合林业信息化发展需求。

7.1.2　森林计测技术的应用

1. 传统森林计测

水平距离、树高、胸径、方位角、坡度等是森林资源调查的基本工作。传统测量树高的常用工具是布鲁莱斯测高器，其构造简单、轻便，但要求先丈量水平距离（15米、20米、30米等），特别是坡度较陡、植被茂密的林地视线受阻且不容易找观测点，致使按三角原理设计的布鲁莱斯测高器在实际运用中精度和效率不高。传统林地水平距离测量、林木胸径测量、方位角测量、坡度测量、标准地边界测量仍使用森林罗盘仪和皮尺、钢围尺、测绳、花杆等常规工具。在林下杂灌丛生、地形破碎，皮尺、测绳拉平拉直困难，坡陡时需要测坡度再进行斜坡修正[10～12]。

2. 现代森林计测

为了提高测量精度与效率，在森林资源监测中，应用激光技术开展森林计测，尤其是美国激光技术公司（LTI）研制的激光测距仪，自1990年由美国农业部林业局作为野外测量样机引入后不断改进，日趋完善，并可与数据采集器、GPS连接，而且可配置丰富的各种软件，使森林计测推进到可单人操作、全站位、全面综合的多用途仪器时代。

目前，市场上激光测距仪种类型号繁多，其原理都是利用激光对目标距离进行准确测定。它在工作时向目标射出一束很细的激光，由光电元件接收目标反射的激光束，计时器测定激光束从发射到接收的时间，计算出从观测者到目标的距离。它具有重量轻、体积小、测量精准、操作简单、反应速度快、适用范围广等优点，其误差仅为其他光学测距仪的五分之一到数百分之一[13]。

浙江省在森林资源监测中，应用艾普瑞（Apresys）系列激光测距仪，又叫测距望远镜，是一种望远镜加激光测距的便携式高科技光电仪器，综合望远镜、激光测距仪的功能，兼备角度测量和高度测量等功能，可大大提高野外森林资源数据采集效率，有助于推动全省的森林计测技术迈进新时代。

7.2 “3S”技术

7.2.1 “3S”技术简介

“3S”技术是指遥感（RS）、地理信息系统（GIS）和全球定位系统（GPS）一体化技术，是目前空间信息获取、存储管理、更新、分析和应用的三大关键技术[14]。RS系统提供了时空序列上的、多精度的“海量”信息源，是集多种传感器、多级分辨率、多谱段、多时相于一体，以定量化为目标，以地球系统为研究对象，形成高精度、多信息量的对地观测系统，以其宏观、综合、动态等特点，可为森林资源监测提供特有的技术手段；GIS为包括遥感信息在内的信息处理、分析、表达和利用提供了平台，特别适用于林业专题制图和空间数据生产及更新，尤其是林地资源现状调查和变化监测，如GIS借助地面调查和遥感图像数据，可将林地资源现状和变化监测情况落实到山头地块，利用强大的空间数据分析功能，及时对林地资源时间、空间分布规律和动态变化过程作出反映，为科学监测林地资源的动态变化、分析林地增减原因、掌握林地利用动向及控制林地资源的消长提供依据；GPS作为全球应用最广泛的卫星导航与定位系统，不仅具有全球性、全天候、连续的精密三维导航与定位能力，而且具有良好的抗干扰性和保密性，其精密定位技术已经普遍应用到林业行业，如森林资源调查、规划、管理、监测、评价、预测预报和决策等各个环节都离不开现势的、客观的和准确的空间位置信息。

7.2.2 “3S”技术集成应用

“3S”技术集成应用于森林资源监测，是提高森林资源监测技术的必由之路。因此，集成应用“3S”技术科学地开展森林资源一体化监测，已成为国内外森林资源管理部门和信息技术专家及学者的研究热点之一。

“3S”技术是个互为支持互为补充的统一体。GIS作为空间数据处理、集成和应用的重要现代化管理工具，可为RS影像、GPS点的处理和应用提供强有力的技术支撑和平台保障。RS和GPS作为重要的数据源：RS可为GIS提供基础的图像信息数据源，可为GPS提供具体点位的详细地理信息；GPS可为GIS和RS提供任意接收点的空间位置坐标数据。“3S”相互之间联系紧密，互补发展。这种结合在现代林业的发展中显得格外重要，主要应用在样地定位、地类判读识别、林业专题制图、区域变化图斑监测、林业专题空间数据采集及更新、DEM（数字高程模型）制作等方面。

7.2.3 “3S”技术在森林资源监测中的应用

“3S”技术应用于森林资源监测中，可充分利用各自的技术特点，快速、准确、高效地为森林资源一体化监测提供技术支撑和资源整合平台。其中RS提供更新的图像信息，GPS提供位置信息，GIS提供技术手段和平台，三者紧密结合为森林资源一体化监测提供强有力的技术保障和科学的解决方案，为改善森林资源管理、促进林业数字化、信息化和智慧化发展提供技术支撑。“3S”技术在森林资源监测实践中的作用，可总结出如下几个方面：

（1）提升林业数据采集与处理的效率。海量数据是指巨大的、空前浩瀚的数据。随着人类信息化程度的提高，数据已超出它原始的范畴，它包含各种空间数据、报表统计数据、文字、声音、图像、超文本等各种环境和数据信息。当前，林业部门也面临着如何进行海量数据的操作问题，在林业生产和管理过程中，涉及的数据资料从省、市、县、乡（林场）、村、林班、小班逐级细化，包括空间数据（卫星图片、地形图）、资源数据、统计报表、图文资料、声像资料等各种数据信息，数据量非常庞大，在采集、更新、处理等过程中需要大量的人力、物力和时间。单就森林资源调查而言，全省范围内采用传统的人工方式完成一次森林资源更新一般需要三四年的时间，最终获得的只是一些现状图、统计表，调查周期长且信息利用率低，在数据采集处理的效率、提供的信息量、信息的更新周期等方面显然都不能满足当今社会发展的需要。“3S”技术的应用，可以实现快速的海量数据采集与处理，为林业信息的更新、处理提供快捷便利的技术条件，从而能及时反映林业生产管理现状和森林资源的变化情况。

（2）提升林业信息利用与共享的手段。经过多次森林资源调查，全省各级林业部门积累了大量的原始数据，而且在森林资源监测方面积累了丰富的经验。但由于缺少先进快速的分析处理手段，许多数据未能发挥其应有的作用，更多的数据还是以静态的形式存在。“3S”技术对多种来源的时空数据具有快速分析处理的能力，能在专家知识和推理的支持下作出综合分析，提出多种辅助决策方案，使原有的数据发挥效益。同时，通过“3S”技术和计算机网络技术的应用，建立统一的数据标准，建立数据库之间的网络连接，把分散在各个林业部门的数据集中起来，实现信息共享，这样可以极大地提高信息分析挖掘的广度和深度，充分发挥现有信息的价值[15]。

（3）提升林业管理决策与服务的水平。森林资源管理与监测是林业部门的重要工作，森林资源管理与林业现代化管理紧密相关。“3S”技术的应用‘一方面’能够提高信息管理水平，在反映现状的同时，能够对林业信息进行较深层次的信息开发和知识挖掘，为林业宏观决策提供可靠信息，满足宏观决策及时性、准确性的要求；另一方面，可以提升森林资源管理技术，使得信息交流更加畅通，能够将管理措施和要求与现时现地的森林资源经营情况紧密地结合起来，资源和管理信息真正落实到山头地块，为各级林业部门提供技术服务，满足实际工作需要。

7.3 “互联网+”技术

7.3.1 “互联网+”的含义和特征

通俗地说，“互联网+”就是“互联网+各个传统行业”，但这并不是两者简单的相加，而是互联网与传统行业融合并且将其改造成具备“互联网+”特征新模式的一个过程。“互联网+”是一种新的经济形态，通过将现代通信信息技术与各传统行业深度融合，发挥互联网在生产要素配置中的优化和集成作用，推动产业转型升级，不断创造出新产品、新业态与新模式，构建跨时空协同作业的新生态。

7.3.2 “互联网+”林业发展方向

随着互联网的普及和新一代信息技术的应用，互联网与各个传统行业跨界融合。“互联网+”林业要在“互联网思维”的指引下，运用移动互联网、云计算、物联网、大数据、“3S”技术、智能化终端等新一代信息技术，加快推动“互联网+”与林业行业深入融合和创新发展，运用“互联网+”的思维创新发展林业信息化建设思路，使林业信息化从零散的点的应用发展到融合的、全面的创新应用，实现森林资源的实时、动态监测和智慧化管理。

7.3.3 “互联网+”技术在森林资源监测中的应用

为推进“互联网+”技术在森林资源监测中的应用，浙江省自2013年起，组织技术力量进行专门攻关，应用“互联网+”技术，开发森林资源监测平台，提升森林资源一类样地调查和二类小班调查技术水平，形成了一系列自主知识产权产品。

2014年，浙江省首次采用基于无线专网技术移动终端样地数据采集系统，完成了国家森林资源连续清查工作。2015年，经过多次研讨和修改，与有关单位合作开发了移动端森林资源二类调查数据采集系统，并推广应用于浙江省新一轮的森林资源二类调查中，实现了森林资源数据的无纸化高效采集，是“互联网+”技术与传统林业技术融合的一次有益探索，是对传统森林资源监测技术的一次升级换代，为推进浙江省林业“互联网+”思维、大数据工程、智能型生产迈出了坚实的一步。

7.4 数据库技术

7.4.1 数据库新技术

随着计算机应用领域的不断拓展、硬软件和网络等新技术的发展和用户应用需求的提高，促进了数据库技术与网络通信技术、人工智能技术、面向对象程序设计技术、并行计算技术等相互渗透，互相结合，形成了当前数据库发展的新技术，产生了面向对象数据库系统、分布式数据库系统、数据仓库、知识数据库系统、模糊数据库系统、并行数据库系统、多媒体数据库系统、主动数据库等多种类型。同时，由于数据库技术被应用到不同的特定的应用领域，交叉结合又产生诸如工程数据库、演绎数据库、时态数据库、统计数据库、空间数据库、科学数据库、文献数据库等不同于传统意义上的数据库，形成新的纷繁多样的数据库系统。

7.4.2 林业大数据整合共享

整合共享现有的林业基础数据和各类林业专题数据，建立起一套符合浙江省实际情况的林业数据一体化管理平台，让林业数据的收集、存储、备份、纠错、更新、发布有一个统一标准与规范，形成统一的林业基础数据管理平台，实现林业信息资源的充分开发和利用，使得森林资源一体化监测成果实实在在地服务于政府管理、公众业务办理、领导决策需求。

7.4.3 林业数据库建设

林业数据库的基本对象是林业基础数据和各类林业专题数据，与地理信息有着直接的关系。森林资源、森林防火、生态公益林、森林病虫害、古树名木、湿地资源等林业专项业务无不与地理信息有关。因此，基于地理信息来表示林业信息，不仅能很好地反映林业信息的全貌，同时能反映出林业信息之间内在的联系，更能为林业管理和决策提供直观的数据。所以，建设林业基础数据库和各类林业专题数据库是林业信息化建设的重要任务。

7.4.4 林地一张图建设

全国统一部署的林地落界工作是进行林地保护利用规划的基础工程，林地落界方法正确与否，直接关系到林地保护利用规划成果的可行性与可操作性。为此，浙江省于2009年开展了县级林地落界工作，建立起以县域为范围，将林地及其利用状况落实到山头地块（小班），形成了县级林地“一张图”（林地图斑数据库），为全省各县（市、区）林地保护利用规划编制和全省林地“一张图”建设提供了本底数据。

为了推进林地“一张图”更新与应用，确保全省林地资源数据的现势性和时效性，浙江省陆续开展了林地变更调查工作。在2012年龙泉试点和2013年龙泉与安吉扩大试点的基础上，于2014年开展了全省范围的林地变更调查，进一步完善了林地变更调查的路径和方法，及时解决了关键技术难点，形成了科学实用的技术规程，历时一年多最终更新完善了全省林地“一张图”。

7.5 高新技术开发

7.5.1 移动端数据采集系统实例

森林资源一体化监测研究中，成功开发了两个移动端数据采集系统。一是浙江省森林资源一类调查数据采集系统，该系统是为快速实现浙江省森林资源一类样地监测数据的无纸化采集、成果统计等业务需求而开发的一套系统；二是浙江省森林资源二类调查数据采集系统，该系统是为高效实现无纸化浙江省森林资源二类区划调查数据的采集及专题图表制作等主要业务需求而开发的一套系统。

1．森林资源一类调查数据采集系统

该系统移动端负责一类调查因子的外业采集，主要应用于一类样地的实地调查，录入样地调查因子、拍摄实地照片、数据逻辑检查、调查因子自动计算等工作。主要业务功能如下：

1）样地号查询

点击样地号，弹出样地号菜单，列出分配给当前调查小组并且经过下发的所有样地；点击具体的样地，在地图窗口，被选择的样地居中在当前地图窗口。通过搜索窗口，输入样地号可以进行模糊查询，查询结果在样地列表中展示，如图7-1所示。

图 7-1　样地号查询界面

2）样地定位导航

选择的样地不在当前地图窗口时，使用样地定位，将当前样地居中到当前窗口。以选择的样地为导航目标，以当前地理位置为起始点，形成导航线和方向。使用样地导航时，在地图界面显示当前位置与目的地之间的距离和角度。绿色箭头指示方向为北，绿色虚线箭头为当前行进方向，当绿色虚线箭头和红色线几乎重合时，即行走方向是朝向目标方向的。

3）样地调查

样地调查是调查的入口，进入后可以看到样地调查表目录，如图7-2所示。样地调查表目录显示了当前样地的样地号、样地位置、出发时间，找到标桩时间、调查结束时间、返回驻地时间。从上到下、从左到右依次填写调查记录表，直至完成当前样地调查，转到下一个样地。

选择样地　自动计算　样地表目录　数据检查　照相　浏览照片

样地：13856　样地位于：杭州市,江干区,下沙街道,杭铁社区

样地调查记录表(封面)	样地内各地类面积权重记载表
样地位置图	引点位置图
引线测量调查	周界测量调查
样地因子调查	跨角林调查
每木检尺调查	平均样木(竹)调查记录
毛竹检尺调查	杂竹、四旁树调查
森林灾害情况调查	植被调查
下木调查	天然更新调查
复查期内样地变化情况调查记录	未成林造林地调查

图 7-2　样地调查表目录界

样地因子调查表中每个字段的录入，在弹出的字典面板录入界面可以查看该因子对应的技术规程，并且字典面板提供了一种快捷记忆方式，可以快速使用之前使用过该字段的历史记录，或者使用切换到全部来查找全部字典。字典在使用过程中可以使用代码过滤或者拼音首字母过滤。

图7-3～图7-6是样地调查中部分调查表的采集界面。

4）样地、样木拍照

样地拍照在样地调查表目录右上角，拍照后可以进行浏览，照片的名字可按照

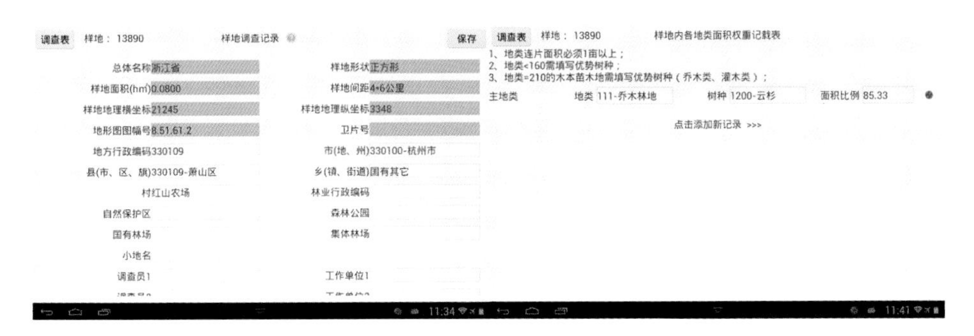

图 7-3 样地封面调查表和样地内各地类面积与权重记载表

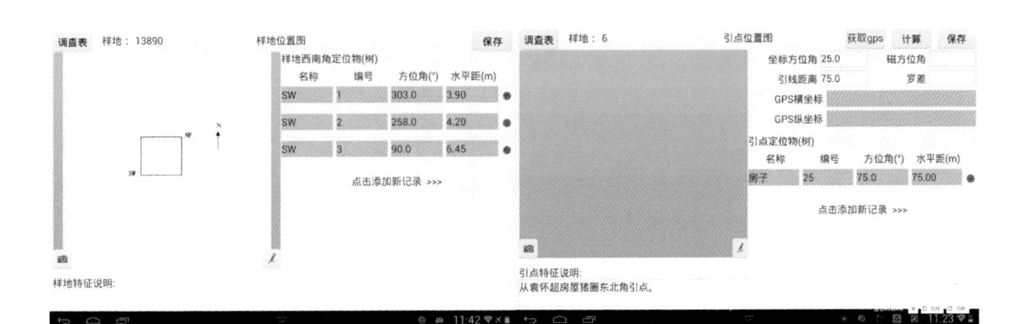

图 7-4 样地位置图和引点位置图

调查表 样地：13890 引线测量记录 保存

已测距离：(31.18) 剩余未测：(-31.18)

测站	方位角	倾斜角	斜距	水平距	累计
引-样	30.0	30.0	41.57	36.00	36.00

点击添加新记录 >>>

调查表 样地：13890 周界测量记录 保存

已测距离：(17.6) (10.68) (0.25) (13.98) (0.49) (-0.25) (-0.24) 剩余未测：(14.3) (28.28) (28.28)

测站	方位角	倾斜角	斜距	水平距	累计
1-2.1	359.0	0.0	17.60	17.60	17.60
2.1-2	359.0	0.0	10.68	10.68	28.28
1-4.1	89.0	0.0	14.30	14.30	42.58
4.1-4	89.0	0.0	13.98	13.98	56.56
2-1农田	179.0	0.0	0.00	28.28	84.84
3.1-3	359.0	0.0	14.28	14.28	99.12
4-3.1	359.0	0.0	14.00	14.00	113.12

点击添加新记录 >>>

周界绝对闭合差(m) 周界相对闭合差(%) 周界周长误差(m) 0

图 7-5 样地引线测量调查表和样地周线测量调查表

调查表　样地：13856　样地因子调查记录　获取gps　保存

样地因子	本期	前期	近期(2013)
2-样地类别	11-复测	复测	复测
3-纵坐标	3364	3364	3364
4-横坐标	21245	21245	21245
5-gps纵坐标	3363968	3363968	3363968
6-gps横坐标	21244946	21244946	21244946
7-区(县)代码	330104-江干区	江干区	江干区
8-地貌	6-平原	平原	平原
9-海拔(m)	8	12	12
10-坡向	9-无坡向	无坡向	无坡向
11-坡位	6-平地	平地	平地
12-坡度	0	0	0
13-地表形态		其他	
14-沙丘高度(m)	0.0	0	
15-覆沙厚度(cm)	0	0	

调查表　样地：13890　跨角林调查记录　保存

	1	前期	近期(无)	2	前期	近期(无)
面积比例	0.25					
地类	111-乔木林地					
土地权属	1-国有					
林木权属	2-集体					
林种	111-水源涵养					
起源	21-植苗					
优势树种	2200-马尾松					
龄组	2-中龄林					
郁闭度	0.63					
平均树高	6.9					
森林群落结构	2-较完整结构					
树种结构	4-阔叶相对纯					
商品林经营等	1-好					
可及度	2-将可及					

图 7-6　样地因子调查表和跨角林调查表

技术规定方式进行命名，存放在指定目录下，以样地为单位管理，一个样地一个文件夹，文件夹名称为样地号，内部存储样地照片以及该样地的样木照片。同理，样木拍照在样木位置图界面右上角（图7-7）。

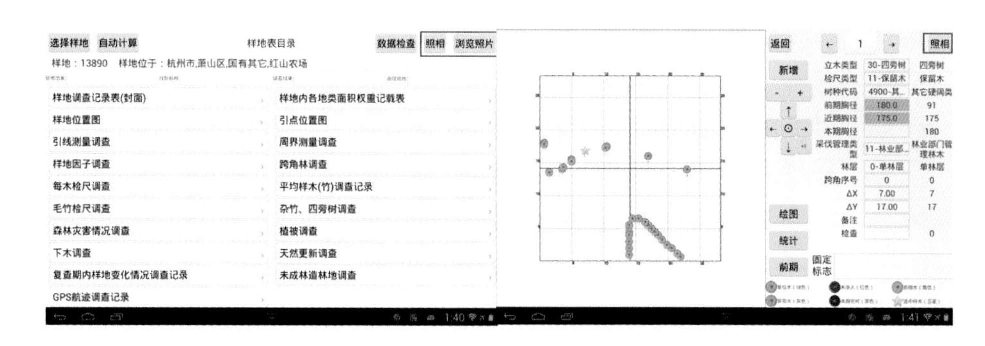

图 7-7　样地拍照和样木拍照

5）数据检查

数据检查是在样地调查全部做完之后，进行逻辑检查，有不符合要求的会列出，并自动跳转到对应调查表。错误的因子使用黄色标记，进行修改并保存后，点击调查表自动跳转到上一个界面，既可以进行下一条数据修改，也可以重新检查，如图7-8所示。

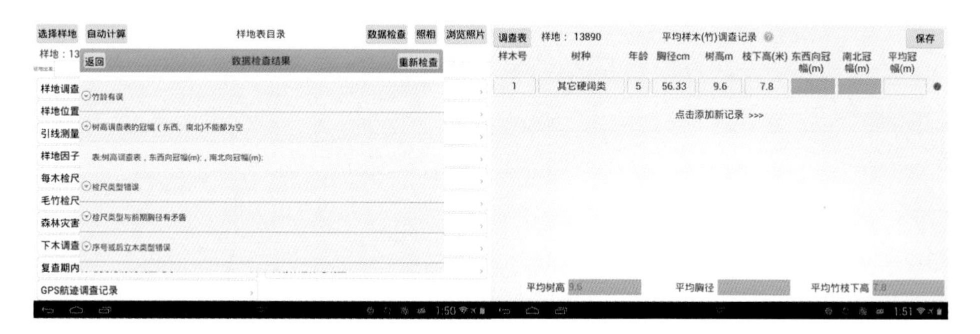

图 7-8　数据检查结果

6）自动计算

地类为乔木林且已完成每木检尺表调查，则计算优势树种的平均胸径；地类为竹林且已完成毛竹检尺调查，则计算毛竹林分株数和散生株数；四旁树和杂竹株数依据杂竹、四旁树调查记录进行计算；活立木株数依据每木检尺表中检尺类型（图7-9）。

图 7-9 数据自动计算

2. 森林资源二类调查数据采集系统

该系统移动端外业系统负责森林资源二类调查小班区划、矢量图形拓扑编辑、属性因子录入、数据逻辑检查等工作。主要业务功能如下：

1）配置工作空间

通过该界面中“主菜单”的下拉菜单，用户可以打开以乡镇为单位的工程文件，设置GPS定位点符号及颜色的参数，打开分幅栅格影像底图，实现外业工作空间的配

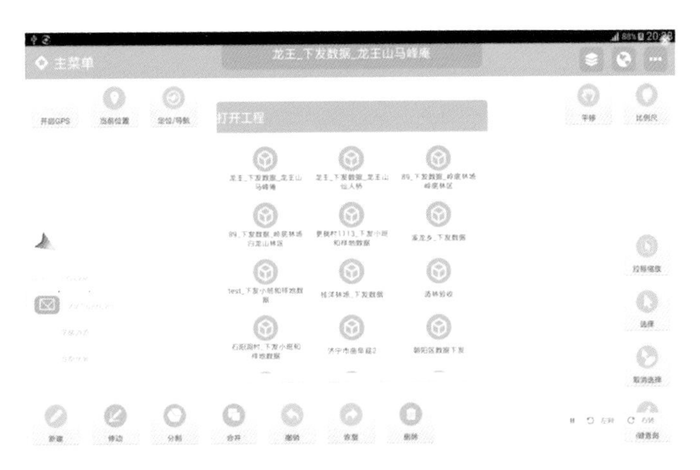

图 7-10 选择打开工程文件

置。图7-10为选择打开工程文件界面，图7-11为GPS参数设置界面和分幅调查底图选择打开界面。

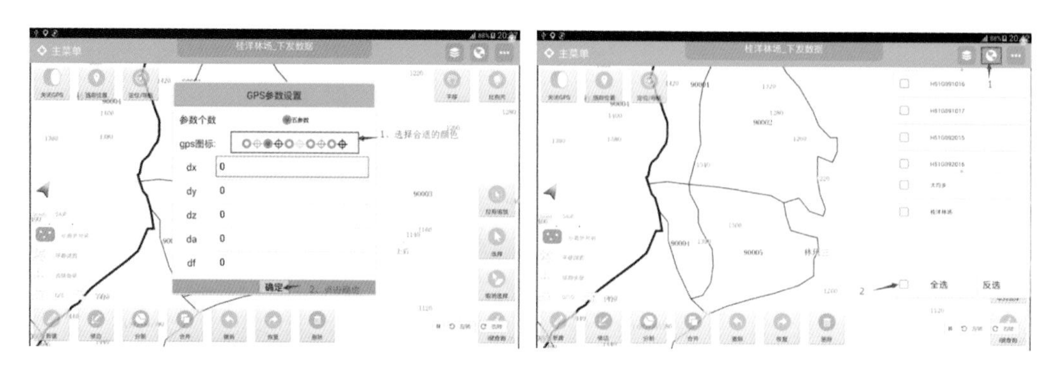

图 7-11　设置 GPS 参数和选择打开分幅调查底图

2）常用地图操作

常用地图操作实现GIS的一些基本功能，如提供地图平移、放大、缩小、全图显示、切换比例尺显示、拉框缩放、要素选择、图层设置等地图浏览功能。图7-12可以设置图层的可见性、可选择、可编辑、是否标注、拓扑和图层着色样式等图层属性。

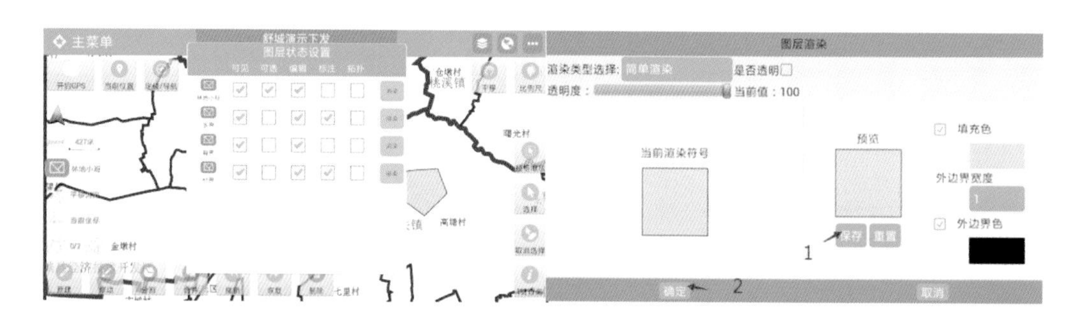

图 7-12　设置图层属性和设置图层着色样式

3）矢量图形编辑

修边使用在边界变化比较明显的斑块。使用修边功能可以保证不产生细缝或细碎面的情况下，保持相邻小班之间面积自动平差。通过选择一个小班，点击使用修边工具，会在地图主窗口弹出一个修边使用的工具条，选择触笔绘制修边线，完成修边操作，如图7-13所示。

分割使用在小班需要一分为二的斑块。使用分割功能可以将被分割小班按实际需要切分成多个小班，且保证分割前后属性保持不变。分割分为线分割和挖岛两种情况，如图7-14所示。

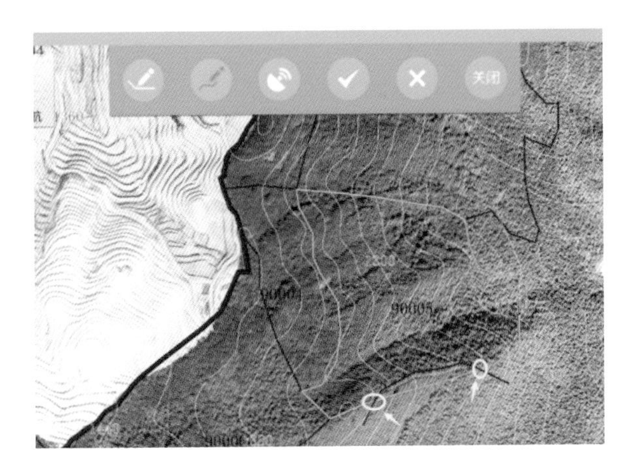

图 7-13　修边操作和线分割

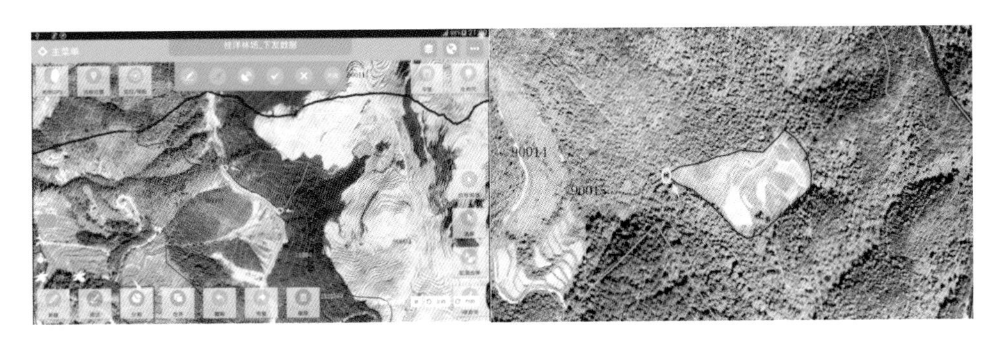

图 7-14　线分割和挖岛分割

合并使用在将两个或多个相邻小班合并为一个小班的情况。合并前将不需合并的图层关掉，选中两个目标小班，点击合并按钮，在弹出的选择属性框中选择一个预合并的属性进行合并，如图7-15所示。

图 7-15　挖岛分割和合并操作

4）二类调查因子采集

系统参考《浙江省森林资源规划设计调查技术操作细则（2014年版）》中小班调查表填写规则，对小班属性录入界面中各调查因子进行了预设置，红色为必填项，灰色为不可填项，空白为选填项。一旦用户完成必填项，通过系统自动计算功能，可实现不可填项批量赋值。一旦用户完成小班属性录入，通过系统数据质检功能，可实现小班调查因子的逻辑检查。

另外，考虑到森林资源二类调查外业实际调查需求，系统还具备树带调查、小班外片林调查、角规调查、标准地调查和散生、四旁树调查等功能。

5）数据批量检查

数据批量检查实现已完成小班查询、批量计算和数据逻辑检查等功能，如图7-16所示。

图 7-16　数据批量检查

7.5.2　县级森林资源管理信息系统研建

1. 系统简要概述

县级森林资源管理信息系统从现有监测体系成果的标准化、规范化管理入手，逐步扩展到各监测体系的其他方面，促进和带动综合监测体系建设。一方面需从单机走向网络，逐步实现网络化管理；另一方面需从单一数据管理走向属性数据、空间数据、图形设计与应用的一体化管理。为此，县级森林资源管理信息系统设计与开发，是在保证系统强大功能的基础上，实现较完善的林业专题应用功能，使之能够真正满足县级林业部门森林经营管理的实际需要。系统至少包含森林资源空间信息和属性信息的采集、处理、查询、分析、输出等功能，能够方便地制作专题图，能够快速进行空间信息和属性信息的双向查询，能够为管理者提供有效的辅助决策信息。

2. 系统总体目标

县级森林资源管理信息系统总体目标：以系统学、管理学和控制理论为指导，以采用“3S”技术结合先进的空间数据库技术、测绘技术和计算机技术为手段，以推进林业信息化建设为宗旨，以提升县级林业部门森林资源管理、监测水平及森林资源信息综合应用能力为重点，根据浙江省《县级森林资源管理信息系统建设规范》地方标准和浙江省林业厅颁布的相关技术规定，确立切实可行的技术路线，规范数据采集存储、交换管理、数据更新方式，建立起县级林业基础信息数据库，包括基础地理信息库、遥感数据库、森林资源数据库，实现森林资源管理的数字化、自动化和智能化，最终开发完成集多源数据于一体、资源信息丰富、运行高效、安全可靠、功能实用、操作简易的县级森林资源管理信息系统。

3．系统设计原则

系统开发是一个复杂的系统工程，为了使系统尽可能功能全面和系统优化，在充分考虑用户需求调查、国内外类似系统现状调查、相关资料收集和分析、建设方案设计等调查研究和综合分析基础上，重点根据征求到的用户意见制订建设方案，并交用户确认后再研究建立系统。以下是系统设计的原则。

（1）系统性原则：系统在技术指标、标准体系、产品模式、库体结构等方面具有系统性，与林业系统内已有数据库（森林资源二类调查数据库、基础地理信息库）具有良好的衔接性和相关性。

（2）先进性原则：充分利用当前先进和成熟的高新技术手段，采用先进的设计方案、先进的数据源、先进的生产技术和工艺流程，保证数据获取、建库、产品制作以及质量控制等过程科学、高效、系统稳定，并充分考虑软件、硬件的升级更新。

（3）实用性原则：系统的设计坚持实用性原则，以用户需求为目标，充分考虑界面简洁美观、操作简单、方便实用。

（4）标准化原则：系统研建过程执行浙江省《县级森林资源管理信息系统建设规范》地方标准，数据结构符合规范要求。

（5）现势性原则：通过县级森林资源动态监测和县级林地变更调查，建立起常态化的系统数据库维护更新机制，最大限度地保证数据库信息的现势性。

（6）安全性和保密性原则：基于合理的安全规划，充分考虑系统数据冗余和容错能力，建立规范的数据保密及备份备案机制，加强用户授权和数据安全。

4．系统关键技术

组件式GIS是系统建设的关键技术之一，是面向对象技术和软件组件技术相结合的系统，基本思想是把GIS的各大功能模块划分为几个控件，每个控件完成不同的功能。各控件之间以及控件与其他非控件之间，可以方便地通过可视化的软件开发工具集成起来，形成最终的应用。组件能够把GIS的功能模块化，具有比传统开发工具更

大的优势，主要体现在以下两个方面:

（1）更方便的GIS开发。使用组件技术进行软件开发时，每个组件能够集中实现某一特定的系统功能，组件的产生建立在严格的标准上，每个组件提供的API形式接口更易于学习，而且凡是符合标准的组件都可在目前流行的各种开发工具上使用，如VB、VC等。这些语言直接成为开发工具，增强了GIS软件的可扩展性，开发者可以不必再掌握专门的GIS二次开发语言，只用熟悉的通用集成开发环境，以及组件式GIS的组件就可以完成应用系统的开发和集成。

（2）强大的GIS功能。新的组件无论是管理大型数据的功能还是处理速度方面均不比传统软件逊色。小小的组件完全能提供拼接、裁剪、叠合、缓冲区等空间处理能力和丰富的空间查询与分析功能。

5. 系统总体设计

1）系统总体结构

系统的总体结构由三个层次组成，即数据支撑层、信息服务层和决策支持层。每一层完成各自的任务，并为上一层提供服务。数据支撑层的处理对象是数据，信息服务层的处理对象是信息，决策支持层的处理对象是知识。其中，数据支撑层是系统的基础，信息服务层是系统的关键，决策支持层是系统的核心。系统的层次特征如图7-17所示。

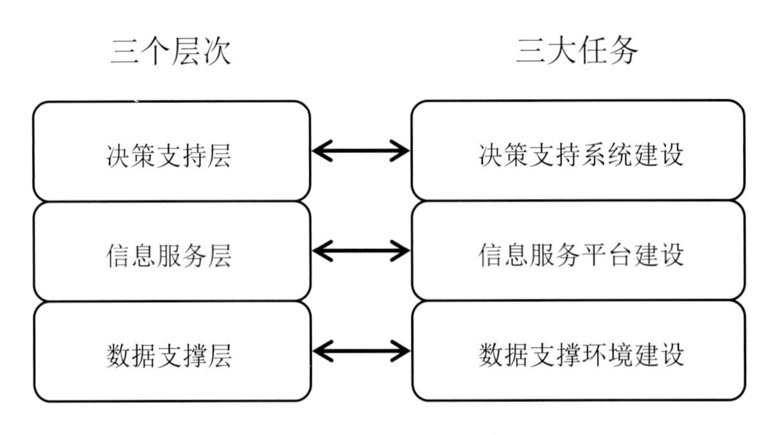

图 7-17 系统的层次特征

在数据支撑层中，关键技术是信息采集技术、数据汇集技术、数据存储技术与在线事务处理技术，重点是基础数据环境建设，目的是使数据极大丰富，实现数据共享，“数字化”是本层次的主要标志。在信息服务层中，关键技术是数据的整合、同化技术和分析技术，重点是信息服务平台建设，目的是使信息充分整合，实现信息服务，“集成化”是本层次的主要标志。在决策支持层中，关键技术是数据挖掘与知识发现技术、人工智能技术、专家系统等，重点是决策支持服务系统建设，目的是使知识高度精练，实现决策支持服务。“知识化”是本层次的主要标志。系统总体结构模型如图7-18所示。

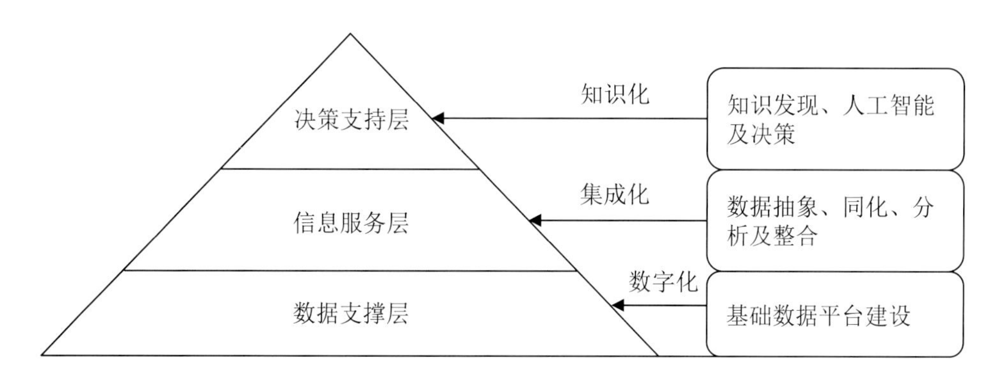

图 7-18 系统总体结构模型

2）系统总体布局

系统运行环境由计算机硬件平台、计算机软件平台、GIS平台等组成，如图7-19所示。系统的硬件平台主要由普通微机、图形输出设备和服务器组成。系统软件平台主要由操作系统、数据库管理软件等组成。GIS平台主要由GIS组件库及运行库组成。

系统是基于Windows平台的产品，集成海量空间地理数据和林业专题数据，系统运行对微机硬件要求较高。为了提高系统运行效率，充分发挥系统功能，使之更好地服务于森林资源管理日常工作，系统运行核心硬件平台（服务器端）尽量选择高配。

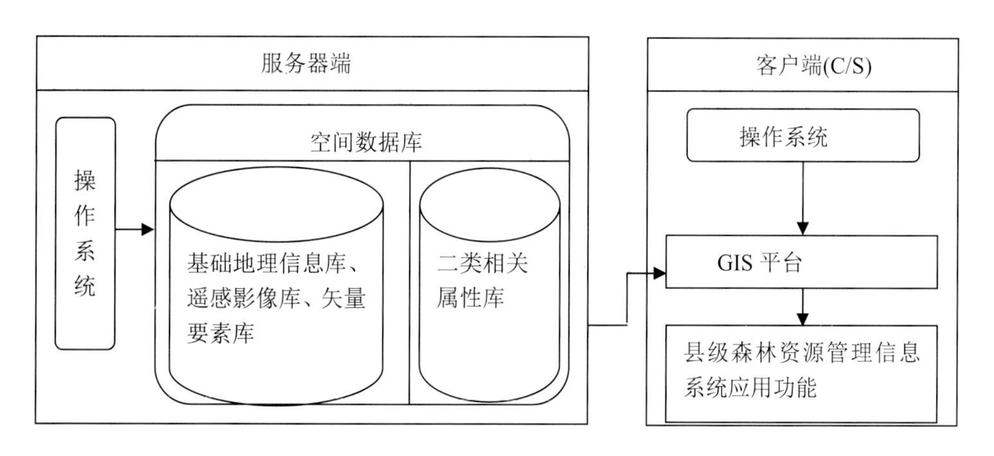

图 7-19 系统总体布局图

6. 系统功能模块

县级森林资源地理信息系统是一个集数据管理与成果应用于一体的森林资源管理

与动态监测专题地理信息系统，系统具备的各功能模块有：

（1）GIS基本功能模块。该模块实现图层控制、地图浏览、要素选择、信息标识、距离量测、面积测算、快速定位等功能。

（2）图形编辑功能模块。该模块实现增加点、线和面要素，通过增删或移动节点改变线或多边形要素形状，合并或分割同一层内线或面要素等编辑功能。

（3）图幅整饰功能模块。该模块按指定属性或空间分析结果设置图形着色、样式，按大小和样式加载标题、文字、南北指针和网络。

（4）专题图生成打印功能模块。该模块制作森林资源分布图、按乡镇或按村山林现状图等林业标准专题图，以及其他图件的生成、打印。

（5）查询分析功能模块。该模块实现图形到属性、属性到图形、图形到图形等多种查询检索方式。

（6）森林资源空间数据管理功能模块。该模块实现小班图形数据编辑、图形数据拓扑检查、属性数据编辑、属性数据逻辑检查；支持多源数据和常见GPS数据格式，实现对矢量、栅格图件的统一管理等功能。

（7）森林资源数据动态更新功能模块。该模块实现森林资源数据的年度更新，包括动态数据管理、历史数据管理、年度数据更新等功能。

（8）报表统计打印功能模块。该模块按照《森林资源规划设计调查操作细则》中的统计表格式要求，实现二类调查数据统计及报表输出功能。

（9）三维浏览功能模块。该模块以乡镇（街道）为单位，实现不同视角下的三维动态鸟瞰飞行展示功能。

（10）系统管理模块。该模块为系统管理员管理系统提供支持的功能：系统初始化、系统日志、元数据管理、数据导入导出、数据库备份与恢复等；对每一角色设置明确的使用和访问权限，提供多级安全权限管理功能。

参考文献

[1] 李建华. 基于三角原理的森林测高器研制与应用[D]. 泰安: 山东农业大学[博士论文], 2011, 19-25.

[2] 唐义全. GCG-I型光学测高器的结构原理与使用方法[J]. 林业资源管理, 1987, (2): 86-91.

[3] 张绍良, 杜丽雁. DQL-1型测树罗盘仪的设计与应用[J]. 林业资源管理, 1982, (4):48-50.

[4] 陈爱国. 多参数勃鲁莱氏测高器刻度盘[P]. 中国专利: 2347138, 1999-11-03. 2013-01-20.

[5] Cart B. Using laser technology for forestry and engineering applications[J]. Compiler, 1992,

10 (4): 5-16.

[6] 鄢前飞. 林业数字式测高测距仪的研制[J]. 中南林业科技大学学报, 2007, 27(5): 67-70.

[7] Hagl Sweden AB. VertexlV[EB/OL]. [2013-02-05]. http: // WWW.haglofcg.corn/index.php

[8]Clark N, Wynne R H, Sehmold t D L，etal. An assessment of the utility of a non-metric digital camera for measuring standing trees[J]. Computers and Electronics in A culture, 2000, 28: 151-169.

[9] 冯仲科, 徐祯祥, 杰林德·罗斯纳尔. 电子角规测树仪及自动测树方法[P]. 中国专利: 1570557, 2005-01-26.

[10] Petri R, Juha H, Hannu H, eta1. Calibration of laser-derived tree height e stimates by means of photogrammetric techniques[J]. Journal of Forest Resear ch, 2004, 19 (6): 524- 528.

[11]孟宪宇. 测树学[M]. 北京: 中国林业出版社, 2006, 230-236.

[12]董金伟, 李承水, 卢胜西, 等. 任意点不量距测高器的功能[J]. 山东林业科技, 1995, (6): 39.

[13]王宝钦, 赖惟亿. 两种测高器的改良使用[J]. 福建林学院学报, 1992, 12 (1): 75-82.

[14]李德仁. 论RS、GPS与GIS集成的定义、理论与关键技术[J]. 遥感学报刊, 1997, 1(1): 64-68.

[15]廉贵平. 利用“3S一体化”技术建立林业管理网络系统[J]. 内蒙古林业调查设计, 2005, 28(S1): 119-120.

第8章 成效与展望

近十多年来，浙江省在森林资源监测领域不断创新和实践，提高了监测的时间分辨率和空间分辨率，对构建森林资源一体化监测体系进行了有益探索，提出了森林资源一体化监测优化设计方案，初步建立了一体化监测体系运行和管理机制，取得了明显成效。

8.1 成效评估

8.1.1 率先提出省级森林资源一体化监测方案

近年来，国内有关专家提出了建立森林资源一体化监测体系设想，要求统筹森林资源监测工作，统一技术标准，创新监测方法，整合监测成果，形成国家和地方森林资源监测工作“一盘棋”，森林资源“一套数”，森林分布“一张图”，建成上下一体、服务高效的森林资源“一体化”监测体系。浙江省在总结2000年以来森林资源监测工作的基础上，在国内率先建设全省一体化监测体系，它以省、市森林资源抽样调查（一类调查）和县级森林资源小班调查（二类调查）为工作基础，以资源出数年度化，省、市、县上下联动化，相关工作协同化和监测技术信息化为特征，以“一个平台”、“一张图”、“一套数”为方向的森林资源监测体系，从而实现森林资源监测数据的科学、权威和一查多用。该体系方案紧密结合浙江省森林资源监测发展现状，围绕国家一体化监测总体要求和目标，创新性提出浙江省一体化监测的原则要求、工作目标、监测内容和指标、监测方法和路线图、高新技术运用、体系运行与管理。建设方案经省政府同意由省林业厅下发各市、县（市、区）政府及林业主管部门，为浙江省森林资源监测迈向一体化监测作出了科学、可行、先进的顶层设计。

8.1.2 有效构建了浙江省森林资源一体化监测体系

近十多年来，浙江省森林资源监测体系围绕出数年度化、省市联动化、市县联动化和县级动态监测目标，作了很多有益探索和实践，有效构建了全省森林资源一体化监测体系。特别是随着生态文明建设的深入推进，森林资源监测数据的应用范围不断拓展，监测指标与国民经济和社会发展、政府实绩考核、财政资金扶持、发展要素配置日益密切，进一步推动了森林资源监测的发展。在省、市联动监测，市、县联动监测方面取得了新发展，监测、考核、评价等多方面工作得到协同，充分体现了森林资源监测组织管理一体化、成果服务一体化的要求，为构建上达国家下至县里后可继续延伸的森林资源年度监测框架体系奠定了坚实基础，做到监测数据上下衔接、逐级控制、有精度保证，监测结果可测量、可核查、可报告。

8.1.3 研究解决了森林资源一体化监测关键技术

森林资源一体化监测体系是一项严密的系统工程，必然存在着一些技术难题，影响一体化监测工作的纵深推进，成为一体化监测的技术瓶颈。我们采取边实践边探研的方式，进行了针对性攻关研究，取得了明显成效，具体包括一体化监测技术方案顶层设计、森林资源一类与二类调查体系的控制与融合、林分生长率月际分布、无干扰小班林分生长率模型、林业与国土“一张图”的数据协同处理、“3S”集成的森林资源野外调查数据无纸化采集技术、一体化监测基础年的二类调查技术规程设计等，形成了系列专题研究成果和自主知识产权，这些关键技术的攻克为监测体系的顺利推进提供了技术支撑。

8.1.4 奠定了一张图、一套数、一个平台方向基础

为打造本底信息“一张图”奠定了基础。通过一体化监测技术研究，建立了森林资源小班基础年和监测年的基础数据库，形成了资源本底信息“一张图”数据基础，

再叠加遥感影像和基础地理信息，形成森林资源数据库、遥感影像数据库、基础地理数据库为基础的森林资源本底数据信息“一张图”平台。

为构建动态监测“一套数”提供了技术与方法。在资源信息“一张图”的基础上，整合林木采伐、林地使用、营林生产、森林火灾等业务管理系统，进行森林资源消长变化信息的及时采集和动态更新，掌握各类森林经营活动和非森林经营活动的变化情况，运用模型技术自动更新无干扰小班的资源数据，解决了一类调查与二类调查数据的对接难题，为实现森林资源年度监测“一套数”解决了关键技术难题。

为实现资源动态监测与管理提供了基础平台。以实现森林资源信息共享联动、管理互动为目标，对运用现代高新技术、规范资源数据的采集存储、交换管理、动态更新和管理服务技术进行了研究，为建立起省、市、县三级林业基础信息数据库，整合集成数据丰富、运行高效、安全可靠、功能实用、操作简便的森林资源监测管理信息系统奠定了基础，为统筹推进森林资源动态监测、年度出数、绩效考核、资产核算等工作任务，加快森林资源管理的数字化、自动化和智能化，推进森林资源管理“一体化”提供了基础平台。

8.1.5 显著提升了高新技术应用水平

进入新世纪，遥感、全球定位、地理信息系统技术在森林资源调查监测中得到迅速推广。浙江省从2002年开始利用GPS进行样地定位和复位找点，并同时作为质量监控的重要手段，在2004的连清复查中全面应用了全球定位系统，大幅度提高了样地定位精度。遥感技术（RS）应用上，彩色航片与高分卫片的应用越来越普及，为森林资源调查提供了高质量的图像信息。GIS应用上，主要是用于内业数据处理和图件制作等方面的应用和县级森林资源二类调查成果GIS平台建设。

通过自主开发，先后研制出一类样地野外调查移动端数据采集系统和二类小班野外调查移动端数据采集系统。这两个野外调查数据采集系统，集“3 S”技术与“互联网+”技术于一体，自2014年试运用后，进行不断改进完善，现已全面推广应用于野外数据采集和录入，实现了直接应用平板电脑进行无纸化调查和智能化作业，大大提高了调查精准度，减少了错误发生率。在研发两个野外调查数据采集系统的同时，还进一步研发了两个桌面端数据处理系统，实现了外业调查与内业处理的一体化作业，极大提高了数据处理能力和效率。

8.1.6 监测成果得到了广泛应用

（1）省级森林资源年度监测成果。监测成果每年在《浙江日报》上向社会发布公告，并为浙江省重大发展规划和林业行业规划提供了科学依据。如在《浙江省国民经济和社会发展十三五规划纲要》中，为制定森林覆盖率和林木蓄积量两个约束性指标提供科学依据；在《浙江省林业发展十三五规划》中，监测成果是森林覆盖率、森林保有量、林地保有量、林木蓄积量、森林植被碳储量目标设置的依据；其他专项规划如《浙江省林地保护利用规划（2010—2020）》《森林浙江建设规划纲要》等，监测成果均得到了广泛应用。

（2）省、市联动监测成果。浙江省对11个设区市主要监测成果，包括森林覆盖率及年增量、林地保有量年增量及增率、林木蓄积年增量及增率指标，被纳入省委组织部对设区市党政领导班子和领导干部实绩考核评价体系。省、市联动监测样地数据，作为建立市、县联动监测无干扰小班林分生长率模型的建模样本，为预估所辖各县渐变乔木林小班生长量提供了基础依据。

（3）市、县联动监测成果。市、县联动监测成果在市、县两级均得到应用。例如，杭州市监测成果从2009年起每年在当地主流媒体向社会公告，引起了较好的社会反响；湖州市、丽水市利用监测成果，率先编制了市、县两级森林资源资产负债表，起到了表率作用。

（4）县级动态监测成果。在林业日常管理和规划编制中，县级动态监测成果应用广泛。在生态考核方面，县级动态监测结果是省对26个县林业发展实绩考核的主要依据；监测成果为编制县级林地保护利用规划提供规划基数，是确定规划目标的重要依据。监测成果还是编制县级林业发展五年规划的依据，是对外发布使用的权威数据。动态监测小班数据，是编制采伐限额和县级森林可持续经营方案的基础数据。

8.2 今后展望

8.2.1 紧密结合现实需求丰富体系内涵

森林资源一体化监测，产出的是客观真实和丰富的森林资源信息。满足不同层面用户各个时期的工作和信息需求，是监测体系不断向前发展的原动力。今后随着生态文明建设的深入推进，森林资源监测信息必将成为国家生态文明建设、经济社会可持续发展、林业生态建设不可或缺的基础国情信息。

绿色发展要求和差异化绩效考核评价体系建设，需要森林资源监测体系不断丰富内涵以满足多方面信息需求。绿色是转型发展的重要导向，坚持走绿水青山就是金山银山的发展路子，需要建立差异化绩效考核评价体系。探索编制自然资源资产负债表，建立党政领导干部自然资源资产离任审计制度，也是国家提出的明确要求。目前浙江省已开展了森林增长指标考核工作，出台了市、县（市、区）党政领导班子和领导干部综合考核考评实施办法及其指标体系。今后，还将根据不同区域的主体功能定位，实行发展要求、评价指标和权重不同的差异化考核，进一步完善生态文明建设评价体系。

林业应对气候变化的职能和碳排放权交易的实施，需要监测体系不断适应和调整以适应形势发展要求。林业碳汇是应对气候变化的重要内容，在应对气候变化中具有特殊作用和巨大潜力，也是国际应对气候变化谈判的重要议题，为国家履行减排义务、维护发展权益作出了积极贡献。建设全国统一的碳排放交易市场，把林业碳汇纳入全国碳汇交易体系的市场机制，需要健全统计核算和评价考核制度，完善碳排放标准体系，这些对森林资源监测提出了新要求，森林资源一体化监测应与林业碳汇计量监测体系协同建设，满足林业碳汇计量监测的新要求，加强碳汇监测基础能力建设。

8.2.2　不断提升高新技术应用水平

现代科技发展日新月异，森林资源监测方法、监测手段必须跟上科技发展步伐，提高监测质量和效率，提高成果科技含量[1]。目前，卫星遥感[2]、航空遥感、卫星导航系统、地理信息系统、数据库技术及网络技术不断发展，应瞄准信息技术发展前沿，充分利用云计算、智能化、北斗卫星导航定位及通信等新技术，用于森林资源调查野外数据采集与内业数据处理工作，提高内外业工作效率。地面调查中，在试点可行基础上推广使用高精度手持罗盘仪、超声波或红外线测距仪、激光测高器、平板电脑数据采集器等先进调查装备，推动物联网、移动互联网、传感设备在林业资源、生态环境监测中的应用，全面掌握林业资源及其生态环境动态变化，实现林业资源动态监测和监管[3]。要以年度动态监测为目标，加快建设上下一体、互联共享、功能完善、安全可靠的森林资源监测管理平台，不断提升森林资源监测的科技含量和应用水平。

8.2.3　扩展监测内容实行森林资源综合监测

森林资源监测，要从目前侧重于森林面积和蓄积监测为主，逐步过渡到对整个森林生态系统的监测，向关注生态系统整体结构、系统功能及其综合效益转变[1]。要把森林及其生态状况视作一个整体功能系统，通过对已有各监测体系调查因子的增补扩充，研究建立森林生态系统监测指标和评价指标体系，科学揭示生物个体、环境各成分之间相互制约、相互影响的内在关系和整体功能与效益，为林业和生态建设过程控制、适时调整完善林业政策和措施，推进林业科学发展提供及时完整、全面综合的信息支撑。

森林资源监测，与湿地、野生动植物等林业自然资源监测内容相协调，构建林业自然生态系统综合监测体系。林业为人们提供了丰富的生态产品，湿地、野生动植物资源与森林资源实行协同监测，建立多资源、多目标、多效益的监测体系，通过对各项监测内容的科学融合和有效扩充，可实现林业自然资源和生态状况的全面监测，为林业决策提供全方位信息。

8.2.4 升级信息资源发展“智慧林业”

智慧林业是指充分利用云计算、物联网、大数据、移动互联网等新一代信息技术，通过感知化、物联化、智能化的手段，形成林业立体感知、管理协同高效、生态价值凸显、服务内外一体的林业发展新模式。智慧林业的核心是利用现代信息技术，建立一种智慧化发展的长效机制，实现林业高效、高质发展。智慧林业是智慧地球的重要组成部分，是未来林业创新发展的必由之路，是统领未来林业工作、拓展林业技术应用、提升应用管理水平、增强林业发展质量、促进林业可持续发展的重要支撑和保障[4]。

在森林资源监测领域发展智慧林业，一是推动数据标准统一和信息整合。加快林业应用系统融合、加快林业信息资源共享和加快林业数据标准规范建设，建立以林业自然资源为基础的相互协同的动态监测平台，为建立全省林业资源“一张图”奠定基础[5]。二是实现林业信息资源数字化。实现林业信息实时采集、快速传输、海量存储、智能分析、共建共享。三是实现森林资源感知化。利用传感设备和智能终端，随时获取需要的数据和信息，改变以往“人为主体、林业资源为客体”的局面，实现林业客体主体化。四是森林资源信息传输互联化。互联互通是智慧林业的基本要求，建立横向贯通、纵向顺畅，遍布各个末梢的网络系统，实现信息传输快捷，交互共享便捷安全，为发挥智慧林业的功能提供高效网络通道。五是实现森林资源信息系统管控智能化。利用物联网、云计算、大数据等方面的技术，实现快捷、精准的信息采集、计算、处理等；应用系统管控功能，利用各种传感设备、智能终端、自动化装备等实现管理服务的智能化。六是信息管理服务协同化。各政务部门、各业务技术部门等各功能单位之间应将信息应用、管理、服务进行有效协同，在协同中实现现代林业的和谐发展。

8.2.5 推进度量衡数表体系和规程体系建设

新编完善迫切所需的林业数表，修订、更新已不适用的林业数表，建设完整的林业数表体系；制定林业数表编制技术规程，统一数表编制技术，将林业数表及其编制技术方法纳入国家和行业标准化体系；建立林业数表管理制度，规范林业数表管理，实现林业数表系列化、标准化、规范化，切实满足森林资源一体化监测体系建设对林业数表和森林资源“度量衡”的需求[6]。完善一体化监测规程体系，编制森林资源一体化监测技术标准目录，为推进监测技术标准的系统化和系列化打下基础；完善高新技术支撑下的森林资源一体化监测技术标准，明确新技术应用的技术方法、技术要求和管理办法。

参考文献

[1] 肖兴威. 中国森林资源和生态状况综合监测研究[M]. 中国林业出版社, 2007.

[2] 张煜星. 遥感技术在森林资源清查中的应用研究[M]. 中国林业出版社, 2007.

[3] 王雪峰, 陆元昌. 现代森林测定法[M]. 中国林业出版社, 2013.

[4] 国家林业局.中国智慧林业发展指导意见.中国林业网http://www.forestry.gov.cn/2013年8月26日.

[5] 浙江省林业厅. “互联网+”林业行动计划——浙江省林业信息化发展“十三五”规划. 浙江林业网http://www.zjly.gov.cn/2016年9月9日.

[6] 闫宏伟, 黄国胜, 曾伟生, 等. 全国森林资源一体化监测体系建设的思考[J]. 林业资源管理, 2011, (5): 6-11.

第二篇

专题研究

专题 1

浙江省森林资源一体化监测体系方案的研究建立

【摘　要】从新时期森林资源监测要求上下各级联动、关联工作协同和年度出数的情况出发，在总结十多年监测实践的基础上，研究建立了浙江省森林资源一体化监测体系方案。按照“强基固本，应用引导，整体推进，上下联动，创新发展”的原则，明确了一体化体系建设的总体思路、建设目标和监测指标，确定省、市两级监测以抽样调查、县级监测以小班区划调查为基本方法，建立全省统一的监测框架体系和监测路线图，确保监测数据上下衔接、逐级控制、有精度保证，引导全省森林资源一体化监测朝着“一个平台”“一张图”“一套数”方向发展。方案厘清了基础年与监测年的不同作用和要求，使监测工作与考核、评价、审计等工作的关系进行了较好协同，突出了监测成果的服务能力。方案从搞好顶层牵引、打好工作基础、重视高新技术应用、把握好市级监测的关键节点和区分资源监测与绩效考核的不同要求等方面，提出了今后搞好森林资源一体化监测的具体建议。

【关键词】一体化监测；体系方案；森林资源；浙江省

随着经济的持续发展和社会的不断进步，林业被赋予的功能和作用正在发生深刻的变化。森林经营理念已由传统的木材生产为主转为生态建设为主，森林资源监测已从单一的森林面积、蓄积量监测为主向着多功能、多目标监测发展。形势的发展向森林资源监测工作提出了上下各级联动、关联工作协调和年度出数的新要求，森林资源一体化监测已成为摆在广大监测人员面前的一个重要议题。

1 问题的提出

森林资源是与国计民生息息相关的重要再生性自然资源，森林资源监测是林业重要的基础性工作。以美国、德国为代表的先进国家，经过长期的发展，形成了成熟有效的国家森林资源监测抽样体系框架，在监测内容上越来越注重森林生态和健康状况的调查[1,2]，在野外调查方面，先进设备、遥感技术的应用和森林资源多功能、多目标监测方面具有领先地位。在年度监测方面，国外也开始探索建立森林资源动态更新系统，利用森林生长模型和各种造林、采伐等资料，对数据进行滚动更新，以获得年度森林资源动态数据[3]。

我国的森林资源调查工作始于20世纪50年代初[4]，经过30多年的不断发展完善，至1982年，全国森林资源调查体系已逐步分为国家森林资源连续清查（一类调查）、森林资源规划设计调查（二类调查）和作业设计调查（三类调查）三种[3, 5]。森林资源一类调查，采用抽样调查方式，全国每年调查1/5省份，每5年轮查一回并出数；森林资源二类调查，采用小班区划调查方式，一般以县为单位每10年开展一次并出数；森林资源三类调查，是针对某个具体生产作业设计项目而进行的实测详查。显然，不同尺度的区域森林资源调查监测主要采用一类调查或二类调查的方式。

上述国内传统的森林资源调查监测方式，存在着数据信息时效性差、不同调查方式数据不相衔接、各层级监测工作联动性差等诸多问题，致使监测工作应变能力差、监测结果服务能力不强，难以跟上时代发展的需要。闫宏伟、刘华等提出了全国森林资源一体化监测的思路建议[6,7]，国内一些地方也做了相关探索研究，但尚未真正达到一体化监测的系统设计要求。

随着林业由木材生产为主向生态建设为主的转变，党和政府及社会公众对森林资源数据的时效要求也越来越高。在大力推进生态文明建设过程中，原有的唯GDP考核模式逐渐被打破，与生态文明建设有关的考核评价体系将逐步建立，给传统的森林资源监测工作带来了新的挑战。为科学指导省、市、县森林资源年度监测出数和相关考评工作，有必要对全省森林资源一体化监测工作进行顶层设计。

全省森林资源一体化监测，是指以省、市森林资源抽样调查和县级森林资源小班区划调查为工作基础，以资源出数年度化、省市县上下联动化、相关工作协同化和监测技术信息化为特征，以“一个平台”“一张图”“一套数”为方向的森林资源监测体系，从而实现森林资源监测数据的科学、权威和一查多用。

2 现有工作基础

近十多年来，浙江省在森林资源一体化监测方面做了较长时间的探索和实践，刘安兴在浙江森林资源动态监测体系[8]、张国江等在设区（市）森林资源联动监测体系[9]、陶吉兴等在杭州市、县联动年度化监测[10]、季碧勇等基于固定样地的县级动态监测建模[11]等方面作了相关基础性研究，形成了较好的工作基础，成为国内开展森林资源省、市联动年度监测的首个而且至今也是唯一的省份。

在省级年度监测方面，2000—2003年为起步探索阶段，采用抽取1/3省级连清固定样地（约1420个）进行复查的方式，探索研究了全省森林资源年度监测方法体系；2004—2011年为持续开展省级年度监测阶段，除国家连清年外，每年抽取1/3的连清固定样地进行复查，实现了省级年年出数、年年公告。自2012年起为省、市联动监测阶段，在对4252个省级样地进行全面复查的基础上，通过样地加密方法，将省级年度监测工作延伸到各设区市，实现了省、市联动森林资源年度出数，目前全省每年的样地调查总数已达到5375个。

在县级动态监测方面，自2005年开始进行县级森林资源动态监测试点，以努力解决县级森林资源年度出数问题。在连续开展三年试点后，2008年印发了《浙江省县级森林资源动态监测技术操作细则》，将全省分为三种类型县并提出了分类要求。目前以26个县（浙江省经济欠发达的26个县、市、区，下同）为重点的林业绩效考核监测工作已逐步进入常态化。

在市、县联动监测方面，2008—2012年，选择杭州市研创了市、县联动森林资源监测技术，市级采用固定样地抽样调查方法，县级采用抽取部分小班复位调查、模型推算、档案更新相结合方法，建立市级抽样控制下的县级联动更新森林资源年度监测体系，实现了市、县联动年年出数据。

3 总体思路方案

3.1 指导思想

森林资源一体化监测的指导思想是：以满足国家宏观决策和经济社会发展需要、服务于生态文明建设为宗旨，以“强基固本，应用引导，整体推进，上下联动，创新发展”为指引，努力拓展发展思路，改进技术手段，切实增强服务能力。从时代要求和浙江实际出发，制定统一的监测体系结构、调查方法以及合理的监测指标体系，将原有的多项森林资源调查关联工作有机地融合为一个整体，形成协同合力的“一个平台”，实现不同尺度森林资源监测成果的高度统一，产生多级协调的“一套数”“一张图”。要科学设计监测路线图，实现监测数据上下衔接、逐级控制、有精度保证；要厘清基础年与监测年的不同作用与要求，协同好监测工作与考核、评价、审计等工作的关系，努力扩大监测成果的共享；要高度重视高新技术的应用，着力改进野外数据采集的技术装备和内业数据与图像的处理分析能力。

3.2 原则要求

根据上述指导思想，在具体建设过程中，应遵循以下原则：

（1）强基固本，前瞻引领

夯实省、市两级森林资源监测以抽样调查（一类调查）、县级森林资源监测以小班调查（二类调查）为基本方法的工作基础，明确监测目标与任务要求，科学设计监测路线图，建立全省统一的监测框架体系，引领全省森林资源一体化监测工作朝着“一个平台”“一张图”“一套数”方向发展。

（2）上下衔接，逐级控制

全省森林资源一体化监测体系，必须上与国家森林资源连续清查体系相对接，下达县后可继续延伸至乡镇，省、市、县监测主线形成相互衔接的工作与技术体系，做到监测数据上下衔接、逐级控制、有精度保证，监测结果可测量、可核查、可报告。

（3）应用引导，持续开展

必须将监测工作与森林资源年度公告制度、林业绩效评价、政府实绩考核与离任审计、森林资源资产负债表编制、森林资源不动产登记等工作有机结合，努力增强监测成果的服务能力。同时，要建立开展持续监测的组织、技术与资金等保障机制，努力使监测工作成为常态化的年度性工作。

（4）因地制宜，分类要求

将调查工作分为基础年和监测年，一类调查每5年、二类调查一般每10年设置一个基础年。在基础年必须进行全面系统的调查，以建立新的森林资源家底；在各个监测年，抽取部分样地或小班进行复位调查，然后采用档案更新、模拟推算等方法进行监测出数。

（5）高效协同，一查多用

对各级森林资源监测工作及以监测数据为指标的各项考核、评价、审计工作，须进行有效的协同，尽量避免重复劳动，特别要避免外业调查数据的重复采集，努力实现外业数据与内业结果的一查多用。同时，要建立规范统一的森林资源信息管理系统，为今后整合林业信息管理系统提供基础本底。

（6）技术领先，创新发展

充分利用高清遥感影像、移动GPS等“3S”技术、移动端数据智能采集等“互联网＋”技术、海量数据存储加工等大数据技术、统计预测与控制等数据模型技术，用于野外数据采集与内业数据处理工作，提高内外业工作效率。同时，根据形势发展需要，应及时调整监测目标、内容与范围，创新监测理论和技术方法，不断提升监测水平和服务能力。

3.3 建设目标

根据森林资源一体化监测体系内涵和建设方向，确定如下两项建设目标：

（1）基于抽样调查理论，设计从省到市逐级加密样地的框架，采用地面调查为主、遥感监测为辅的技术方法，探索建立省市联动、上下一体的森林资源监测体系，实现省、市同步出数，为推进国家与地方监测的“一体化”提供经验和示范。

（2）以小班复位调查更新、档案更新和模拟推算更新为基础，设计受市域抽样控制的县域森林资源动态监测技术，解决市、县两级森林资源一类监测与二类监测数据的控制、相容与可比问题，逐步建立省、市、县三级同步的连续监测体系。

3.4 主要任务

从森林资源一体化监测成果的服务范围，确定其主要任务为：

（1）每年更新森林资源及生态状况家底数据，并向社会进行公告。

（2）为开展各级各类森林资源增长情况实绩考核提供框架、方法和依据。

（3）为开展领导干部森林资源资产离任审计和森林资源资产负债表编制提供依据。

（4）为森林资源不动产登记提供依据。

（5）为有关规划性、决策性、考核性、评估性工作提供依据。

（6）其他必要的工作任务。

3.5 监测指标

森林资源一体化监测指标的建立，既要满足森林面积、蓄积量监测的常规性要求，又要充分体现森林生态多功能和多目标监测的发展需要，据此确定以下监测指标与内容（表1）。

表1 森林资源一体化监测指标体系

序号	指标名称	指标内容
1	森林资源数量指标	森林、林木和林地的面积、蓄积量、结构，包括乔木林按龄组、起源、林种、树种组的面积和蓄积量，竹林、经济林、灌木林的面积与类型等
2	森林资源质量指标	乔木林的树种类型组成、单位面积蓄积量、单位面积生长量、平均胸径、平均郁闭度等
3	覆盖率指标	分为不含一般灌木林的森林覆盖率（国家现口径），含一般灌木林的森林覆盖率（国家原口径，浙江省沿用至今）两种；平原地区可采用林木覆盖率指标
4	森林资源动态指标	林地面积、森林面积、活立木总蓄积量、森林蓄积量的生长量、消耗量、净增量、净增率等
5	森林生态状况指标	森林群落结构、森林自然度、森林健康、森林灾害各等级的面积分布与比例，森林生态功能指数等
6	森林碳汇功能指标	森林生物量、森林碳储量、森林年固碳、森林年释氧及其变化动态等
7	森林生态服务功能指标	森林涵养水源、固土保肥、固碳释氧、净化大气、积累营养物质的实物量、价值量，森林生物多样性保护、森林游憩的价值量等

3.6 监测框架

森林资源一体化监测体系，以年度监测为核心，纵向上要求省、市、县联动一体，横向上要求相关工作互相协同，手段上要求以信息技术为依托。由于监测方法的不同，省、市、县三级联动又进一步分为省、市联动与市、县联动两个部分。因此，省市联动框、市县联动框、相互协同框和信息技术框四者共同构成了全省森林资源一体化监测框架（图1）。

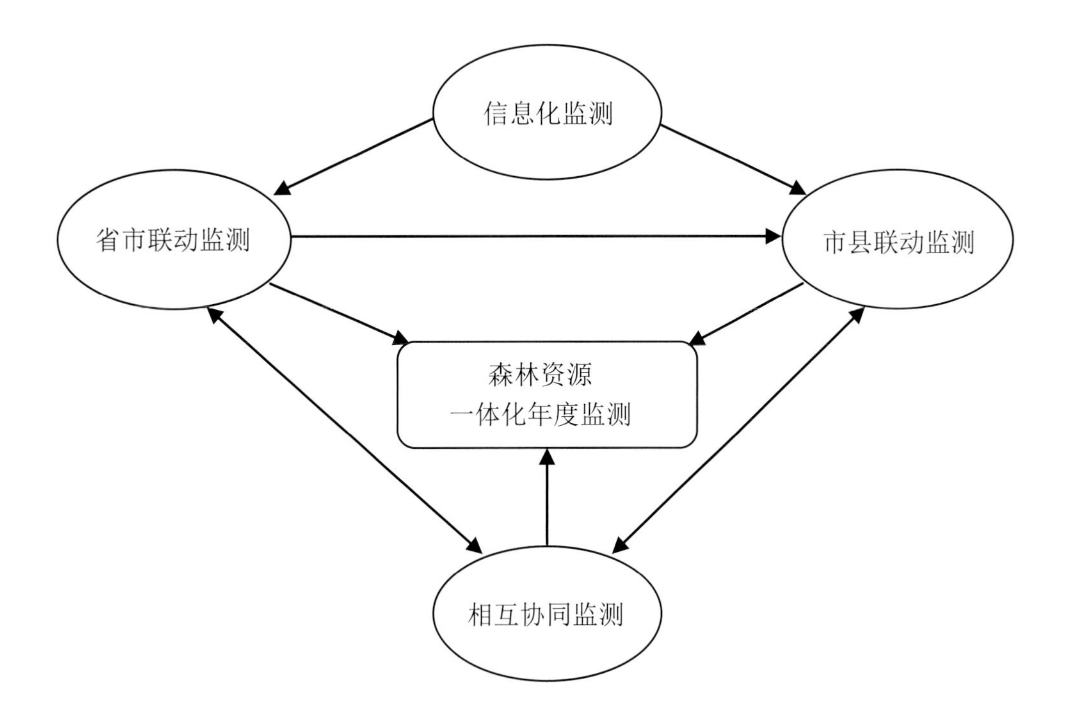

图 1 森林资源一体化监测体系框架图

4 抽样设计与监测方法

4.1 省级森林资源年度监测

采用抽样调查监测方法。森林资源抽样调查俗称一类调查，省级抽样设计精度要求：按95%的可靠度，森林面积精度要求达到95%以上，活立木蓄积量精度要求达到90%以上。据此全省共布设4252个样地，这4252个样地同时也是国家连续清查体系在浙江省内的布设样地。单个样地面积为800平方米，形状为正方形，边长28.28米×28.28米。对每一样地需确定地类进行每木检尺调查等。浙江省自1979年建立森林资源连续清查监测体系以来，每次复查的结果精度均超过了设计要求，如2014年的连清复查精度结果分别为：森林面积97.52%，活立木蓄积量95.83%。不论各设区市样地如何加密，规定各年度的省级森林资源与生态状况均依据4252个样地进行出数。

4.2 市级森林资源年度监测

采用抽样调查监测方法。在对全省总体4252个样地进行复查的基础上，进一步将11个设区市作为副总体，通过样地加密方法，将省级森林资源年度监测工作延伸到各设区市，形成省、市联动监测体系。各市副总体设计精度要求原则上低于省总体5个百分点，即森林面积精度要求达到90%以上，活立木蓄积量精度要求达到85%以上（湖州市为80%以上，嘉兴、舟山两市不作要求）。根据2009年国家连清时的各市森林面积与活立木蓄积量变动系数，按设计精度要求测算各市所需的地面样地调查数量，目前各设区市共加密地面样地1123个，全省地面样地调查总数已达到5375个，从而实现了省、市联动森林资源年度出数。同时，拟对嘉兴、舟山两市副总体森林面积监测辅以遥感抽样监测方法，两市共布设遥感抽样监测样地5151个（表2）。

表 2　各市监测样地设计数量与精度预估

市　名	设计精度（%）		地面样地（个）			遥感样地（个）		预估精度（%）	
	森林面积	林木蓄积量	现有省样数	增设样地数	样地总数	样地数量	间距（千米×千米）	森林面积	林木蓄积量
全　省	95	90	4252	1123	5375	5151		97.74	95.83
杭州市	90	85	692	0	692			94.51	88.86
宁波市	90	85	368	211	579			91.74	85.09
温州市	90	85	471	0	471			91.55	86.23
嘉兴市	90	—	165	370	535	3885	1×1	92.56	76.39
湖州市	90	80	241	236	477			91.26	80.76
绍兴市	90	85	338	76	414			90.10	85.01
金华市	90	85	451	0	451			92.57	88.11
衢州市	90	85	371	72	443			93.23	85.45
舟山市	90	—	49	115	164	1266	1×1	93.90	75.61
台州市	90	85	388	43	431			91.43	85.98
丽水市	90	85	718	0	718			95.84	90.93

由于省与市年度监测的外业调查，通过省、市联动监测体系同步完成。就省整体而言，每年的外业调查时间保持在4～10月间完成，不存在明显的时间误差；但就某个具体设区市而言，各年度的调查时间段并非完全一致，存在着调查时间误差，需要通过年生长率的月际分布研究进行校正。

4.3　县级森林资源年度监测

采用小班区划调查方法。小班区划调查俗称二类调查，又称规划设计调查，将二类调查年作为基础年，一般每10年设置一个基础年，两轮二类调查间隔期内各年度作为监测年。基础年应进行全面系统的实地调查，建立新的森林资源家底数据；各个监测年以基础年小班为基本变更单元，采用复位调查更新、档案更新、模拟推算更新等方式，进行小班数据逐年更新和逐级汇总，形成新的森林资源年度监测数据。

为了加强对县级森林资源年度监测数据的质量管理，各设区市可对所辖县的森林资源年度监测数据进行总体精度控制，从而形成市、县联动监测体系。市对县的控制，是市级一类调查数据对县级二类调查数据的控制。当县级二类合计数落在市级区间范围时，可确认县级二类数据；否则需进行补充调查、修正甚至返工，直至落到区间范围。若一个设区市内不是所有县同步进行动态监测或档案数据更新时，则市级无法对县级进行数据控制。

上级部门针对县级更新成果的核查，地类或森林类型的面积核查，可设置一定数量的面积为若干平方千米的大样地（如2千米×2千米），利用近一年内的高分辨率遥感资料并结合一定比例的地面调查（如每一个2千米×2千米大样地内，选取0.5千米×0.5千米斑块进行实地调查），获得大样地范围内的地类或森林类型面积变化数据，按变化率大小来推算面积数据的年度变化[12]；对于蓄积量核查，可检查其档案管理制度并依据分布在该县的固定样地监测数据及资源消耗与枯损调查分析数据等，对档案更新质量、生长更新模型的准确性等进行复核评价。

5 监测路线图设计

根据省、市、县联动监测、年度监测和相关工作协同监测要求，分别对省、市联动年度监测，市、县联动年度监测和相关工作协同监测进行路线图设计。

5.1 省、市联动年度监测路线图

省、市联动监测根据抽样理论设计，以省总体森林资源年度监测工作为基础，对设区市副总体进行样地加密调查，形成了起自国家连续清查体系，省市联动、上下一体的抽样调查监测体系。

省、市联动监测样地野外调查一次性完成，再对省总体和11 个副总体分别组织调查样地，按抽样调查数理统计方法进行数据处理，省总体得到完整的森林资源与生态状况指标数据，各设区市副总体主要得到几大考核性指标数据。对于市级小面积地类指标，如未成林造林地、火烧迹地、采伐迹地等，由于精度较低，难以提供准确的指标数值。

省、市联动年度监测主体工作路线如图2所示。

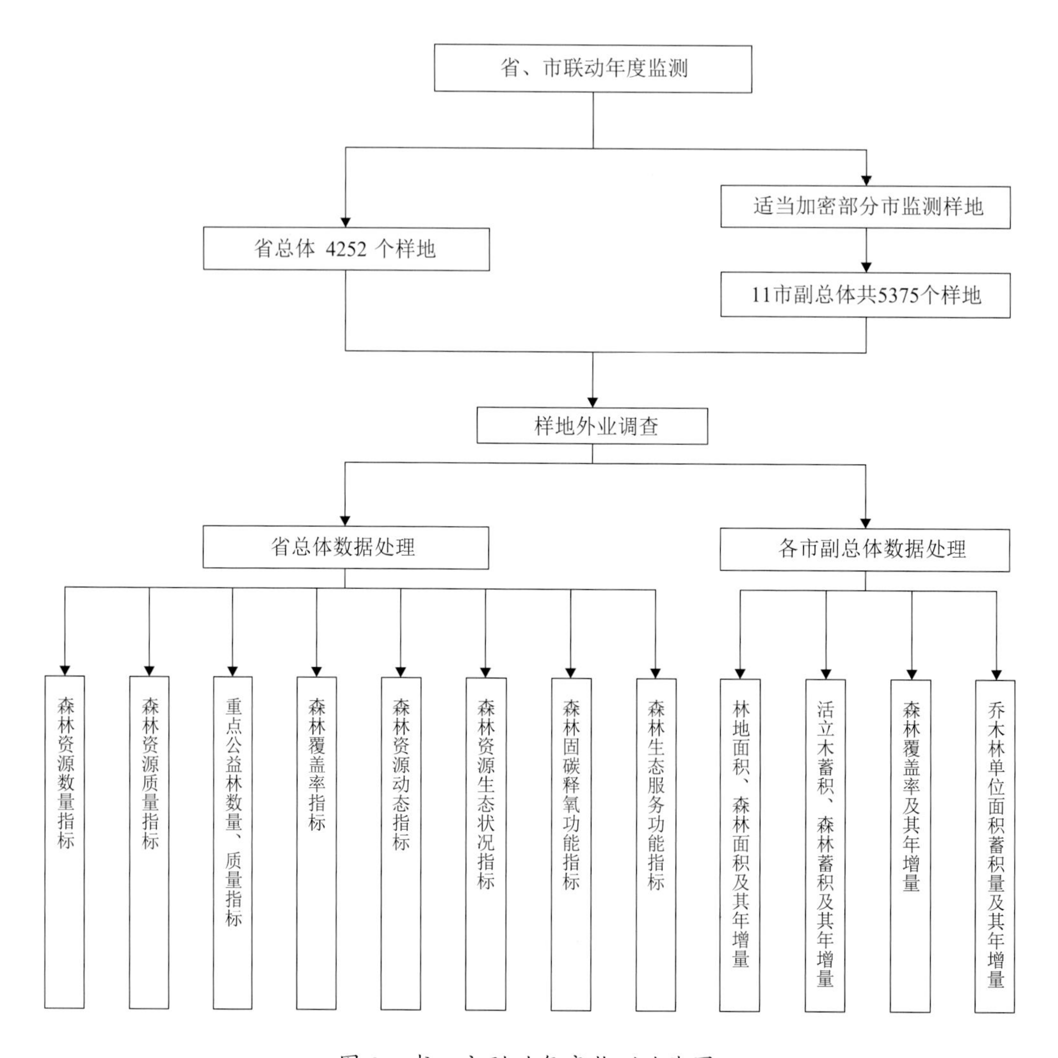

图 2　省、市联动年度监测路线图

5.2　市、县联动年度监测路线图

市、县联动监测是对省、市联动监测的承启，通过市、县联动监测，形成了完整的省、市、县一条龙监测体系。市、县两级监测以固定样地为纽带，通过市对所辖县的森林资源年度监测数据进行总体精度控制，形成市、县联动控制体系。同时，也为县级二类调查小班更新生长模型提供基础建模数据，从而实现了一类调查监测数据与二类调查监测数据的对接[9]。在市、县联动监测中，不论是市级监测还是县级监测，都要分为基础年和监测年。基础年需开展全面系统的外业调查，得到完整的森林资源指标数据；监测年则对其中部分样地或小班进行调查，以基础年数据为基点，通过动态更新技术监测出数，主要得到几大考核性指标数据。

在市、县联动监测体系层级上，分为市级抽样控制调查监测和县级二类调查动态更新两个层级。市级抽样控制调查监测以宏观性监测为主，主要是对全市总体和各县副总体监测进行总体精度控制和趋势性变动分析[9]。县级二类调查动态更新，主要是通过与市级抽样控制调查的联动，采用不同的数据更新方法，对县级森林资源二类调查数据进行年度滚动更新。

市、县联动年度监测主体工作路线如图3所示。

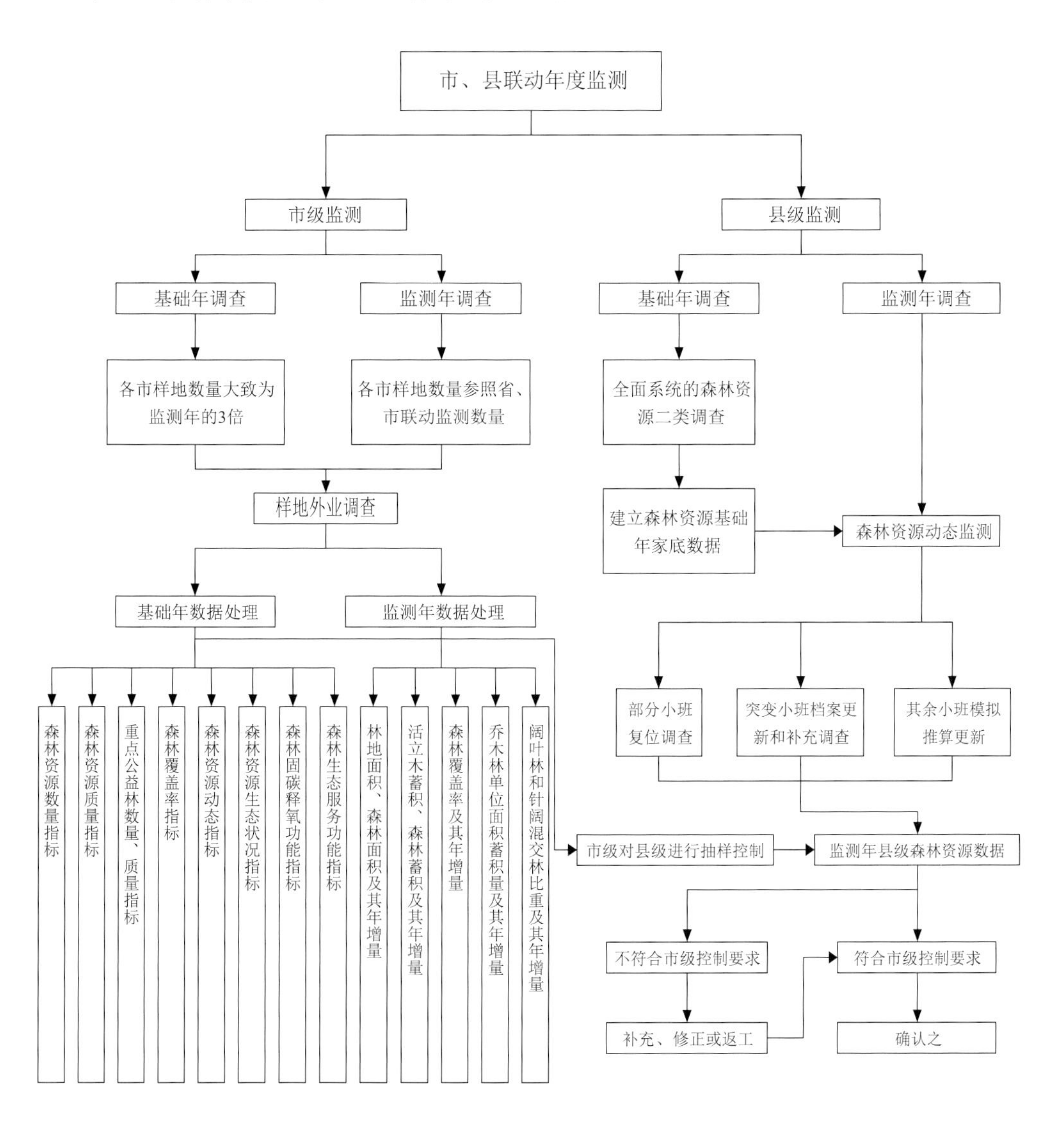

图 3 市、县联动监测路线图

5.3 相关工作协同监测路线图

森林资源协同监测，是对多个与之相关联的工作，通过整体部署和精心安排，特别是对基础数据采集工作的整体安排和运筹，以减少实际工作中的多头部署和重复调查，实现数据成果的一查多用。

协同监测以协同管理为前提。通过协同管理优化，可以解决“资源孤岛”、“信息孤岛”、“应用孤岛”三大问题，能把局部力量进行合理地排列、组合，将各种分散的、不规则存在的资料信息融合成一个综合“信息源”，对每项信息节点依靠几种业务逻辑关系进行关联，为各自的目标进行协同运作，通过各种资源的开发、利用和增值以充分达成共同的目标[13]。为此，要对各业务环节进行充分地整合并纳入统一平台进行管理，任何一个业务环节的动作都可以轻松“启动”其他关联业务的运作，并对相关信息进行及时更新，从而实现资源的优化整合、分工协作，实现相关业务之间的平滑链接。

在建立森林资源一体化协同监测“平台”后，进行“一套数”与“一张图”的推进过程中，林地“一张图”可以担当起重要角色。在以森林资源二类调查成果为本底建立的包括遥感影像、地理信息、林地图斑与林地属性信息为一体的林地“一张图”管理系统中，通过设立林地“一张图”图斑与森林资源监测小班、经营档案小班、作业设计小班以及地籍管理小班等的内设接口[5]，能够十分方便地进行森林经营档案管理、森林资源数据更新和各项规划与作业设计，开展各项考核、评价工作，产出统一的“一套数”和“一张图”。

协同监测管理，包含多层次协同管理和多业务协同管理两个方面[13]。多层次协同管理主要涉及省、市、县三个监测层次的管理，须做好省、市联动与市、县联动两条监测路线的协同。多业务协同管理，目前正在开展的业务工作主要有：国家林业局森林资源省、市联动监测试点省项目，省级森林资源与生态状况年度监测，省对市级党政领导班子和领导干部实绩考核，省、市对县级森林增长指标考核，省对26个欠发达县林业绩效考核、林地年度变更调查等。

协同监测路线图应该是个开放的路线图，相关工作根据任务变化可以随时进行调整，目前其主体工作路线如图4所示。

6 对策建议

通过对浙江省森林资源一体化监测的目标体系、指标体系、抽样控制体系和监测

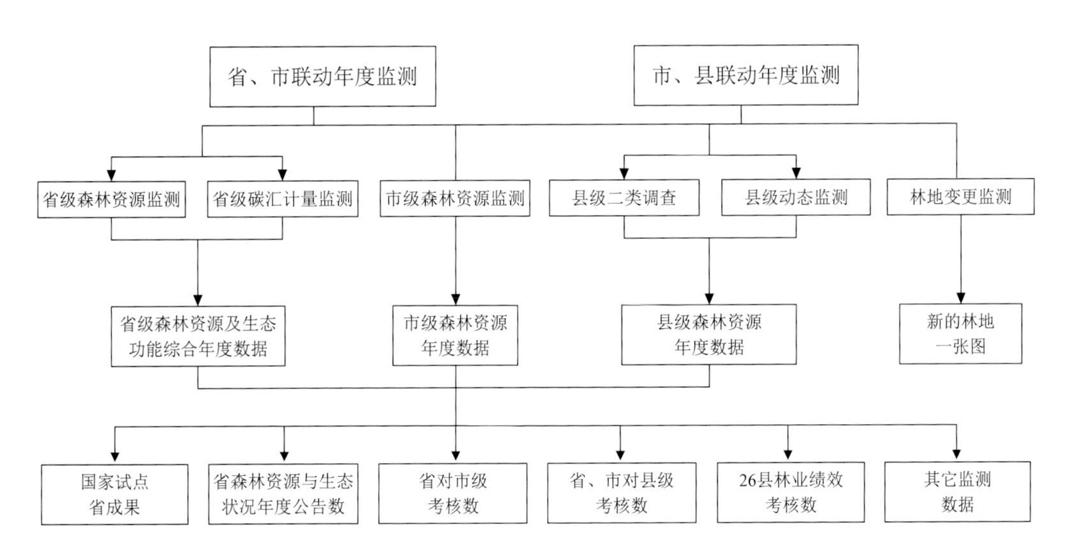

图 4 相关工作协同监测路线图

路线图的设计，形成了纵向联动、横向协同的监测平台体系，统一的方法体系和监测数据逐级控制体系，能够实现省、市、县年度监测和联动监测，实现多项关联工作的协同管理，使森林资源监测的一张图和一套数成为现实，将促进浙江省的森林资源监测工作朝着一体化监测方向发展。

总结浙江省10多年的监测工作经验，在森林资源一体化监测推进过程中，应着重做好以下几个方面的工作：

（1）要做好顶层设计

一要做好整体方案的顶层设计，明确目标、任务和责任，按照技术路线图规范、有序地开展工作；二要建立省级总体部署，带动市、县联动开展的工作机制，省级层面必须下大工夫、花大力气、加大投入，从行政、技术、资金等方面确保项目的常态化持续运作；三要建立应用引导型工作机制，将监测工作与森林资源年度公告制度、林业绩效评价、政府职绩考核、自然资源资产负债表编制等工作有机结合，扩大成果的应用范围，提升项目的生命力；四要协同好相关工作的关系，为了减少工作重复、做到一查多用，需进行系统协调、有机整合，以形成协同推进的互动局面，提升工作成效，扩大成果共享。

（2）要做好基础工作

森林资源一体化监测的工作基础，反映在业务建设和能力建设两个方面。业务建设方面应做好以下三项基础性工作：①省级森林资源一类年度监测，这是整个监测体系的工作龙头；②县级森林资源二类基础年调查，这事关能否为县级动态监测提供新的可靠的资源本底基础；③县级森林资源档案管理制度，这是县级动态监测最基础、最不能缺省的工作环节。能力建设方面，集中体现在监测队伍与机构的建设，特别要加强基层人才的培养和监测机构的专职化，尽快建立各级专业队伍和专门监测机构，形成常态化运作机制。

（3）要重视高新技术的应用

要充分利用高清遥感影像用于二类调查的小班区划和面积类指标调查，提高调查效率和数据的准确性；充分利用移动端数据采集技术，实现森林资源数据的无纸化调查，大幅提高野外调查的智能化水平；充分利用基础地理信息和计算机技术，建立森林资源动态数据库，提升数据处理与图件制作和数据管理水平；充分利用林业“一张图”与国土“一张图”的叠加分析，合理厘清林地的管理属性，科学开展林地变更调查；充分利用模拟更新技术，对那些处于自然消长状态的小班进行属性数据推算更新，获得森林资源年度动态数据。

（4）要把握好市级监测这个关键节点

市级监测采用抽样调查方式，也区分为基础年和监测年，每5年设置一个基础年。监测年样地数量为基础年的1/3，面积因子采用马尔可夫链转移模型估计，蓄积因子则采用回归估计方法。本方案设想将省、市联动监测中的市级调查样地，作为市、县联动监测中的市级监测年样地，而市级基础年样地可在此基础上扩展3倍进行设计。这样既做到了市级监测与省级监测的对接和市级监测对县级监测的数据控制，又避免了市级样地的重复调查，使市级监测真正发挥承上启下的作用。

（5）要区分好资源监测与绩效考核的不同要求

本研究从资源监测的整体要求对全省森林资源一体化监测方案进行了系统设计，如果单纯出于林业绩效考核需要，针对的是林地面积、森林面积、活立木蓄积量、森林蓄积量、森林覆盖率等几项大指标，监测年工作要求可适当降低，不必要求资源数据的整体出数。各设区市几大项指标数据可直接通过省、市联动监测获得。县级绩效考核，突变小班可采用补充调查基础上的档案更新方法，渐变小班可直接进行模拟推算更新，然后统计汇总出几大项指标数据。至于市级基础年调查和县级监测年抽取一定比例的小班复位调查工作，可不作统一的要求。

参考文献

[1] 叶荣华. 美国国家森林资源清查体系的新设计[J]. 林业资源管理, 2003, (3): 65-68.

[2] 马茂江, 张文, 万国礼, 等. 德国与我国森林资源调查监测对比分析[J]. 四川林勘设计, 2008, (3): 48-50.

[3] 邓成, 梁志斌. 国内外森林资源调查对比分析[J]. 林业资源管理, 2012, (5): 12-17.

[4] 肖兴威. 中国森林资源与生态状况综合监测体系的战略思考[J]. 林业资源管理, 2004, (3): 1-5.

[5] 周昌祥. 我国森林资源规划设计调查的回顾与改进意见[J]. 林业资源管理, 2014, (4): 1-3.

[6] 闫宏伟, 黄国胜, 曾伟生, 等. 全国森林资源一体化监测体系建设的思考[J]. 林业资源管理, 2011, (6): 6-11.

[7] 刘华, 陈永富, 鞠洪波, 等. 美国森林资源监测技术对我国森林资源一体化监测体系建设的启示[J]. 世界林业研究, 2012, 25(6): 64-68.

[8] 刘安兴. 浙江省森林资源动态监测体系方案[J]. 浙江林学院学报, 2005, 22(4): 449-453.

[9] 张国江, 季碧勇, 王文武, 等. 设区市森林资源市县联动监测体系研究[J]. 浙江农林大学学报, 2011, 28(1): 46-51.

[10] 陶吉兴, 张国江, 季碧勇, 等. 杭州市森林资源市县联动年度化监测的探索与实践[J].林业资源管理, 2014, (4): 14-18.

[11] 季碧勇, 张国江, 赵国平, 等. 基于固定样地的县级森林资源动态监测方法[J]. 林业资源管理, 2009, (5): 50-53.

[12] 曾伟生. 全国森林资源年度出数方法探讨[J]. 林业资源管理, 2013, (1): 26-31.

[13] 刘永杰. 森林资源协同管理应用系统建设研究[J]. 林业资源管理, 2013, (6): 162-167.

专题 2

森林资源一类清查与二类调查数据的控制与融合

【摘　要】在同时开展省、市森林资源一类调查与县级二类调查的地方，省、市两级往往同时并存着一类调查数据和所辖县二类调查加合数据，出现了令人纠结的二套数现象。为了解决二套数问题带来的不解和造成的不便，本专题在分析一类与二类两个调查体系的方法基础、方案设计、适用范围、数据特性和服务适用性的基础上，就一类调查与二类调查数据的控制与融合问题作了深入研究，阐述了一类调查对二类调查的三种控制形式和一类调查与二类调查的两种融合方式，并对每种控制形式和融合方式进行了实证分析研究，提出了各自的适用范围，从而有效解决了一类调查与二类调查科学对接的关键技术问题。

【关键词】一类调查；二类调查；控制；融合；森林资源

大到全球，小到某个具体的森林作业地段，森林资源调查的尺度范围差异很大，对应的调查方法也有所不同。在浙江省，对于省、设区市范围的森林资源调查，往往同时并存着一类调查与二类调查两种森林资源数据。在同一个调查范围，由于调查方法体系的不同，产生了不同的结果数据，给成果的使用者带来了很大的不解和不便。如何看待与处置两套数问题，实现一类调查与二类调查的科学对接，是森林资源一体化监测工作中迫切需要解决的一个重大技术问题。

1 问题的提出

从新中国成立后到20世纪80年代，我国经过了30多年的不断发展，基本形成了以森林资源连续清查为主体的国家森林资源监测体系和以森林资源规划设计调查为主体的地方森林资源监测体系[1,2]。国家森林资源连续清查，以省（自治区、直辖市）为总体，主要采用抽样调查方法在总体范围布设固定样地，每5年进行一次复查和出数，这种依据数理统计理论进行设计、采用固定样地定期复查的抽样调查方法，习惯地被称之“一类调查”。森林资源规划设计调查，以县（国有林业局、林场）为单位组织开展，主要采用小班区划调查方法，逐块查清调查范围内的森林资源，这种小班区划并逐块调查的方法习惯地被称之“二类调查”。

显然，一类调查与二类调查是两个不同的调查体系，因而其成果数据不可能完全一致。聂祥永指出，森林资源监测数据的主要误差来源于技术方法、时空差异和人为因素等原因[3]；曾伟生等也指出，两套数的不一致主要受技术标准、调查时间、调查质量三方面影响[4]。据曾伟生等研究，各省的一类清查和二类调查数据普遍相差较大，而且绝大部分是二类调查数据大于一类清查数据[5]。如湖北省1999年同时进行省级一类清查与二类县级调查，二类调查的森林面积和森林蓄积量均高出一类清查数据20%以上[5]；广东省据2012年一类清查和二类更新，一类清查林地面积1031.83万公顷、森林面积861.52万公顷，二类调查则相应为1097.16万公顷、1024.24万公顷[6]，林地面积二类较一类高6.3%，相差不大，但森林面积相差162.72万公顷、二类较一类高18.9%；浙江省2009年是连清调查年，同时出于编制林地保护利用规划需要，将各县的“十一五”森林资源二类调查数据统一更新到2009年，结果分析显示，林地面积、森林面积和森林蓄积量，二类调查分别较一类清查大2.3%、5.4%和2.5%[7]，虽相差不大，但二类大于一类的情况没有改变。从多年多地的实际结果来看，二类调查普遍存在着数据偏大，特别是面积类指标偏大的情况。

浙江省自1979年建立连续清查体系以来，至今已完成了8次省级森林资源清查。自2004年起，建立了省级森林资源年度监测体系，采取每年复查1/3的连清固定样地方法，实现了省级年年出数、年年公告；自2012年起，省年度监测体系级升格为省、市联动年度监测体系，在对4252个省级样地进行全面复查的基础上，通过样地加密方法，将省级年度监测工作延伸到各设区市，实现了省、市联动森林资源年度出数，目前全省每年的样地调查总数已达到5375个。浙江省的森林资源二类调查，先后已开展了“一五”（1953—1957年）、“四五”（1973—1975年）、“六五”（1983—1986年）、“九五”（1997—1999年）、“十一五”（2005—2009年）五次调查，目前正在进行新一轮“十三五”森林资源二类调查。从2005年开始进行县级森林资源动态监测试点，以努力解决县级森林资源年度出数问题，在连续开展三年试点后，于2008年制定了《浙江省县级森林资源动态监测技术操作细则》，目前以26个县为重点的林业绩效考核监测工作已逐步进入常态化。在一类调查与二类调查联动监测方面，2008—2012年以杭州市为研究地，研创了市、县联动森林资源监测技术，市级采用固定样地抽样调查的方法，县级采用抽取部分小班复位调查、模型推算、档案更新相结合的方法，建立市级抽样控制下的县级二类联动更新森林资源年度监测体系，实现了市、县联动年年出数据[8]。同时，在新一轮二类调查工作中，要求林木蓄积量300万立方米以上的县，对二类调查结果进行抽样控制[9]。

确切地说，森林资源一类调查和二类调查是两种不同类型的调查体系，其结果是不能进行简单比较的。但是，一些省或设区市，以二类调查数据为基础，通过汇总得到省级或市级数据，再与一类调查数据进行比较，就不可避免地出现了令人纠结的两套数问题。为此，国家林业局于2006年专门下发了《关于进一步规范森林资源清查成果使用的通知》，但多数地方仍没有严格执行，数据使用乱象甚至庸俗化问题依然存在。近年来，闫宏伟等提出了逐步建立全国森林资源一体化监测体系，最终实现资源监测“一盘棋”、森林资源“一套数”、森林分布“一张图”建设思路[10]。浙江省依据“森林浙江”建设和生态省建设要求，正在建立省对市、县森林增长指标年度考核制度，先行开展了对11个设区市和26个欠发达县的年度考核，在实际工作中，出现了市级一类调查数据与所辖县二类更新数据不一致的困惑和要求将样地监测方法延伸到县的不恰当呼声。因此，两套数的问题在当前推进一体化监测及与考核密切相关联的背景下，变得越来越突显和敏感，迫切需要加以正确地引导、规范和协调，这是本研究所要解决的问题所在。

2 两个调查体系特征分析

森林资源一类调查与二类调查，从方案设计、调查方法、调查目的和服务对象等方面都不相同，两个调查体系各自所呈现的特征列表如表1所示。

表 1　两个调查体系特征表

类别	一类调查	二类调查
方法基础	以抽样调查为基础，以样地为调查单元，进行实测调查	以小班区划调查为基础，以小班为调查单元，进行目测为主调查
方案设计	按照数理统计原理，设计和布设调查样地，对面积、蓄积指标提出精度设计要求	根据小班区划条件，区划调查小班，对树种（组）、胸径、树高、疏密度等主要调查属性因子规定允许调查误差
适用范围	大中尺度区域	小尺度区域
数据特性	由于对固定样地采取实测调查，林分和样木的信息较精细，但反映空间信息能力较弱；统计数据有精度指标，但不同数据的精度不一样，一般数据越大精度越高，数据越小精度越低；资源数据不落实到具体山头地块	相当于全面目测调查，林分和样木的信息较粗放，但反映空间信息能力较强；统计数据的精度与参与统计的小班个数无关，不论数据大小精度基本一致；资源数据能落实到具体地块小班
服务作用	宏观评价大中尺度区域的森林资源与生态状况，主要用于评价设区市以上森林资源保护发展状况；为制定和调整林业方针、政策、规划、计划等提供依据；为考核设区市以上行政区域森林增长情况和评价生态建设成效提供依据	微观反映小尺度区域的森林资源数量、质量与分布，主要用于评价县（国有林业局、林场）森林资源经营管理状况；为编制森林经营方案、森林采伐限额、营造林设计、林业区划与工程规划设计等提供依据；为考核县及以下行政区域森林增长情况和评价生态建设成效提供依据，是建立森林资源档案体系、建设林地“一张图”和进行森林资源资产化管理的基础

3　一类调查对二类调查的控制

3.1　控制思路

在森林资源监测实践中，一类调查与二类调查两个体系多数情况下是独立运行、互不衔接的，因而出现了两套数的情况。对于一类数据和二类数据哪个更准确的问题，除森林资源监测专业研究人员外，其他人员容易产生思想认识上的困惑和数据使用上的乱象，甚至错误地认为二类调查是以小班为基础逐块区划调查出来的，应更为准确。但事实并非如此，二类调查的优势是能将数据落实到具体山头地块，且小成数地类数据更可靠；对于总体数据及大成数地类数据，应该是一类调查比二类调查更准确、可靠，更接近真实[5,6]。

鉴于一类调查总体数据比二类更准确、可靠，且一类调查的主要指标有精度保证、有区间范围的现实情况，采用一类总体数据控制二类调查数据，是一个被实践多次证明了的行之有效方法。所谓一类调查对二类调查的控制，并非要求两个调查体系的指标数据完全相等，而是要求二类调查的指标数值落在一类调查相应指标的区间范围内，且越接近指标中值越好；若超出区间范围，则需要进行纠错、补课、调整乃至返工。

一类调查对二类调查的控制，主要是林地面积、森林面积、林木蓄积量、森林蓄积量四个大成数指标的控制，浙江省的实践思路主要有以下三种形式：

（1）在浙江省森林资源一体化监测体系建设中，以省域为总体、各设区市为副总体，建立了以抽样调查为基本方法的省、市联动监测体系，利用省总体一类调查数据对11个设区市副总体的一类调查数据进行控制。

（2）在浙江省森林资源一体化监测体系建设中，采用市级一类抽样调查、县级二类动态更新方法，建立了市、县联动监测体系，利用各设区市一类调查数据对所辖县的二类动态更新合计数据进行控制。

（3）浙江省在新一轮二类调查中，要求林木蓄积量300万立方米以上的县，采用抽样控制下的二类调查方法，对二类调查的主要总体指标利用一类调查数据进行控制，目前规程要求对林木蓄积量指标[9]进行抽样控制。

3.2 实例分析

3.2.1 省、市联动监测实例

浙江省于2012年建立了省、市联动森林资源监测体系，省总体与市副总体均采用一类调查方法，至今已连续开展了4年，属于省一类数据控制市一类数据的控制类型，其主要指标监测结果详见表2。

表 2　省、市联动监测主要指标一览表

年度	项别		林地面积（万公顷）	森林面积（万公顷）	林木蓄积量（万立方米）	森林蓄积量（万立方米）
2012	省总体	中值	661.27	604.06	28224.79	25 254.57
		区间	646.67～675.87	586.04～622.08	26 972.17～29 477.41	23 997.8～26 511.34
	11 市副总体合计		662.71	606.15	28 598.05	25 639.17
2013	省总体	中值	660.31	604.78	29 590.6	26 499.15
		区间	645.7～674.92	586.78～622.78	28 314.05～30 867.15	25 209.91～27 788.39
	11 市副总体合计		662.02	607.42	30 031.27	27 003.18

（续）

年度	项别		林地面积（万公顷）	森林面积（万公顷）	林木蓄积量（万立方米）	森林蓄积量（万立方米）
2014	省总体	中值	659.77	604.99	31 384.86	28 114.67
		区间	645.16～674.38	589.96～620.02	30 076.11～32 693.61	26 789.06～29 440.28
	11 市副总体合计		661.70	607.09	31 494.13	28 285.36
2015	省总体	中值	660.49	605.68	32 939.41	29 553.62
		区间	645.88～675.1	587.83～623.53	31 559.62～34 319.2	28 163.39～30 943.85
	11 市副总体合计		664.45	609.96	33 179.55	29 877.47

表2显示，各年度11市副总体的各指标合计数均落在相应的省总体指标区间内，且与省总体指标中值十分贴近，说明省总体对11市副总体具有很好的控制效果。显然，这是由于省总体与市副总体均采用一类调查方法且市副总体样地是在省总体样地基础上加密而成，使得省总体对11市副总体数据的控制作用达到了非常理想的效果。

3.2.2 市、县联动监测实例

2008—2012年，浙江省森林资源监测中心与杭州市林水局合作，开展了市、县联动森林资源监测研究，市级采用固定样地抽样调查方法，县级采用抽取部分二类小班复位调查、模型推算、档案更新相结合方法，建立市级抽样控制下的县级联动更新森林资源年度监测体系，其主要指标监测结果详见表3。

表 3 市、县联动监测主要指标一览表

年度	项别		林地面积（万公顷）	森林面积（万公顷）	林木蓄积量（万立方米）	森林蓄积量（万立方米）
2008	市总体	中值	120.68	104.16	4399.34	3978.72
		区间	115.01～126.36	97.60～110.72	4133.51～4665.17	3711.50～4245.93
	各县更新数合计		117.02	108.14	4158.95	4031.27
2009	市总体	中值	121.33	106.49	4572.19	4191.7
		区间	115.7～126.95	99.67～113.30	4274.54～4869.84	3887.38～4496.02
	各县更新数合计		116.91	108.45	4349.72	4224.02

（续）

年度	项别		林地面积（万公顷）	森林面积（万公顷）	林木蓄积量（万立方米）	森林蓄积量（万立方米）
2010	市总体	中值	121.26	105.32	4812.76	4370.86
		区间	115.63～126.89	98.71～111.92	4534.47～5091.05	4094.09～4647.63
	各县更新数合计		116.92	108.66	4587.19	4458.39
2011	市总体	中值	121.86	107.37	4944.47	4488.76
		区间	116.26～127.47	100.75～113.98	4647.80～5241.14	4192.50～4785.02
	各县更新数合计		116.97	108.84	4786.43	4650.33
2012	市总体	中值	120.11	107.04	5123.35	4944.47
		区间	114.44～125.78	100.44～113.64	4819.22～5427.48	4373.68～4999.88
	各县更新数合计		117.07	109.02	4979.17	4876.53

注：森林面积中不包括一般灌木林面积。

表3显示，市对县的控制属于市一类数据对县二类合计数的控制，各年度各指标的合计数也均落在相应的市总体指标区间内，但从离中值贴近情况分析，其控制效果显然不及省一类数据对市一类数据的控制。在实际工作中，当县级二类更新合计数逃出市抽样调查区间范围时，要以县为单位分析二类动态更新的工作质量，对工作质量差的县首先进行整改，整改后效果仍不理想，再整改质量次差的县，若多数县进行整改后效果还不理想时，那就要考虑系统误差问题了，需对县级二类更新数据进行系统平差，使其落到市级一类指标区间内。

3.2.3 县级抽样控制下的二类调查实例

所谓抽样控制下的二类调查，即要求森林资源相对较丰富的县，对二类调查的主要指标（目前规程仅要求为林木蓄积量指标[9]）进行抽样调查控制，以防止二类调查出现系统偏差，确保二类调查结果与一类调查结果有良好对接。此时，一类调查与二类调查的时间、技术标准、调查人员应该一致，二类调查结果与一类调查结果越接近，说明二类调查质量越好；当二类调查指标值超过一类调查的区间范围时，需先对二类调查质量进行分析研究，在此基础上要求调查质量较差的工组进行纠错、补课甚至返工，若仍进不到区间范围，则需对二类调查数据作系统平差使其落到区间内。

丽水市是浙江省的重点林区，其辖下的9个县（市、区）在“十一五”二类调查时，均按要求进行了抽样控制，取得了良好的效果，其结果详见表4。

表 4　县级抽样控制调查林木蓄积量指标一览表

县别	一类调查			二类调查（万立方米）	调查年度（%）
	中值（万立方米）	区间（万立方米）	精度（%）		
莲都	364.00	320.13 ～407.87	87.9	335.46	2007 年
缙云	470.45	412.00 ～528.90	87.6	442.65	2007 年
青田	672.48	591.35 ～753.61	87.9	632.79	2007 年
松阳	379.49	334.88 ～424.10	88.2	388.86	2005 年
遂昌	709.49	646.99 ～771.99	91.2	729.62	2005 年
云和	293.37	255.05 ～331.69	86.9	306.73	2007 年
景宁	750.38	664.27 ～ 836.49	88.5	763.83	2008 年
龙泉	1417.15	1318.62～1515.68	93.0	1455.95	2007 年
庆元	884.44	798.85 ～970.03	90.3	846.26	2007 年

表4显示，丽水市辖下的9个县（市、区），其二类调查林木蓄积量均落在一类抽样的控制区间范围，说明二类调查结果可信、质量较好。但各县的表现情况有所不同，莲都、缙云、青田、庆元4个县明显低于指标中值，松阳、遂昌、云和、景宁、龙泉5个县稍高于指标中值。

4　一类调查与二类调查的融合

4.1　融合思路

一类调查与二类调查的融合，根据融合环节不同，可分为数据融合与工作融合两种方式。

4.1.1　数据融合

数据融合是指一类调查与二类调查独立开展、形成二套独立数据后，通过一定的方法和手段，将两套独立的数据融合成一套数据。

虽然一类调查和二类调查是两个不同体系，但不管方法上存在怎样的差异，毕竟调查的对象都是森林资源，对同一个区域范围的调查，要求主要成果数据大体一致也是人之常情。当一类调查与二类调查的两套数据同时并存时，可依据两个调查体系的各自特征，按照一定的处理规则，通过合适的方法与手段，综合出一套修正数据。具体方法如下：

（1）鉴于一类调查是有精度保证的实测调查，且具有指标值越大精度越高的特征，林地面积、林木蓄积量两个总体指标及森林面积、森林蓄积量两个大成数指标，拟采用一类调查数据。

（2）鉴于二类调查不论指标值大小，其调查精度基本一致的特征，以及一类调查小成数指标精度很低的特征，除上述四大指标外的其他指标，依据二类调查结果，通过按占比摊算方法确定其指标值。

（3）具体数据融合方法为：林地面积、林木蓄积量、森林面积、森林蓄积量四大指标先直接按一类调查结果确定指标值；此后，分别面积类指标与蓄积量类指标两大体系，按照各指标的逻辑层级关系，在每一个逻辑层内先根据二类调查指标值计算各指标的占比，再根据其占比大小按逻辑层对一类调查的全额或余额（若含有上述四个指标之一时，减去其指标值后的余值）进行摊算，得到经融合处理后的指标值。

4.1.2 工作融合

工作融合是指二类基础年调查独立开展，形成独立的基础年数据后，在监测年二类动态更新时，利用同个年度的一类调查样地数据建立林分更新模型，再利用更新模型对二类调查小班进行动态更新，使得二类更新的小班数据中有一类调查数据的痕迹，受到一类调查结果的影响。至于二类基础年的融合，以采用数据融合方法为妥。

显然，工作融合是在监测年通过一类调查与二类调查的工作协同实现，其协同点是建立二类小班数据更新模型时，采用了一类样地调查的原始数据作为建模样本，使一类调查的部分工作内容被吸纳到二类动态更新工作之中，实际上工作融合的同时，也包含了原始调查数据的融合，使得二类动态更新结果不会与一类调查结果偏离太大。

4.2 实例分析

4.2.1 数据融合实例

以杭州市2008年完成的市、县联动森林资源基础年监测成果为例，对市级一类调查数据与所辖县二类动态更新合计数进行面积类、蓄积量类指标融合，其结果详见表5、表6。

表 5　面积类指标一类调查与二类调查数据融合

单位：万公顷

指标		一类调查	二类调查	融合结果	说明
林地面积 A		120.68		120.68	一类调查数据
森林面积 B		104.16		104.16	一类调查数据
森林面积	乔木林面积占比 c		0.7878		依据二类调查的乔木林、经济林、竹林面积数据，计算各自的占比
	经济林面积占比 d		0.0663		
	竹林面积占比 e		0.1459		
	乔木林面积 C			82.05	$C = c \times B$
	经济林面积 D			6.91	$D = d \times B$
	竹林面积 E			15.20	$E = e \times B$
小成数地类面积	$A - B$	16.52			一类调查林地面积减森林面积
	疏林地面积占比 f		0.0293		依据二类调查的各小成数地类面积数据，计算各小成数地类之间的占比
	一般灌木林地面积占比 g		0.3725		
	未成林地面积占比 h		0.2457		
	苗圃地面积占比 i		0.0070		
	无立木林地面积占比 j		0.2557		
	宜林地面积占比 k		0.0898		
	疏林地面积 F			0.48	$F=f \times (A - B)$
	一般灌木林地面积 G			6.15	$G=g \times (A - B)$
	未成林地面积 H			4.06	$H=h \times (A - B)$
	苗圃地面积 I			0.12	$I=i \times (A - B)$
	无立木林地面积 J			4.23	$J=j \times (A - B)$
	宜林地面积 K			1.48	$K=k \times (A - B)$

注：森林面积中不包括一般灌木林面积。

表 6　蓄积量类指标一类调查与二类调查数据融合

单位：万立方米

指标		一类调查	二类调查	融合结果	说明
活立木蓄积量 A		4399.34		4399.34	一类调查数据
森林蓄积量 B		3978.72		3978.72	一类调查数据
小成数蓄积量	$A-B$	420.62			一类调查活立木蓄积量减森林蓄积量后余额
	疏林蓄积量占比 c		0.0287		依据二类调查的各小成数蓄积量数据，计算各小成数蓄积量之间的占比
	散生木蓄积量占比 d		0.3130		
	四旁树蓄积量占比 e		0.6583		
	疏林蓄积量 C			12.07	$C=c\times(A-B)$
	散生木蓄积量 D			131.66	$D=d\times(A-B)$
	四旁树蓄积量 E			276.89	$E=e\times(A-B)$

表5、表6均体现了总体指标数和大成数指标数按照一类调查结果确定，小成数指标数按照二类调查数据先计算其各自的占比，然后根据占比进行分摊确定的思想。根据这一方法，还可继续对下个层级的指标值进行分摊确定，如未成林地中，可再分解为未成林造林地、未成林封育地；在无立木林地中，可再按采伐迹地、火烧迹地、其他无立木林地进行分解；在宜林地中，可再按宜林荒山荒地、宜林沙荒地、其他宜林地进行分解。森林蓄积量中，可按林种、龄组、权属等作进一步分解。

4.2.2　工作融合实例

以丽水市为例，利用2014年和2015年固定样地复位调查数据，筛选出两期均为乔木林的样地405个作为建模样本，建立小班林分生长率模型进行同年度的林分生长量更新。模型以林分平均胸径为自变量，以保留木进界木生长量减去枯损木消耗量后的林分蓄积量年生长率为因变量，采用联立方程组模型和非线性混合效应模型方法，构建胸径与生长率混合模型的联立方程组。生长率混合模型的联立方程组结构式为：

$$\begin{cases} \hat{D}=0.6758+0.9782\times D_{pre} \\ P_v=[2.7193+（龄组+起源+树种组）的随机效应参数值]\times \hat{D}^{-1.4033} \end{cases}$$

式中，P_v为当期蓄积量生长率预估值；$\hat{D}$为当期林分平均胸径预估值；D_{pre}为前一年林分平均胸径，龄组、起源、树种组的随机效应参数值见表7。

表 7 生长率模型随机效应参数值

类型	龄组				起源		树种组			
	幼龄林	中龄林	近熟林	成过熟林	天然	人工	松类	杉类	硬阔类	软阔类
参数	0.6013	0.2843	-0.3045	-0.5811	-0.3139	0.3139	0.1461	0.3818	−0.4943	−0.0336

将表7的随机效应某一类目值代入联立方程组结构式，即得到不同胸径、龄组、起源、树种组的林分生长率预测值，实现了抽样外业调查工作与小班生长率模型建模样本采集工作的融合。同时，抽样调查生长率监测结果对模型更新的生长率起控制和检验作用，也实现了抽样监测生长率控制数与数学模型生长率更新结果分析与控制的工作融合。

5 结束语

在一类调查与二类调查体系已经存在的情况下，重新采用一个新的方案体系不太现实，也不够稳妥，进行协调处理才是明智的做法。本专题为此针对一类调查数据与二类调查数据的协调性问题进行了探索研究，提出了一类调查与二类调查控制与融合的基本思路和方法，综合起来形成如下意见：

（1）不管做何种努力与改进，一类调查与二类调查毕竟是两个调查体系，涉及调查因子及统计指标又很多，结构体系很复杂，要保证所有统计指标特别是成果统计表的协调统一，几乎是不可能的，因此妥协兼顾十分必要。目前的处理方法一般能做到主要指标数据或一级指标数据相协调，但进一步细化下去的一些结构性统计表，如乔木林面积蓄积量按龄组统计表等含有多个统计因子交叉组合的表格，是很难做到协调统一的。

（2）一类调查与二类调查的协调结果存在着两种情况：一是两套数据调整成一套数据；二是使二类调查结果落在一类调查允许的区间范围内，使两套数得到较好对接。在实际工作中，应根据不同的情况作出具体的分析与选择。

（3）一类调查数据与二类调查数据不能同等对待，要分清情况，主次有别。通常的做法是：总体数据与大成数指标数，即主要资源数据依据一类调查直接确定；小成数指标数，依据二类调查数据通过占比分摊方法确定。尽管如此，分摊的工作量可能很大，只能停留在一级指标的分摊上，如再进一步细分到起源、林种、龄组、树种组等，就不可能保证完全统一了。另一种较少采用的方法是：以二类调查数据为基础，小成数指标数据由二类调查直接确定，大成数指标数据根据一类调查结果进行修正，使得经修正后的二类成果数据落到一类数据允许的误差限范围，两套数虽不一致，但也相协调。

（4）在森林资源一体化监测工作中，同个行政区范围的一类调查与二类调查融合，基础年适合数据融合方法，监测年适合工作融合方法。

参考文献

[1] 林业部. 关于建立全国森林资源监测体系有关问题的决定[J]. 林业资源管理，1989, (2): 3-5.

[2] 肖兴威. 中国森林资源与生态状况综合监测体系建设的战略思考[J]. 林业资源管理, 2004, (3): 1-5.

[3] 聂祥永. 森林资源监测成果数据的差异与误差问题研究[J]. 林业资源管理, 2013, (1): 32-37.

[4] 曾伟生, 周佑明. 森林资源一类和二类调查存在的主要问题与对策[J]. 中南林业调查规划, 2003, 22(2): 8-11.

[5] 曾伟生, 程志楚, 夏朝宗. 一种衔接森林资源一类清查和二类调查的新方案[J]. 中南林业调查规划, 2012, 31(3): 1-4.

[6] 李清湖, 余松柏, 薛春泉, 等. 不同森林资源监测体系数据协同性初步分析——以广东省为例[J]. 中南林业调查规划, 2013, 32(4): 16-19.

[7] 浙江省林业厅. 浙江省林地保护利用规划[R]. 2013, 杭州.

[8] 陶吉兴, 季碧勇, 张国江, 等. 浙江省森林资源一体化监测体系探索与设计[J]. 林业资源管理, 2016, (3): 28-34.

[9] 浙江省林业厅. 浙江省森林资源规划设计调查技术操作细则[S]. 2014, 杭州.

[10] 闫宏伟, 黄国胜, 曾伟生, 等. 全国森林资源一体化监测体系建设的思考[J]. 林业资源管理, 2011, (5): 6-11.

专题3

市县联动监测体系下的无干扰林分生长率模型研建

【摘　要】为开展森林资源市、县联动监测，需要对设区市的无人为干扰乔木林小班进行蓄积更新。本专题以浙江省丽水市为研究地，利用两期固定样地调查数据为建模样本，以林分平均胸径为自变量，以保留木进界木生长量减去枯损木消耗量后的林分蓄积量年生长率为因变量，先采用联立方程组方法进行模型拟合和初选，再采用非线性混合模型方法对选定模型进行固定效应和随机效应分析，构建了胸径与生长率混合模型的联立方程组。结果表明：利用联立方程组方法构建的模型及参数，反映了建模总体生长率的平均水平，但由于未考虑起源、龄组、树种组等随机效应，拟合效果欠佳，需要采用混合模型方法进一步分析拟合。混合模型采用联立方程组的拟合参数值作为其固定效应，起源、龄组、树种组作为其随机效应，结果显示，联立方程组方法拟合的模型参数，已能很好解释混合模型的固定效应；混合模型的随机效应对生长率具有显著作用，其参数值差异达显著水平（$p<0.05$）以上。利用混合模型的随机变量各类目随机效应参数之和为零的特点，可在联立方程组模型中加入随机效应参数值建立生长率混合模型，构建胸径模型和生长率混合模型的联立方程组。模型适用性

检验表明，其预测值与实测值无系统偏差，方程组具有较好的适用性；利用同期小班数据，对全市林分生长进行模型预测，其生长量和生长率与同期固定样地监测结果相比，准确度分别达到91.5%和98.7%。因此，基于联立方程组和混合模型方法构建的林分生长率模型，具有良好的预估效果，可作为森林资源市县联动监测无人为干扰小班的生长预估模型，可为其他设区市小班市、县两级蓄积量更新提供借鉴。

【关键词】生长率模型；联立方程组；设区市；固定样地；市县联动

森林是陆地生态系统的主体，森林蓄积量是评估生物量的基础，是森林资源监测的核心指标之一。树木生长量反映了森林生态系统中林木与环境之间物质循环和能量流动的复杂关系，及时掌握生长量动态变化，预测林分蓄积量生长情况[1]，是开展森林资源年度监测、碳汇功能评价、林业应对气候变化和推进生态文明建设的基础。数学模型技术是获取林分动态变化信息的重要工具，林分生长模型是描述林木生长与林分状态关系的数学函数[2]，是预测森林生长的有效方法[3]。

在森林资源市、县联动一体化监测中，构建适用于设区市内不同林分类型的生长模型，为准确获取区域的林分生长量提供可靠的林业数表度量衡，是开展森林资源动态监测和一体化监测的关键技术之一。但由于生长模型种类繁多，往往越复杂的模型，其对建模数据的要求越高，而应用范围则越窄。有的模型只适用于某一类型的林分，有的甚至受经营措施和经营目标的限制[4]。构建适用于区域不同林分特征的生长模型，是开展森林资源一体化监测、评估区域内一定间隔期的树木生长量的必要条件。

由于林分生长包括蓄积量、胸径、树高、断面积生长等，因此生长模型应是一个模型系统，各类模型式之间要有统一性、相容性与一致性[5]。森林资源小班数据有其自身特点，如何构建适用的模型系统，采用科学的模型拟合和建模方法，使建立的模型既能适用于区域内小班数据更新，总体上模拟林分生长，反映总体平均变化趋势，又能准确反映不同林分特征的个体差异，是构建生长模型时需要考虑的问题[6]。在林分生长中，既有保留木生长，也有进界木生长，而林分中枯损消耗量由于影响因素较多而不易被估测。如何设计建模样本，使这些消长量反映在构建的生长模型中，是要考虑的问题。在对生长模型进行拟合时，发现以生长量为因变量的传统生长模型，受林分密度等因素影响导致波动较大，不利于模型拟合，如何构建合适的因变量，使模型既能较好收敛又能适合小班数据更新要求，也是需要解决的问题[7]。

混合模型是既包含固定效应，又包含随机效应的统计模型，一般来说，它比传统的回归模型精度要高。在林业上，国外一些学者以此来分析树木断面积生长量等[8]。在国内少数学者也进行了相关研究，如李永慈等利用线性及非线性混合模型对森林生长进行了分析[9]，李春明等利用非线性混合模型在森林生长研究中的应用进行了综述[10]，对栓皮栎树高与胸径关系进行了研究[11]。符利勇等对非线性混合效应模型参数估计方法进行了分析，对单木断面积建立了多水平非线性混合模型，利用混合模型对马尾松生物量的地域影响进行了分析，对杉木林胸径生长量、杉木林优势高生长量进行了混合效应模型构建[12~18]。在联立方程组和混合效应模型的联合应用方面，现有报道很少，仅李春明基于对数形式线性混合效应蓄积量模型的联立方程组，对林分优势木平均高、断面积和蓄积量进行了研究[19]。

本专题以浙江省丽水市域林分生长率为研究对象，采用省、市一体化监测的两期固定样地数据为建模样本，以林分平均胸径为自变量，蓄积量年生长率为因变量，构建生长率模型。采用联立方程组和非线性混合效应模型方法，对影响林分生长的主要因素（包括起源、龄组、树种组）进行分析，构建适用于不同林分特征的胸径回归模型和蓄积量生长率混合模型联立方程组。利用联立方程组模型系统，对该市全部乔木林小班进行了生长量更新，预测了全市蓄积量动态变化情况。本专题通过对设区市林分生长率非线性混合模型系统的研究，旨在为设区市自然生长小班生长量更新提供科学依据，为森林资源生长量的市、县联动一体化年度监测提供借鉴。

1 材料与方法

1.1 研究区概况

丽水市地处浙江省西南浙闽两省结合部，东经118°41′～120°26′，北纬27°25′～28°57′。全市土地面积为17 298平方千米，辖莲都1区、龙泉1市、青田、缙云、遂昌、松阳、云和、庆元、景宁7县。地貌以中山、丘陵为主，地势由西南向东北倾斜，是个“九山半水半分田”的山区市。气候属中亚热带季风区，冬暖春早，无霜期长，雨量丰沛，全年平均气温为17.8℃，1月平均气温为6.7℃，7月平均气温为28.3℃。

1.2 森林资源概况

丽水市森林资源丰富，素有“浙南林海”之称，被誉为“浙江绿谷”。2015年全市进行了森林资源动态更新，将所辖县（市、区）森林资源数据更新到2014年底。根据更新结果，2014年全市森林覆盖率为80.20%，林地面积为145.95万公顷，乔木林面积为118.47万公顷，活立木总蓄积量为7712.23万立方米，乔木林蓄积量为7589.33万立方米。

1.3 建模样本采样

为满足省对市森林资源增长指标考核监测需要，浙江省于2014—2015年对丽水市开展了省市联动固定样地监测。样地个数718个，样地间距4千米×6千米，样地面积为0.08公顷，形状为正方形，边长28.28米。

所有调查样地均通过全球定位系统（GPS）导航定位，调查样地的地类、优势树种、龄组、起源等共80项因子，样地内胸径≥5.0厘米的乔木树种、乔木型灌木树种均进行每木检尺。

1.4 数据预处理

根据2014年和2015年固定样地复位调查数据，筛选出两期均为乔木林的样地405个，提取的建模因子主要包括样地的优势树种、龄组、起源、平均胸径、平均高度、乔木林蓄积量、乔木林株数等。根据建模需要，对建模样本进行数据预处理，提取保留木、进界木、枯立木、枯倒木数据，其中进界木前期蓄积量为零，枯立木、枯倒木后期蓄积量为零，按单利式计算蓄积量年生长率。林分主要特征因子中，树种组分为松类、杉类、硬阔、软阔四类，龄组分为幼龄林、中龄林、近熟林、成过熟林四类，起源分类天然、人工两类。

林分起测胸径为5厘米，因此，应对平均胸径不足5厘米的样地进行剔除，共5个；间隔期内的移栽木，由于偶然性大，其蓄积增量不应包含在内，剔除1个样地；由于模型是针对林分水平建立的，为确保样本为乔木纯林，将样地乔木株数设定为大于30株，共剔除20个小于或等于30株样木的样地。最后，对入选的建模样本采用t检验（3S）准则[20]，检查是否为异常数据并予以剔除，剔除1个样地（胸径31.8厘米，为极端值）。数据处理后，建模样本共378个。建模样本描述性统计量因子情况见表1。

表 1 各树种组林分因子描述性统计量

树种组	松木类（N=94）			杉木类（N=157）		
林分因子	D_{2014}	D_{2015}	P（%）	D_{2014}	D_{2015}	P（%）
均　值	10.9	11.3	9.9	10.8	11.3	10.7
标准差	2.6	2.5	6.7	2.5	2.4	7.0
最小值	6.2	7.7	2.4	5.6	6.8	0.9
最大值	19.5	20.0	41.8	21.7	22.3	39.2

（续）

树种组	松木类（N=94）			杉木类（N=157）		
树种组	硬阔类（N=111）			软阔类（N=16）		
林分因子	D_{2014}	D_{2015}	P（%）	D_{2014}	D_{2015}	P（%）
均 值	9.8	10.2	9.8	8.9	9.4	12.3
标准差	2.8	2.7	6.3	1.5	1.4	7.7
最小值	5.5	6.4	0.1	5.1	6.5	5.8
最大值	21.2	21.3	32.8	11.2	12.3	37.0

注：D 为林分平均胸径，P 为林分 2014—2015 年蓄积生长率。

1.5 联立方程组方法

类似于一元材积模型，蓄积量生长率模型拟以当期胸径为自变量构造模型结构式，和当期胸径回归模型联合构建一致性联立方程组。非线性误差变量联立方程组的向量形式为[21～23]：

$$\begin{cases} f(y_i, x_i, c) = 0 \\ Y_i = y_i + \varepsilon_i \\ E(e_i) = 0, cov(e_i) = \sigma^2 \emptyset \end{cases}$$

式中，x_i是q维无误差的观测数据；Y_i是p维误差变量的观测数据；f是m维向量函数的待估真值，误差e_i的协方差记为$\sum=\sigma^2\emptyset$，$\emptyset$是e_i的误差结构矩阵，已知或未知，σ^2未知。

1.6 非线性混合效应模型方法

非线性混合效应模型是通过回归函数依赖于固定效应参数和随机效应参数的非线性关系而建立的[21-23]。一般模型表达式为：

$$\begin{cases} y = f(\emptyset, x) + \varepsilon \\ \emptyset = A\beta + \sum_{K=1}^{K} B^{(k)} u^{(K)} \\ U^{(k)} \sim N(0, D^{(k)}), COV(u^{(k)}, u^{(L)}) = 0 \\ k = 1, \cdots, K, L = 1, \cdots, K (k \neq l) \end{cases}$$

式中，$\emptyset$，β，$u^{(k)}$分别为形式参数、固定参数和随机效应向量；A和$B^{(k)}$分别为固定参数β，和随机效应$u^{(k)}$的设计矩阵；K为随机因素个数。未知参数通常运用限制极大似然算法或极大似然算法来求解[21～23]。

1.7 模型评价方法

利用残差平方和Q，剩余标准差S，总相对误差TRE，平均相对误差MSE，平均相对误差绝对值RMA，确定系数R^2和预估精度P作为模型评价指标[24]。

$$Q=\sum(y_i-\hat{y}_i)^2 \qquad S=\sqrt{\sum(y_i-\hat{y}_i)^2/(n-T)}$$

$$TRE=\frac{\sum(y_i-\hat{y}_i)}{\sum\hat{y}_i}\times100\% \qquad MSE=\sum\frac{y_i-\hat{y}_i}{\hat{y}_i}/n\times100\%$$

$$RMA=\sum\left|\frac{y_i-\hat{y}_i}{\hat{y}_i}\right|/n\times100\% \qquad R^2=1-\sum(y_i-\hat{y}_i)^2/\sum(y_i-\bar{y})^2$$

$$P=\left[1-\frac{t_a\sqrt{\sum(y_i-\hat{y}_i)^2}}{\hat{\bar{y}}\sqrt{n(n-T)}}\right]\times100\%$$

式中，y_i为观测值；$\hat{y}_i$为模型预估值；$\bar{y}$为样本均值；n为样本数，T为模型参数个数。其中Q、S越小越好，反映了自变量的贡献率和因变量的离差状况。TRE、MSE、RMA越趋向于0越好，是反映拟合效果的重要指标，R^2是反映模型的拟合优度指标，越接近1越好。P是反映生长率估计值的精度指标，越接近1越好。在非线性混合效应模型中，还利用-2Log Likelihood、AIC和BIC 3个模型拟合优度指标对模型的模拟效果进行比较，3个指标越小说明拟合的精度越高。

1.8 模型适用性检验方法

利用检验样本对回归方程适合性检验，以判断回归方程的形状是否适合。模型检验采用置信椭圆F检验方法[25~26]：检验样本量n，样本中各样本观测值为Y，模型预测值为X，如果二者之间是直线回归方程$Y=a+bX$的系数（a,b）与$\alpha=0$，$\beta=1$无显著差异，则可以判断回归方程的选型正确。构造F检验统计量为：

$$F=\frac{\frac{1}{2}\left[n(a-\alpha)^2+2(a-\alpha)(b-\beta)\sum x_i+(b-\beta)^2\sum x_i\right]}{\frac{1}{n-2}\sum\left[y_i-(a+bx_i)\right]^2}$$

F服从自由度$f_1=2$、$f_2=n-2$的F分布。

当$F>$F0.05时，推翻假设，该回归方程存在系统偏差。

当$F\leqslant$F0.05时，按原假设，该回归方程无系统偏差。

2 结果与分析

2.1 变量协方差分析

对平均胸径、平均高度与生长率的方差分析F检验表明，两者（F_D=23.45，F_H=36.31）及二者交互作用（F_{D*H}=21.99）F值均超过$F_{0.05}$临界值，它们对生长率的贡献均显著。胸径与高之间具有很强的相关性（R=0.76），胸径因子已能较好解释树高变化，并且树高因子不易测定，因此，不将树高作为自变量因子。以胸径为协变量，龄组、起源、树种组为分类变量，对因变量生长率进行协方差分析，结果显示，这些因子对生长率的作用均达极显著水平（表2）。

表 2 各变量因子协方差分析

因子组	平方和	自由度	均方	F 值	P 值
胸 径	0.2446	1	0.2446	75.3769	0.0000**
龄 组	0.0869	3	0.0290	8.9248	0.0000**
起 源	0.0348	1	0.0348	10.7358	0.0012**
树种组	0.0642	3	0.0214	6.5972	0.0002**
残 差	1.1972	369	0.0032		
模 型	0.5251	8	0.0656	20.2305	0.0000**
截 距	4.0295	1			
合 计	5.7518	378			

注：** 表示变量因子对生长率作用极显著 (p<0.01)。

2.2 联立方程组比选分析

在生长率基础模型中，胸径自变量为当期的林分平均胸径，将胸径回归模型与生长率模型建立非线性度量误差联立方程组进行联合估计。联立方程组为：

$$\begin{cases} \widehat{D} = a_1 + a_2 D_{pre} \\ \widehat{P} = f(\widehat{D}) \end{cases} \quad (1)$$

$\widehat{P}$为当期蓄积量生长率预估值，$\widehat{D}$为当期林分平均胸径预估值，D_{pre}为前一年林分平均胸径，$f(\widehat{D})$为生长率基础模型结构式。林分蓄积量生长率与胸径散点图表明，生长率均随胸径的增大而下降，大致呈反“J”形。根据国家《森林生长量生长率编制技术规定》，推荐的4个生长率模型结构式为：

模型1　$P=b_1\times\hat{D}^{b2}$　（2）

模型2　$P=b_1\times\hat{D}^{b2}+b3$　（3）

模型3　$P=b_1\times e^{(b2\times\hat{D})}$　（4）

模型4　$P=b_1\times e^{(b2\times\hat{D})}+b3\times\hat{D}$　（5）

其中，$\hat{D}$为预估当期平均胸径，$b1$，$b2$，$b3$为模型参数。因此，可建立4组不同生长率模型的联立方程组分别计算参数。各联立方程组采用ForStat2.2软件求解，拟合结果见表3。

表 3　联立方程组比选模型拟合参数

联立方程组	拟合结果	生长率模型 1	生长率模型 2	生长率模型 3	生长率模型 4
胸径模型	a1	0.6758	0.7798	0.7751	0.7873
	a2	0.9782	0.9679	0.9683	0.9671
	R2	0.9892	0.9894	0.9894	0.9894
生长率模型	b1	2.7193	1.4319	0.5664	0.5592
	b2	-1.4033	-0.8320	-0.1634	－ 0.1598
	b3		-0.1009		－ 0.0002
	R2	0.4288	0.4253	0.4174	0.4160
	P	95.02%	94.97%	94.94%	94.92%
	Q	0.9837	0.9898	1.0035	1.0059
	S	0.0511	0.0513	0.0517	0.0517
	TRE	-0.6%	0.0%	0.1%	0.2%
	MSE	-2.8%	2.9%	1.8%	3.1%
	RMA	36.5%	40.8%	39.8%	40.8%

从表3可见，在不同联立方程组中，胸径模型的确定系数均较高，参数受生长率模型结构变化的影响小，拟合效果较为理想。在生长率模型中，确定系数R^2和预估精度P以模型1略高。从评价指标分析，残差平方和Q，剩余标准差S，平均相对误差绝对值RMA，模型1较其他模型数值也相对略小。总相对误差TRE以模型2最小，平均相对误差MSE以模型3最小。从模型行为分析，模型2和模型4在胸径分别达到25厘米和51厘米以上时，生长率预测值出现负值且随着胸径的增大负生长率绝对值越大，从现

实林分看，个别地块可能存在这种情况，但与林分总体的平均情况不吻合，说明这两个模型式外推性能较差，而模型1和模型3生长率预测值不会出现这种现象。因此，综合分析后拟将生长率模型1作为混合模型拟合的基础模型。

但从模型1的总体拟合程度看，模型拟合效果一般，特别是确定系数不高，说明仅靠胸径一个自变量不能很好解释生长率的变动。龄组、起源、树种组这些定性因子对生长率的影响显著，但未能在模型中体现。在构建联立方程组基础上，有必要将对生长率起显著作用的定性因子作为随机效应作进一步分析。

2.3 混合模型的固定和随机效应分析

混合模型的固定参数构造，是将模型1联立方程组中计算的各参数值作为已知量加入到生长率模型中，参数已知量和待求固定效应参数的关系为相加。即

令$b1=k1+2.7193$，$b2=k2-1.4033$，则生长率模型1的混合模型基础结构式转化为：

$$P_V=(k1+2.7193)\times D^{(k2-1.4033)} \quad (6)$$

$k1$、$k2$为混合模型固定参数，利用t检验方法检验固定参数是否显著。若某固定参数不显著，则予以剔除后重新拟合，利用forstat2.2软件对不同组合形式的混合参数分别进行拟合。固定效应参数拟合结果见表4。

表 4 固定效应参数与显著性检验

组合	固定参数	混合参数	参数	参数值	标准差	t 值	P 值
组合 1	k_1、k_2	k_1+ 随机效应 k_2+ 随机效应	b_1	10.6929	3.0882	3.4625	0.0006**
			b_2	− 0.7088	0.1046	− 6.7758	0.0000**
组合 2	k_1、k_2	k_1+ 随机效应	b_1	7.7766	2.8081	2.7693	0.0059**
			b_2	− 0.6012	0.1024	− 5.8691	0.0000**
组合 3	k_1、k_2	k_2 随机效应	b_1	13.5880	3.8145	3.5622	0.0004**
			b_2	− 0.8052	0.1194	− 6.7441	0.0000**
组合 4	k_1	k_1+ 随机效应	b_1	− 0.0236	0.4824	− 0.0490	0.9609
组合 5	k_2	k_2 随机效应	b_2	− 0.0116	0.0765	− 0.1520	0.8793

注：** 表示固定效应参数差异极显著 ($P<0.01$)。

在固定效应的参数显著性检验中，若 k_1、k_2 均作为固定参数，无论是两个参数均设置随机参数（组合 1），还是仅 k_1 设置随机参数（组合 2），或仅 k_2 设置随机参数（组合 3），模型的两个固定参数值均极显著。这说明，若 k_1、k_2 均作为固定参数，

模型 1 的生长率模型参数估计值 b_1、b_2，非线性混合模型方法与联立方程组方法的参数估计值存在显著差异，其差值为 k_1、k_2。

但进一步分析，若剔除固定参数 k_2 后即仅以 k_1 作为固定参数（组合 4）进行拟合，其固定效应不显著；若剔除固定参数 k_1 后即仅以 k_2 作为固定参数（组合 5）进行拟合，其固定效应也不显著。这表明表 3 中采用联立方程组拟合的生长率模型参数，已能较好解释混合模型中的固定效应参数，混合模型中的固定效应参数 k_1、k_2 无显著意义，其参数值在预测时可剔除不纳入计算。

随机效应的设计，是将龄组、起源、树种组这3个变量作为相互独立因子，并作为整体纳入到混合参数的随机效应估计。根据各生长率模型固定效应参数情况，构造模型的混合参数。变量各类目的随机效应参数之和为零。随机效应显著性检验见表5。

表 5　随机效应显著性检验

组合	随机参数	自由度	F 值	P 值
组合 1	k_1| 龄组	3	2.6030	0.0518
	k_1| 起源	1	9.5376	0.0022**
	k_1| 树种组	3	3.9542	0.0085**
	k_2| 龄组	3	2.6163	0.0509
	k_2| 起源	1	9.5376	0.0022**
	k_2| 树种组	3	3.9542	0.0085**
组合 2	k_1| 龄组	3	4.1475	0.0066**
	k_1| 起源	1	9.1154	0.0027**
	k_1| 树种组	3	4.6465	0.0033**
组合 3	k_2| 龄组	3	2.2794	0.0791
	k_2| 起源	1	8.4677	0.0038**
	k_2| 树种组	3	11.5322	0.0000**
组合 4	k_1| 龄组	3	12.1314	0.0000**
	k_1| 起源	1	15.8603	0.0001**
	k_1| 树种组	3	9.6738	0.0000**
组合 5	k_2| 龄组	3	11.9882	0.0000**
	k_2| 起源	1	17.6897	0.0000**
	k_2| 树种组	3	8.6158	0.0000**

注：** 表示随机效应参数值极显著（$p<0.01$）。

从表5可见，组合1和组合3的龄组随机效应不显著，组合2、组合4和组合5的3个随机效应均极显著。

2.4 拟合模型的确定

从对式（6）固定效应和随机效应的显著性检验分析，可知组合4和组合5的混合模型固定效应不显著，但随机效应极显著，可考虑在剔除固定参数$k1$、$k2$后加入3个随机效应参数，建立联立方程组进行预测。因此，组合4和组合5是建立胸径回归模型与生长率混合模型联立方程组的首选。

从表6混合模型的拟合评价指标分析，组合4的各项指标均略优于组合5。从组合4与其他三个组合的评价指标比较看，组合4的AIC、BIC、-2*loglik指标值略差，但残差平方和Q、剩余标准差S最小，确定系数R^2、预估精度P最高，总相对误差TRE，平均相对误差MSE，平均相对误差绝对值RMA居于中等水平，说明总体上模型拟合效果较好。因此，确定采用组合4作为联立方程组中的生长率混合模型。

表 6 生长率混合模型评价指标

评价指标	组合 1	组合 2	组合 3	组合 4	组合 5
AIC	－1235.3693	－1246.4243	－1248.2189	－1207.9430	－1200.2828
BIC	－1188.2142	－1222.8468	－1224.6413	－1188.2818	－1180.6216
-2*loglik	－1259.3693	－1258.4243	－1260.2189	－1217.9430	－1210.2828
Q	0.8285	0.9864	0.7431	0.7420	0.7430
S	0.0469	0.0512	0.0445	0.0444	0.0445
TRE	－1.65%	0.24%	0.84%	0.28%	1.37%
MSE	－2.29%	－1.97%	5.66%	3.86%	7.26%
RMA	35.15%	36.69%	37.67%	36.71%	38.10%
P	95.48%	94.97%	95.61%	95.64%	95.59%
R2	0.5189	0.4273	0.5686	0.5692	0.5686

胸径回归模型见表3，生长率模型采用模型1的组合4作为混合模型，模型结果见公式（7）。

$$\begin{cases} \widehat{D}=0.6758+0.9782\times D_{pre} \\ P_v=[2.7193+(\text{龄组}+\text{起源}+\text{树种组})\text{的随机效应参数值}]\times\widehat{D}^{-1.4033} \end{cases} \quad (7)$$

龄组、起源、树种组的随机效应参数值见表7。

表 7 生长率模型随机效应参数值

类型	龄组				起源		树种组			
	幼龄林	中龄林	近熟林	成过熟林	天然	人工	松类	杉类	硬阔类	软阔类
参数	0.6013	0.2843	−0.3045	−0.5811	−0.3139	0.3139	0.1461	0.3818	−0.4943	−0.0336

将表7的随机效应某一类目值代入公式（7），即得到不同胸径、龄组、起源、树种组的林分生长率预测值，预测的生长率最大值、最小值及均值情况见图1。

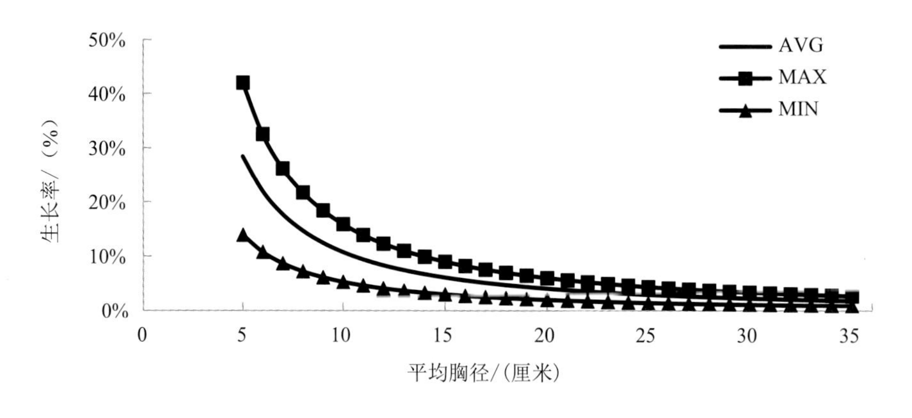

图 1 生长率预测图

注：AVG 为预估生长率均值，MAX 为最大值，MIN 为最小值

各树种分起源、龄组的生长率见表8至表11。需要说明的是，表中生长率数据是根据生长模型的计算结果，表内的胸径与龄组在现实林分中可能不完全匹配。

表 8 松类分起源、龄组的生长率

单位：%

胸径	天然				人工			
	幼龄林	中龄林	近熟林	成过熟林	幼龄林	中龄林	近熟林	成过熟林
5	32.95	29.64	23.48	20.59	39.51	36.20	30.04	27.15
6	25.51	22.95	18.18	15.94	30.59	28.03	23.26	21.02
7	20.55	18.48	14.64	12.84	24.64	22.57	18.74	16.93
8	17.04	15.32	12.14	10.65	20.43	18.72	15.53	14.04
9	14.44	12.99	10.29	9.03	17.32	15.87	13.17	11.90
10	12.46	11.20	8.88	7.79	14.94	13.68	11.36	10.27

（续）

胸径	天然				人工			
	幼龄林	中龄林	近熟林	成过熟林	幼龄林	中龄林	近熟林	成过熟林
11	10.90	9.80	7.77	6.81	13.07	11.97	9.94	8.98
12	9.64	8.67	6.87	6.03	11.57	10.60	8.79	7.95
13	8.62	7.75	6.14	5.39	10.34	9.47	7.86	7.10
14	7.77	6.99	5.54	4.86	9.32	8.53	7.08	6.40
15	7.05	6.34	5.03	4.41	8.46	7.75	6.43	5.81
16	6.44	5.79	4.59	4.03	7.72	7.08	5.87	5.31
17	5.92	5.32	4.22	3.70	7.09	6.50	5.39	4.88
18	5.46	4.91	3.89	3.41	6.55	6.00	4.98	4.50
19	5.06	4.55	3.61	3.16	6.07	5.56	4.61	4.17
20	4.71	4.24	3.36	2.94	5.65	5.17	4.29	3.88
21	4.40	3.96	3.13	2.75	5.27	4.83	4.01	3.62
22	4.12	3.71	2.94	2.57	4.94	4.53	3.76	3.40
23	3.87	3.48	2.76	2.42	4.64	4.25	3.53	3.19
24	3.65	3.28	2.60	2.28	4.37	4.01	3.32	3.00
25	3.44	3.10	2.45	2.15	4.13	3.78	3.14	2.84

表 9　杉类分起源、龄组的生长率

单位：%

胸径	天然				人工			
	幼龄林	中龄林	近熟林	成过熟林	幼龄林	中龄林	近熟林	成过熟林
5	35.41	32.10	25.95	23.06	41.97	38.66	32.51	29.62
6	27.42	24.85	20.09	17.85	32.50	29.93	25.17	22.93
7	22.08	20.02	16.18	14.38	26.18	24.11	20.27	18.47
8	18.31	16.60	13.42	11.92	21.70	19.99	16.81	15.31
9	15.52	14.07	11.37	10.11	18.40	16.94	14.25	12.98
10	13.39	12.14	9.81	8.72	15.87	14.62	12.29	11.20
11	11.71	10.62	8.58	7.63	13.88	12.79	10.75	9.79

（续）

胸径	天然				人工			
	幼龄林	中龄林	近熟林	成过熟林	幼龄林	中龄林	近熟林	成过熟林
12	10.37	9.40	7.59	6.75	12.29	11.32	9.52	8.67
13	9.26	8.40	6.79	6.03	10.98	10.11	8.50	7.75
14	8.35	7.57	6.12	5.44	9.90	9.12	7.66	6.98
15	7.58	6.87	5.55	4.93	8.98	8.27	6.96	6.34
16	6.92	6.28	5.07	4.51	8.21	7.56	6.35	5.79
17	6.36	5.76	4.66	4.14	7.54	6.94	5.84	5.32
18	5.87	5.32	4.30	3.82	6.96	6.41	5.39	4.91
19	5.44	4.93	3.99	3.54	6.45	5.94	4.99	4.55
20	5.06	4.59	3.71	3.30	6.00	5.53	4.65	4.23
21	4.73	4.28	3.46	3.08	5.60	5.16	4.34	3.95
22	4.43	4.01	3.24	2.88	5.25	4.83	4.06	3.70
23	4.16	3.77	3.05	2.71	4.93	4.54	3.82	3.48
24	3.92	3.55	2.87	2.55	4.64	4.28	3.60	3.28
25	3.70	3.35	2.71	2.41	4.39	4.04	3.40	3.10

表 10　硬阔类分起源、龄组的生长率

单位：%

胸径	天然				人工			
	幼龄林	中龄林	近熟林	成过熟林	幼龄林	中龄林	近熟林	成过熟林
5	26.26	22.94	16.79	13.90	32.82	29.50	23.35	20.46
6	20.33	17.76	13.00	10.76	25.41	22.84	18.08	15.84
7	16.37	14.31	10.47	8.67	20.47	18.40	14.56	12.76
8	13.58	11.86	8.68	7.19	16.97	15.26	12.07	10.58
9	11.51	10.06	7.36	6.09	14.38	12.93	10.23	8.97
10	9.93	8.67	6.35	5.25	12.41	11.15	8.83	7.74
11	8.68	7.59	5.55	4.60	10.85	9.76	7.72	6.77
12	7.69	6.72	4.91	4.07	9.61	8.64	6.84	5.99

（续）

胸径	天然				人工			
	幼龄林	中龄林	近熟林	成过熟林	幼龄林	中龄林	近熟林	成过熟林
13	6.87	6.00	4.39	3.64	8.59	7.72	6.11	5.35
14	6.19	5.41	3.96	3.28	7.74	6.96	5.51	4.82
15	5.62	4.91	3.59	2.97	7.02	6.31	5.00	4.38
16	5.13	4.49	3.28	2.72	6.42	5.77	4.56	4.00
17	4.71	4.12	3.01	2.50	5.89	5.30	4.19	3.67
18	4.35	3.80	2.78	2.30	5.44	4.89	3.87	3.39
19	4.03	3.52	2.58	2.13	5.04	4.53	3.59	3.14
20	3.75	3.28	2.40	1.99	4.69	4.22	3.34	2.92
21	3.50	3.06	2.24	1.86	4.38	3.94	3.12	2.73
22	3.28	2.87	2.10	1.74	4.10	3.69	2.92	2.56
23	3.08	2.70	1.97	1.63	3.86	3.47	2.74	2.40
24	2.91	2.54	1.86	1.54	3.63	3.27	2.58	2.26
25	2.74	2.40	1.75	1.45	3.43	3.08	2.44	2.14

表 11　软阔类分起源、龄组的生长率

单位：%

胸径	天然				人工			
	幼龄林	中龄林	近熟林	成过熟林	幼龄林	中龄林	近熟林	成过熟林
5	31.07	27.76	21.60	18.71	37.63	34.32	28.17	25.27
6	24.06	21.49	16.73	14.49	29.14	26.57	21.81	19.57
7	19.38	17.31	13.47	11.67	23.47	21.40	17.57	15.76
8	16.07	14.35	11.17	9.68	19.46	17.75	14.56	13.07
9	13.62	12.17	9.47	8.20	16.49	15.04	12.35	11.08
10	11.75	10.49	8.17	7.08	14.23	12.97	10.65	9.56
11	10.28	9.18	7.15	6.19	12.45	11.35	9.32	8.36
12	9.09	8.13	6.32	5.48	11.02	10.05	8.24	7.40
13	8.13	7.26	5.65	4.90	9.85	8.98	7.37	6.61

（续）

胸径	天然				人工			
	幼龄林	中龄林	近熟林	成过熟林	幼龄林	中龄林	近熟林	成过熟林
14	7.33	6.54	5.09	4.41	8.87	8.09	6.64	5.96
15	6.65	5.94	4.62	4.01	8.05	7.34	6.03	5.41
16	6.07	5.43	4.22	3.66	7.36	6.71	5.51	4.94
17	5.58	4.98	3.88	3.36	6.76	6.16	5.06	4.54
18	5.15	4.60	3.58	3.10	6.24	5.69	4.67	4.19
19	4.77	4.26	3.32	2.87	5.78	5.27	4.33	3.88
20	4.44	3.97	3.09	2.67	5.38	4.91	4.03	3.61
21	4.15	3.70	2.88	2.50	5.02	4.58	3.76	3.37
22	3.89	3.47	2.70	2.34	4.71	4.29	3.52	3.16
23	3.65	3.26	2.54	2.20	4.42	4.03	3.31	2.97
24	3.44	3.07	2.39	2.07	4.16	3.80	3.12	2.80
25	3.25	2.90	2.26	1.96	3.93	3.59	2.94	2.64

2.5 模型适用性检验

由于树木生长具有连续性，利用预留的386个2013—2014年丽水市复位调查样地作为检验样本，以式（7）联立方程组的胸径和生长率回归预估值为自变量，以样本观测值为因变量，建立适用性检验线性回归模型。线性回归模型F检验表明，胸径模型和生长率模型均达极显著水平，说明检验样本预测值与观测值具有很强的线性相关。模型拟合结果见表12。

表 12 检验样本预测值与观测值线性模型拟合结果

模型类型	参数	参数值	回归模型 F 值	回归模型 P 值
胸径模型	截距 a	－0.2238	93 370.82	0.0000**
	斜率 b	1.0152		
生长率模型	截距 a	0.0109	274.4139	0.0000**
	斜率 b	0.9709		

注：** 表示达到极显著水平（$p<0.01$）。

对线性回归模型的截距a和斜率b与（0，1）的适用性检验结果显示，胸径模型的F值为0.5052，生长率模型的F值为1.4036，而F临界值$F_{0.05}(2, 384) = 3.02$，$F_{0.01}(2, 384) = 4.66$，均未达到F检验显著或极显著水平，这表明，胸径和生长率模型的模型预测值与实测值无系统偏差，建立的模型通过适用性检验。

2.6 模型应用

以丽水市更新至2014年底的乔木林小班为前期数据，对2015年乔木林生长量进行预测，结果见表13。全市2014—2015年固定样地监测的乔木林总生长量（剔除枯损消耗后）为568.28万立方米，总生长率为6.76%。小班模型更新预测的总生长量为520.08万立方米，预测总生长率为6.85%。以固定样地监测结果为真值，模型预测生长量、生长率准确度分别达到91.5%和98.7%，说明模型预测结果较为可靠。

表 13 2015 年丽水市小班生长量与生长率预测结果

统计单位	2014 年乔木林蓄积量（万立方米）	2015 年生长量（万立方米）	2015 年生长率（%）
丽水市	7589.33	520.08	6.85
莲　都	412.79	26.65	6.46
青　田	877.89	57.12	6.51
缙　云	554.24	32.88	5.93
遂　昌	897.9	72.94	8.12
松　阳	497.38	32.15	6.46
云　和	435.84	27.02	6.20
庆　元	1118.16	68.92	6.16
景　宁	932.28	68.69	7.37
龙　泉	1862.86	133.7	7.18

3 结论与讨论

本专题利用两期固定样地蓄积量年生长率数据，在对影响生长率大小的主要因素协方差分析的基础上，构建了胸径回归模型和生长率模型联立方程组。胸径生长和林分蓄积量生长模型组成一个模型系统，对胸径和生长率模型参数进行联合估计，因此，模型式的参数估计具有统一性、相容性与一致性。建模结果和评价指标分析表明，联立方程组中的胸径回归模型，对于不同生长率模型组合，它的拟合参数差异不大，确定系数均较高；选定的生长率混合模型固定与随机效应组合，其固定效应参数值差异不显著，说明联立方程组的生长率回归参数，已能解释混合模型的固定效应，混合模型固定效应求解值能作进一步剔除。而混合模型中起源、龄组、树种组的随机效应差异显著。因此，建立的生长率混合模型，既能总体上模拟间隔期内区域林分生长，又能准确反映不同林分特征的小班生长特点，反映不同林分个体间的生长率的差异。

林分生长量大小，不仅因林分特征不同受本身生长快慢的影响，也受林分密度这一林分蓄积量基数的影响。因此，在因变量选择上，本专题采用生长率这一相对量指标反映蓄积量生长情况，通过同时对林分蓄积量生长量和林分蓄积量相除运算，抵消林分蓄积量基数大小不同的影响，避免了建模因变量因受林分密度等影响而出现较大波动，在预估小班蓄积量时，预估生长率通过与前期蓄积量相乘运算还原为生长量。因此，使用生长率为因变量，有利于模型的拟合，使模型既能较好收敛又能适合小班数据更新要求。

在林分生长中，由于蓄积量进界木具有跃变性和不确定性，因此进界木生长量的预估难度较大，而枯损量的预估也是小班林分生长预测的一个难点。本专题的处理方式是将保留木和进界木生长量之和作为总生长量，将枯立木和枯倒木的后期蓄积量作为零，而前期蓄积量按活立木计算林分生长率，在建模样本数据中反映因变量的变化并拟合模型参数。因此，生长率是指剔除了枯损率后的净生长率。从建模结果看，小径阶的林分因进界生长量大，生长率较高，对模型的平均生长率分析可知，平均径胸5厘米，年生长率为28.4%，平均径胸为6厘米，年生长率为22.0%，当平均径胸13厘米时，年生长率回落为7.4%，当平均径胸为25厘米，年生长率4.1%，这符合林分蓄积的生长规律。小径阶林分，进界木生长远高于保留木生长，但随着林分平均胸径增大，进界木生长量逐渐降低，林分生长主要体现为保留木生长；由于建模样本的生长率中已减去枯损消耗率，因此，生长率的预测值实际为净生长率预测结果，即间隔期内全部林木保留木与进界木的总生长量减去枯损量后的生长率。

基于混合模型的生长率模型和胸径回归模型建立的联立方程组，利用检验样本进行适用性检验，结果表明，胸径和生长率的模型预测值与实测值无系统偏差，模型具有较好的适用性。利用丽水市2014年同期的小班数据，对全市林分进行生长模型更新，新的模型预测的生长量和生长率，与同期的固定样地监测结果接近。因此，基于联立方程组和混合模型方法构建的林分生长率模型，具有良好的预估效果，可作为森林资源市、县联动监测自然生长小班的预估模型，也为其他设区市小班蓄积量模型更新提供借鉴。

从2012年开始，浙江省每年对全省11个设区市开展省、市联动固定样地监测，积累了丰富的固定样地数据[27～28]，今后仍将持续开展样地年度监测。由于森林的自然和人为干扰，其胸径、龄组、树种结构均可能发生一定程度的微小变化，从而导致生长率或生长量出现变化。这些固定样地的持续监测为跟踪年度间生长率变化提供了可能，林分生长率模型应间隔一段时期后重新建模，以分析和更正因建模总体发生变化而导致的模型结构和参数变化，确保模型具有适用性。

立地条件因子对于林分生长率的影响显而易见，但考虑到自变量因子获取的简便性和小班蓄积量生长率模型更新应用的可操作性，本专题不将立地条件作为自变量因子纳入生长率模型建模。若考虑两期生产经营现状及立地条件差异，应用模型预估蓄积量时，可按县为单位，以各县固定样地蓄积量净生长率与全市净生长率的比例为调整系数，对各县模型预估生长量进行调整。今后若条件成熟，可根据建模样地的立地条件，将立地质量分为5个等级（好、较好、中等、较差、差）纳入随机效应中进行建模；在模型应用中，将小班立地质量等级作为模型自变量进行林分生长率预测。

本专题采用混合模型方法对影响生长率高低的定性因素进行了定量分析，该方法在一定程度上弥补了建模单元样本不足的问题（如软阔类建模样本仅16个），若建模样本数量足够，可对4个树种组分别划分建模单元建立模型，以更准确预测不同树种结构的林分生长率。为增强模型外推功能，建议采用典型采样方法，进一步获取大径阶林分（特别是22厘米以上）的样本数量，提高模型对现实林分生长率外推预测的准确性。

参考文献

[1] 张雄清, 雷渊才, 段爱国, 等. 林分动态变化模型研究进展[J]. 世界林业研究, 2013, 26 (3): 63-69.

[2] 唐守正, 李希菲, 孟昭和. 林分生长模型研究的进展[J]. 林业科学研究, 1993, 6 (6): 672-679.

[3] 桑卫国, 马克平, 陈灵芝, 等. 森林动态模型概论[J]. 植物学通报, 1999, 16(3): 2-9.

[4] 葛宏立, 孟宪宇, 唐小明. 应用于森林资源连续清查的生长模型系统[J]. 林业科学研究, 2004, 17(4): 413-419.

[5] 高东启, 邓华锋, 程志楚, 等. 基于度量误差模型方法建立的林分相容性树高曲线方程组[J]. 西北农林科技大学学报（自然科学版）, 2015, 43(5): 65-70.

[6] 王春红, 李凤日, 贾炜玮, 等. 基于非线性混合模型的红松人工林枝条生长[J]. 应用生态学报, 2013, 24(7): 1945-1952.

[7] 杜纪山, 唐守正, 王洪良. 天然林区小班森林资源数据的更新模型[J]. 林业科学, 2000, 36(2): 26-32.

[8] Budhathoki C B, Lynch T B, Guldin J M. Nonlinear mixed modeling of basal area growth for shortleaf pine. For Sci, 2008. 255 (8): 3440-3446.

[9] 李永慈, 唐守正. 用Mixed和Nlmixed过程建立混合生长模型[J]. 林业科学研究, 2004, 17(3): 279-283.

[10]李春明. 混合效应模型在森林生长模型中的应用[J]. 林业科学, 2009, 45(4): 131-138.

[11] 李春明, 李利学. 基于非线性混合模型的栓皮栎树高与胸径关系研究[J]. 北京林业大学学报, 2009, 31(4): 7-12.

[12] 符利勇，张会儒，李春明，等. 非线性混合效应模型参数估计方法分析[J]. 林业科学. 2013, 49(1): 114-119.

[13] 符利勇，唐守正，张会儒，等. 基于多水平非线性混合效应蒙古栎林单木断面积模型[J]. 林业科学研究, 2015, 28(1): 23-31.

[14]符利勇，张会儒，唐守正. 基于非线性混合模型的杉木优势木平均高[J]. 林业科学, 2012, 48(7): 66-71.

[15]符利勇，孙华. 基于混合效应模型的杉木单木冠幅预测模型[J]. 林业科学, 2013, 49(8): 65-74.

[16] 符利勇，李永慈，李春明，等. 利用两种非线性混合效应模型(2水平)对杉木林胸径生长量的分析[J]. 林业科学, 2012, 48(5): 36-43.

[17] 符利勇，曾伟生，唐守正. 利用混合模型分析地域对国内马尾松生物量的影响[J], 生态学报, 2011, 31(19): 5797-5808.

[18] 符利勇，李永慈，李春明，等. 两水平非线性混合模型对杉木林优势高生长量研究[J]. 林业科学研究, 2011, 24(6): 720-726.

[19]李春明. 基于混合效应模型的杉木人工林蓄积量联立方程系统[J]. 林业科学, 2012, 48(6): 80-88.

[20] Tang Q.Y, Zhang CX，Data Processing System (DPS) software with experimental design, statistical analysis and data mining developed for use in entomological research. Insect Science. 20(2): 254-260.

[21] 唐守正, 郎奎建, 李海奎. 统计和生物数学模型计算（ForStat教程） [M]. 北京: 科学出版社, 2009.

[22] 唐守正, 李勇, 符利勇. 生物数学模型的统计学基础（第二版）[M]. 北京: 高等教育出版社, 2015.

[23] 郎奎建. 森林生态效益的线性联立方程组模型的研究[J]. 应用生态学报, 2004, 15(8): 1323-1328.

[24] 骆期邦, 曾伟生, 贺东北. 林业数表模型——理论、方法与实践[M]. 长沙: 湖南科学技术出版社, 2001.

[25] 马武, 雷相东, 徐光, 等. 蒙古栎天然林生长模型的研究——Ⅳ. 进界生长模型[J]. 西北农林科技大学学报（自然科学版）, 2015, 43(5): 58-64.

[26] 吴祖映, 郑勇平, 陈鑫锋, 等. 地位指数表适用性检验方法的探讨[J]. 浙江林学院学报, 1987, 4 (2): 98-103.

[27] 陶吉兴, 张国江, 季碧勇, 等. 杭州市森林资源市县联动年度化监测的探索与实践[J]. 林业资源管理, 2014, (4): 14-18.

[28] 张国江, 季碧勇, 王文武, 等. 设区市森林资源市县联动监测体系研究[J]. 浙江农林大学学报, 2011, 28(1): 46-51.

专题 4

基于固定样地连续监测数据的林木蓄积生长率月际分布研究

【摘　要】以浙江省为研究地，以2004—2015年该省森林资源连续清查年度监测固定样地为基础数据源，区分松类、杉类、硬阔、软阔4个树种组和小径级（6～12厘米）、中径级（14～26厘米）、大径级（≥28厘米）3个胸径级，组成12个研究类组，将全年划分为4月、5月、6月、7月、8月、9月、10月、11月至次年3月8个生长月，对各研究类组的蓄积月生长率进行了抽样估算，获得了各类组各生长月的蓄积月生长率和年生长率值。在此基础上，分析研究了各类组的月生长率变动曲线和月际分配占比，结果表明，不同的树种组，林木蓄积月生长率变动曲线有所不同，在4～10月的主生长期内，月生长率最高月与最低月之比为2.0～2.2，松、杉、软阔一年中有两个生长高峰，但出现时间与高度不尽一致，硬阔只有一个生长高峰；随着径级的增大，蓄积生长率呈明显下降趋势，中径级蓄积生长率为小径级的77%～88%，大径级蓄积生长率为中径级的64%～90%、小径级的56%～77%；在同一树种组的同个生长月内，各径级各生长月的生长率占比差异不明显，说明在研究蓄积生长率的月际占比情况时，可以不考虑径级因素。

【关键词】蓄积量生长率；月际分布；时间误差；固定样地；浙江省

森林资源作为重要的物质资源和环境资源，在经济发展和生态建设中有着不可替代的重要作用。按照现有法律法规，国家及地方政府应当定期开展森林资源调查。我国现有的森林资源调查体系，根据监测方法与目的不同，分为森林资源连续清查、森林资源规划设计调查和作业设计调查三类，尤其是国家森林资源连续清查体系，其技术和组织体系都比较完善，综合水平已位居世界前列[1, 2]，在金砖五国中已居首位[3, 4]。随着生态文明制度建设的不断推进，森林资源监测出现了由过去的数年一次到要求年度出数的新动向，资源调查数据不再被看作是一个单纯的资源性量值，而被列入政府业绩考核和生态文明建设评价的重要指标。由于监测周期越来越短、监测区域越来越小、监测数值越来越受关注，这意味着越来越要求我们做到精准监测，因而对监测数据的误差控制显得越来越重要。

根据聂祥永（2013）研究，森林资源调查监测误差来源大致有三大因素：技术方法因素，时空因素，人为干扰因素[5]。技术方法误差由基本调查方法和方案设计、设备条件等决定；人为干扰误差属于人为主观倾向和质量管理层面的问题，严格地说应属于偏差[6]。而时空误差则值得深入研究，特别是其中的时间因素问题，在以前长周期、宏观性监测时往往不被重视，但随着监测周期年度化及数据敏感化，是否在每年的同一固定时间进行复查，则是判别监测数据误差大小的一个重要因素，控制时间误差成为森林资源精准监测工作中凸显的一个重大课题。

在新中国成立后的较长时间内，在国家及地方各级政府的共同努力下，我国建立了较为完善的森林资源调查体系和较为完整的森林资源数表体系[7~8]。由于抽样监测往往周期较长，常常不重视数据采集是否处于同一时间基点的问题，相关文献研究报导也十分少见，而有关二类资源调查监测误差分析与方法改进问题的研究则相对较多[9-13]。本专题以固定样地连年调查数据为基础研究材料，对正常年度内的林木生长率月际分布情况进行了系统研究，以期为消减年度监测的时间误差提供科学依据。

1　基本概念与研究背景

1.1　有关概念

森林资源监测数据的时间误差，是指各类调查监测的时间基准点和周期不同带来的误差[5]。当监测周期确定后（如一类清查周期为5年，二类规划设计调查周期为

10年），前后二轮调查是否处在同一个时间基准点，则成为时间误差的主要来源。显然，监测周期越短，时间误差作用越大；反之，则时间误差影响越小。

蓄积量生长率月际分布是指某一树种（或树种组）的蓄积量年生长率在不同月份的分配情况，利用月生长率可以校正蓄积量调查的时间误差。在进行蓄积量生长率月际分布研究时，既要研究各月份的生长率大小，也要研究生长率的月际分布百分比。显然，前者研究月生长率的量值，后者则研究其分配占比。

1.2 林木生长规律

林木生长率大小与所在区位、林木起源、龄组等密切相关。一般来说，区域水热条件越好，树木生长越快；树种速生性越好生长越快，软阔叶树的生长大于硬阔叶树；人工林的生长速度，特别是早期生长率大于天然林；幼中龄林生长率高于成过熟林。在上述诸条件相对一致的情况下，同一年度内不同月份间的树木生长量也存在着差异。在亚热带地区，树木落叶后或常绿树种在冬季生长十分缓慢，进入春季，树叶萌动开始生长，春末到夏季出现一个生长高峰，炎热夏天会放慢生长速度，到秋季又迎来一个生长小高峰。秋末以后至次年整个冬季，树木生长量很小，落叶树几乎不再生长。

1.3 研究区概况

浙江省位于中国东南沿海，地理位置位于北纬27°06'～31°11'、东经118°01'～123°10'。省境东西宽与南北长均约450千米，全省陆域总面积10.18×10^4平方千米，其中丘陵山地占70.4%，平原面积占23.2%，河湖水域占6.4%。浙东部海域辽阔，共有大小岛屿3000余个，约占全国岛屿总数的1/3。“七山一水二分地”是浙江地貌构成的基本特征。

浙江省内山脉呈西南—东北向延伸，形成了从西南向东北倾斜的地势，由南向北可区分为3支：南支为洞宫山脉，主体范围属瓯江水系；中支为仙霞岭山脉，是钱塘江水系和瓯江水系的分水岭；北支为天目山脉，是太湖水系和钱塘江水系的分水岭。最高峰为位于浙西南龙泉市的黄茅尖，海拔1929米。河流主要有钱塘江、瓯江等八大水系。浙江地处东南季风剧烈活动的地区，属典型的亚热带季风气候，由北向南年均气温13.3～18.5℃，≥10℃积温4700～5600℃，年均降雨量1100～1900毫米，无霜期为230～270天。浙江的地带性植被为常绿阔叶林，历史上曾遍布全省各地，但目前仍保留原始状态的天然林数量很少，绝大部分为天然次生林和人工林[14]。

1.4 基础数据来源

本研究的对象是林木蓄积量月际生长率，理想的基础数据是固定样地的年度监测记录数据。浙江省现有国家连清样地4252个，在2004年完成第7次国家森林资源连清调查后，除2009年为国家连清年复查全部样地外，出于建立省级年度监测的需要，2005—2011年，每年复查其中1/3的样地。2012年后，开始建立省、市联动年度监测体系，不但每年对全部4252个国家连清样地进行复查，在此基础上还加密1123个样地，累计达5375个样地进行年度复查。对样地内胸径5厘米以上样木进行每木检尺，并记录每次复查检尺的具体日期。所有这些样地实测数据，构成了本研究的基础数据源。

2 研究方法

2.1 研究指标

研究指标，即林木蓄积量生长率（P_V），文中具体分年生长率与月生长率。以现行全省立木蓄积量式计算各样木蓄积量，并以期末蓄积量与期初蓄积量之差为样木蓄积量生长量，再按复利公式求算样木蓄积量生长率，公式为：

$$P_V=\frac{V_b-V_a}{V_a}\times 100 \tag{1}$$

式中，P_V为蓄积量生长率；V_b为期末蓄积量；V_a为期初蓄积量。

2.2 研究类组划分

根据前述的林木生长规律，林木生长率大小与区域、树种组、起源、龄组等密切相关，这些因子是划分研究类组的可选因子。但出于控制类组划分数量考虑，研究类组划分时拟先不考虑区域因子和起源因子，在实际应用时，可通过设置专门的区域和起源调整系数，来校正各自的年生长率和月生长率。

为此，确定树种组、龄组作为研究类组划分的主导因子。首先依据树种组进行划分，按照浙江省森林资源调查技术规程[15]，结合我国林业基础数表编制时的浙江省树种组划分情况[7, 8]，浙江省乔木树种分为松类、杉类、硬阔、软阔四大树种组；然后考虑依据龄组因子作进一步划分，但因样地调查时，只记录林分的龄组而不记录具体每株样木的龄组，因而无法得到样木的龄组，鉴于树木年龄与胸径大小存在明显正相关，在此以胸径级划分来替代龄组划分。根据浙江省森林资源调查技术规程[15]，胸径级分为小径级（6～12厘米）、中径级（14～26厘米）、大径级以上（≥28厘米）三个等级。据此，共划分出如下12个研究类组进行研究（表1）。

表 1 研究类组划分

类别	小径级（6 ~ 12 厘米）	中径级（14 ~ 26 厘米）	大径级（≥ 28 厘米）
松类	1：小径级松	2：中径级松	3：大径级松
杉类	4：小径级杉	5：中径级杉	6：大径级杉
硬阔	7：小径级硬阔	8：中径级硬阔	9：大径级硬阔
软阔	10：小径级软阔	11：中径级软阔	12：大径级软阔

2.3 数据预处理

2.3.1 样地数据整理

以样地为数据整理基本单位，将样地内的各保留木（样木）按上述12个研究类组进行归集。先对每个样地每一研究类组内的特殊样木进行剔除，通常采用t检验（3S）准则，检查是否为异常数据并进行剔除，如辽宁省在编制森林生长量（率）表时，以胸径生长量为标志值，对大于或小于3倍标准差的生长异常木进行剔除[16]，本研究也据此参照。在剔除异常木后，每个样地内每一类组的样木株数不得少于3株，否则取消这一类组。计算每一样木的蓄积量，然后按公式（1）计算本年调查较上年调查的蓄积量生长率，同时记录各监测年度的样地调查月时间。最后，计算每个样地每一类组内所有样木的蓄积量生长率算术平均数，作为该研究类组的初始指标值。

2.3.2 各类组蓄积量月生长率推算

根据亚热带树种的年生长特性，3月树木开始生长，至10月生长已很缓慢，11月后至次年3月基本处于缓慢生长状态，故将11月至次年3月合并作为一个生长月来对待，这与浙江省森林资源年度监测时间一般从每年4月开始至10月结束的情况也相吻合。为此，将全年划分为：4月、5月、6月、7月、8月、9月、10月、11月至次年3月8个生长月进行研究。

对每一类组，以样地为预处理单元，将相邻两个调查年度组对进行循环滚动，计算二年度调查期间的蓄积量生长率。然后先按前期调查月份进行归集，对前期调查月份相同的子集，再按表2格式将期间生长率落到相应的后期调查月份栏。

表2实际上是为了析出月生长率的过渡表，因前期调查均为同一月份，则可根据后期调查月份的不同，推算析出各月份的月生长率。如表2中，在同一个“前期调查月”内，每一类组的月生长率样本值，可按下述方法析出，公式为：

表 2 各类组月生长率推算过渡表

后期调查月 / 前期调查月	4 月	5 月	6 月	7 月	8 月	9 月	10 月	11-3 月
4 月	+ , + , +	+ , + , +	+ , + , +	+ , + , +	+ , + , +	+ , + , +	+ , + , +	+ , + , +
5 月	+ , + , +	+ , + , +	+ , + , +	+ , + , +	+ , + , +	+ , + , +	+ , + , +	+ , + , +
6 月	+ , + , +	+ , + , +	+ , + , +	+ , + , +	+ , + , +	+ , + , +	+ , + , +	+ , + , +
7 月	+ , + , +	+ , + , +	+ , + , +	+ , + , +	+ , + , +	+ , + , +	+ , + , +	+ , + , +
8 月	+ , + , +	+ , + , +	+ , + , +	+ , + , +	+ , + , +	+ , + , +	+ , + , +	+ , + , +
9 月	+ , + , +	+ , + , +	+ , + , +	+ , + , +	+ , + , +	+ , + , +	+ , + , +	+ , + , +
10 月	+ , + , +	+ , + , +	+ , + , +	+ , + , +	+ , + , +	+ , + , +	+ , + , +	+ , + , +
11-3 月	+ , + , +	+ , + , +	+ , + , +	+ , + , +	+ , + , +	+ , + , +	+ , + , +	+ , + , +

注：表中“+”代表组对期间蓄积生长率数值，各单元格内“+”的实际个数不尽相同。

$$P_{V_{月}}=P_{V_b}-P_{V_a} \tag{2}$$

式中，$P_{V_{月}}$为月生长率；P_{V_b}为该月调查样地的期间生长率；P_{V_a}为上月调查样地的期间生长率。

即在“前期调查月”相同的子集内：

10月的月生长率= “后期调查月”为10月的期间生长率－“后期调查月”为9月的期间生长率；

9月的月生长率= “后期调查月”为9月的期间生长率－“后期调查月”为8月的期间生长率；

8月的月生长率= “后期调查月”为8月的期间生长率－“后期调查月”为7月的期间生长率；

7月的月生长率= “后期调查月”为7月的期间生长率－“后期调查月”为6月的期间生长率；

6月的月生长率= “后期调查月”为6月的期间生长率－“后期调查月”为5月的期间生长率；

5月的月生长率= “后期调查月”为5月的期间生长率－“后期调查月”为4月的期间生长率；

4月的月生长率= “后期调查月”为4月的期间生长率－“后期调查月”为上年11～3月的期间生长率；

11～3月的月生长率= “后期调查月”为11月至次年3月的期间生长率－“后期调查月”为10月的期间生长率。

由于11～3月样地调查数量很少，在实际计算时，可采用各类组近5年的年均生长率减去4～10月的各月生长率之和的方法，得到11月至次年3月的月生长率。

2.4 数据处理方法

2.4.1 研究样本归集

经过前期数据预处理，获得了各类组的各月生长率的众多样本数据，由于包含各类组的样地数量和各月调查完成的样地个数的不同，各类组的各月样本个数存在着很大差异，多者达242个，少者仅3个，以6、7、8三个月的样本数量最多，其次是5月，样本数量总计达4238个，经统计结果如表3所示。

表 3 各类组各月样本数量表

单位：个

类组		4月	5月	6月	7月	8月	9月	10月	11月至次年3月
树种组	径级								
松类	小径级	9	37	125	144	128	16	3	—
	中径级	9	41	161	185	173	19	9	—
	大径级	11	18	41	64	38	15	6	—
杉类	小径级	10	34	137	147	142	20	3	—
	中径级	11	35	110	120	128	18	6	—
	大径级	6	14	12	18	17	12	3	—
硬阔	小径级	9	56	242	241	219	25	10	—
	中径级	3	39	127	132	131	17	3	—
	大径级	6	10	38	37	22	10	3	—
软阔	小径级	12	38	117	75	86	16	3	—
	中径级	6	20	51	49	42	11	3	—

（续）

类组		4月	5月	6月	7月	8月	9月	10月	11月至次年3月
树种组	径级								
软阔	大径级	3	10	10	17	12	13	9	—
合计	4238	95	352	1171	1229	1138	192	61	—

2.4.2 月生长率数理统计

将各类组各月的所有样本作为一个数据处理集，按照数理统计公式，求算出各月生长率平均数和抽样调查精度，公式分别为：

1．月生长率平均数（$\overline{P}_{V_{月}}$）

$$\overline{P}_{V_{月}}=\sum_{i=1}^{n}\frac{P_{V_{月_i}}}{n} \tag{3}$$

式中，$P_{V_{月_i}}$为该类组该月的第i个月生长率样本值；n为该类组该月的样本单元数量。

2．抽样调查精度（p）

$$p=1-\frac{\Delta}{\overline{P}_{v_{月}}} \tag{4}$$

式中，⊿为抽样调查绝对误差；$\Delta=t_{\alpha}\times\mu_{x}$；$\mu_{x}=\frac{\sigma}{\sqrt{n}}$；$\sigma=\sqrt{\frac{\sum_{i=1}^{n}P_{V_i}^{2}-\frac{\left(\sum_{i=1}^{n}P_{v_i}\right)^{2}}{n}}{n-1}}$

其中：t_{α}为可靠性指标，当α取95%水平时，t_{α}=1.96；μ_{x}为抽样调查标准误；σ为抽样调查标准差。

经计算分析，当各类组生长月的样本个数不足30个时，抽样调查精度一般不超过70%，数据处理时不估算其精度；当达到了大样本（≥30个）数量时，计算其抽样调查精度。由于4月与10月样本个数较少，当样本个数少于10个时，采用回归分析方法估算其月生长率。

2.4.3 年生长率月际分配比例

1．年生长率（$P_{V_{年}}$）求算

将各月生长率相加，即为年生长率，公式为：

$$P_{V_{年}}=\sum_{i=1}^{12}P_{V_{月_i}} \tag{5}$$

式中，$P_{V_{月_i}}$为i月的月生长率。

2．年生长率月际分布百分比〔$P_{V_{月_i}}(\%)$〕

将各月生长率与年生长率相除，即为年生长率月际分布百分比，公式为：

$$P_{V_{月_i}}(\%)=\frac{P_{V_{月_i}}}{P_{V_{年}}} \quad (6)$$

3　结果与分析

3.1 各类组月生长率

分树种组、径级，通过上述月生长率数理统计方法，得到各类组的蓄积量月生长率（表4），同时对5～8月间样本个数超过30个时，计算其调查精度（表5）。

表4　各类组月生长率表

单位：%

类组		年生长率	4月	5月	6月	7月	8月	9月	10月	11月至次年3月
树种组	径级		月生长率	月生长率	月生长率	月生长率	月生长率	月生长率	月生长率	月生长率
松类	平均	8.95	0.84	1.21	1.31	1.02	1.29	1.22	0.65	1.41
	小径级	11.21	1.01	1.54	1.59	1.18	1.46	1.81	0.86	1.76
	中径级	8.67	0.84	1.20	1.36	0.99	1.34	0.97	0.61	1.36
	大径级	6.98	0.66	0.88	0.97	0.89	1.08	0.89	0.50	1.11
杉类	平均	10.50	0.95	1.42	1.43	1.25	1.27	1.72	0.80	1.66
	小径级	12.46	1.11	1.55	1.77	1.50	1.48	2.10	0.95	2.00
	中径级	11.02	1.00	1.49	1.53	1.33	1.38	1.71	0.85	1.73
	大径级	8.01	0.74	1.21	0.99	0.93	0.95	1.35	0.59	1.25
硬阔	平均	9.15	0.82	1.13	1.47	1.42	1.11	1.20	0.71	1.29
	小径级	11.23	1.02	1.46	1.90	1.75	1.30	1.35	0.87	1.58
	中径级	9.89	0.87	1.12	1.70	1.44	1.27	1.34	0.76	1.39
	大径级	6.34	0.57	0.82	0.81	1.07	0.77	0.90	0.49	0.91

（续）

类组		年生长率	4 月	5 月	6 月	7 月	8 月	9 月	10 月	11 月至次年 3 月
树种组	径级		月生长率	月生长率	月生长率	月生长率	月生长率	月生长率	月生长率	月生长率
软阔	平均	11.60	1.14	1.73	1.95	1.41	1.77	1.64	0.96	1.00
	小径级	13.62	1.35	1.99	2.19	1.88	1.98	1.92	1.13	1.18
	中径级	11.13	1.08	1.68	1.90	1.22	1.74	1.63	0.92	0.96
	大径级	10.04	0.99	1.52	1.75	1.13	1.60	1.37	0.82	0.86

表 5　各类组大样本生长月调查精度表

类组		5 月		6 月		7 月		8 月	
树种组	径级	样本数量（个）	调查精度（%）	样本数量（个）	调查精度（%）	样本数量（个）	调查精度（%）	样本数量（个）	调查精度（%）
松类	小径级	37	77.1	125	87.7	144	87.5	128	87.8
	中径级	41	77.4	161	88.3	185	88.8	173	88.0
	大径级	18	—	41	70.6	64	82.0	38	76.6
杉类	小径级	34	70.3	137	90.2	147	87.6	142	88.1
	中径级	35	72.2	110	86.7	120	85.4	128	86.9
	大径级	14	—	12	—	18	—	17	—
硬阔	小径级	56	80.6	242	92.3	241	91.8	219	89.4
	中径级	39	71.2	127	88.6	132	86.0	131	86.0
	大径级	10	—	38	74.1	37	73.7	22	—
软阔	小径级	38	74.6	117	88.6	75	84.3	86	83.7
	中径级	20	—	51	79.2	49	81.9	42	77.5
	大径级	10	—	10	—	17	—	12	—

由表4可知，4个树种组的年生长率存在着明显差异，由低到高依次为：松类8.95%、硬阔9.15%、杉类10.50%、软阔11.60%，这与浙江省近30年来多次监测结果相吻合。

由表4分析可知，林木蓄积量的月生长率变化起伏不大，但各树种组的变动曲线不尽相同（图1）。在4～10月的主生长期内，最高月生长率与最低月生长率之比，松类2.0倍、杉类2.2倍、硬阔2.1倍、软阔2.0倍。林木蓄积量的月生长率变动起伏较小，可能与连续清查样地采用胸径单因子查一元蓄积量表的方法有关，毕竟胸径的月际变化较树高的月际变化要小得多。

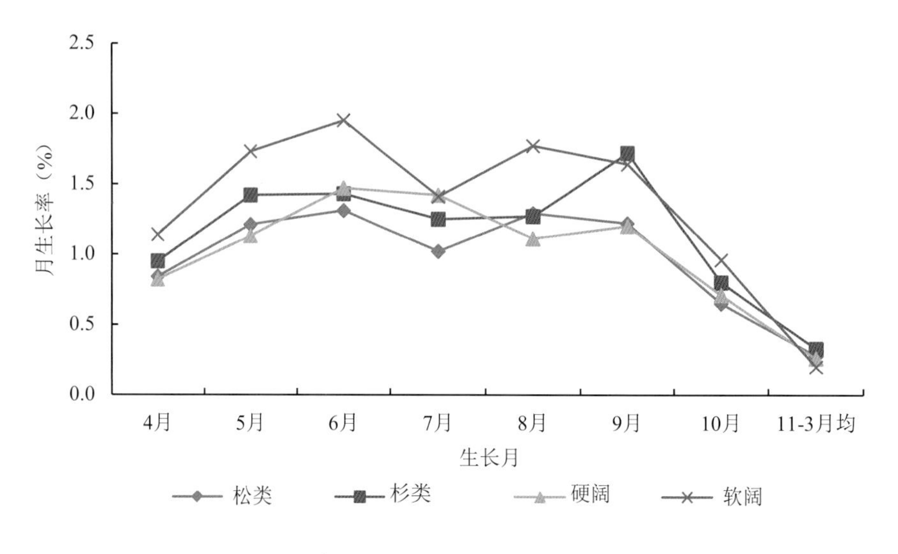

图 1　各树种组月生长率变动曲线图

由表5显示，调查精度高低与样本数量多少密切相关，精度最低者为小径级杉类组的5月月生长率，调查精度为70.3%，样本数量为34个；精度最高者为小径级硬阔类组的6月月生长率，调查精度92.3%，样本数量为242个。综上而言（图2），当样本数量达到大样本个数30个以上时，调查精度可达到70%；当样本数量达到40个以上时，

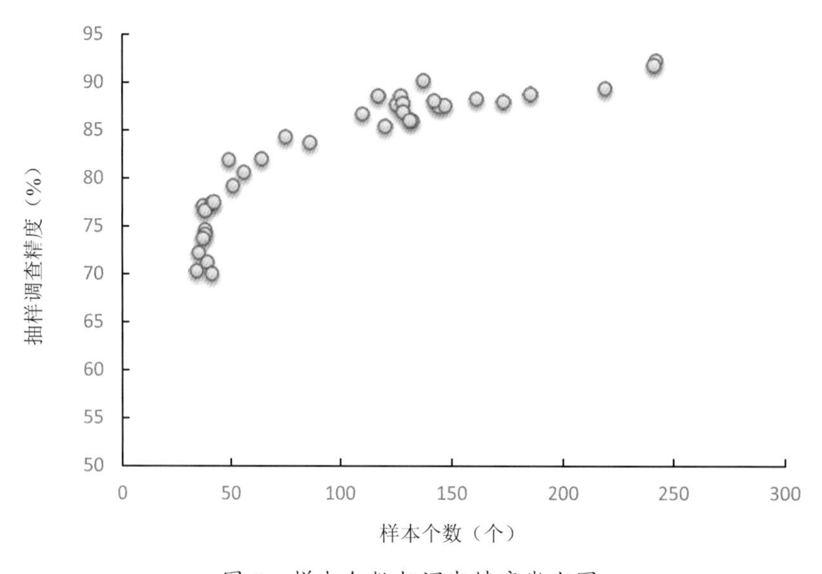

图 2　样本个数与调查精度散点图

调查精度可达到80%；当样本数量达到140个以上时，调查精度可达到90%。

3.2 各树种组月生长率结果分析

3.2.1 松类月生长率结果分析

松类蓄积量生长率的月际变化情况（图3），由图可知，4～6月生长逐渐加快，到6月达到第一个生长高峰，7月明显下降，8～9月回升成为第二个生长高峰，10月后生长快速下降。由于松类为常绿树种，11月至次年3月，仍保持着一定的生长量。随着径级的增大，蓄积量生长率呈明显下降趋势，中径级年生长率为小径级的77.3%，大径级年生长率为小径级的62.3%、中径级的80.5%。

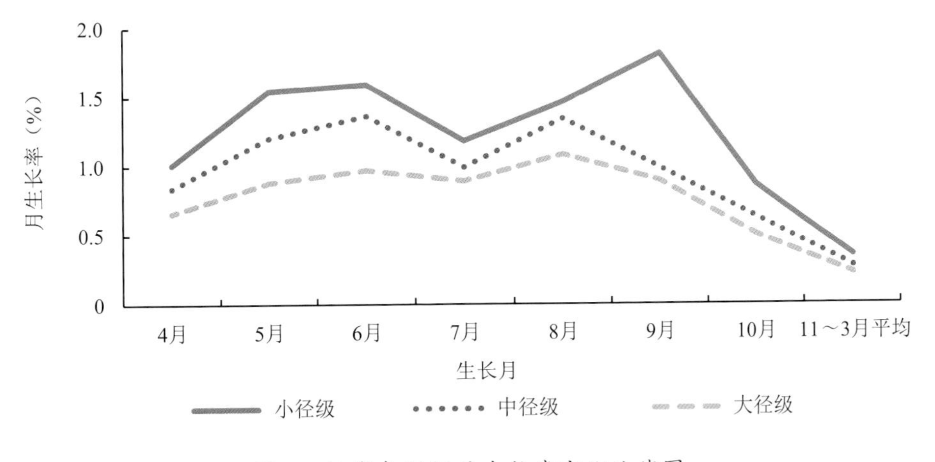

图 3 松类各径级月生长率变化曲线图

3.2.2 杉类月生长率结果分析

杉类蓄积量生长率的月际变化与松类有所不同（图4），4～6月生长逐月增快，

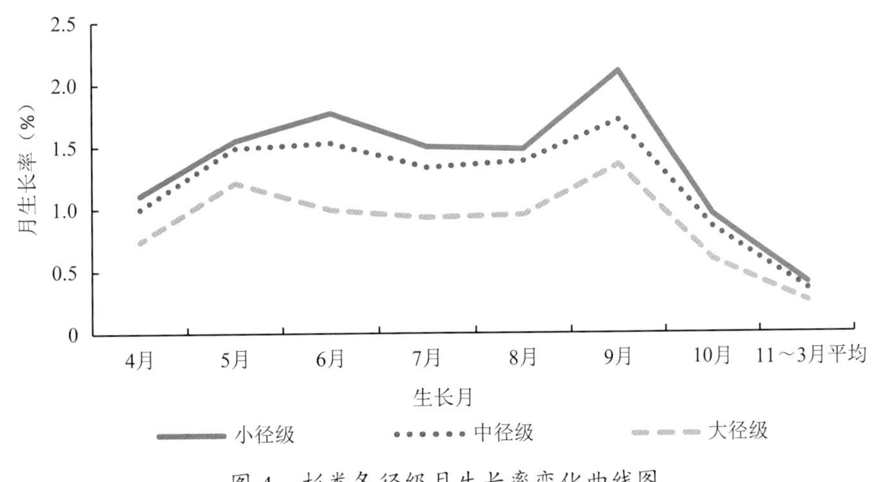

图 4 杉类各径级月生长率变化曲线图

但第一个生长高峰稍早，在5～6月，第二个生长高峰偏后，在9月、10月后生长也快速下降。杉木也为常绿树种，11月至次年3月，仍保持着一定的生长量。蓄积量生长率随着径级变化情况是：中径级年生长率为小径级的88.4%，大径级年生长率为小径级的64.3%、中径级的72.7%。这说明中径级杉木与小径级杉木相比生长减退不大，但进入大径级后，生长衰退更为明显。

3.2.3 硬阔月生长率结果分析

硬阔蓄积量生长率月际变化的显著特点是全年只有一个生长高峰（图5），4～6月逐月增高，6月进入全年生长高峰期，7月有所下降，8月继续下降，9月稳中略升，形成一个肩部，10月后生长迅速下降。硬阔中以常绿树种占多数，11月至次年3月，仍保持着一定的生长量，但由于部分为落叶树种，其冬季生长率稍低于常绿针叶树。进入大径级后，硬阔的蓄积量生长迅速下降，中径级年生长率为小径级的88.1%，但大径级年生长率仅为小径级的56.5%、中径级的64.1%。

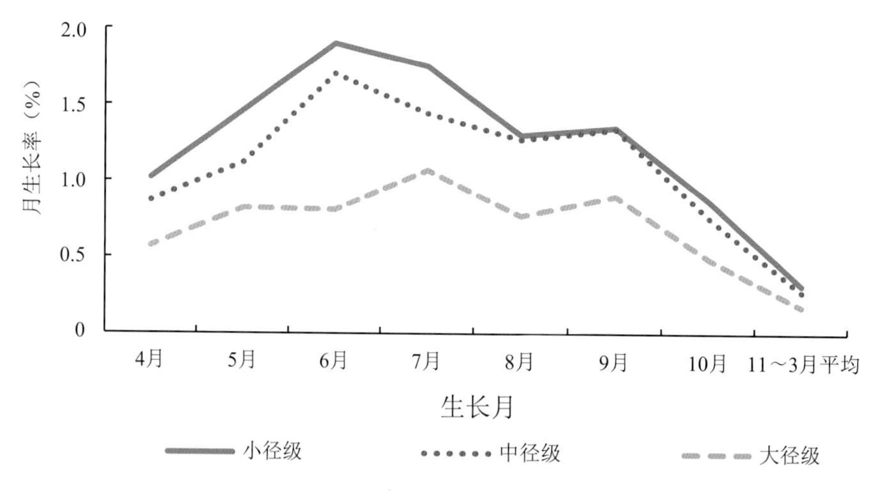

图5 硬阔各径级月生长率变化曲线图

3.2.4 软阔月生长率结果分析

软阔以速生落叶树种为主体，其蓄积量生长率的月际变化波动较大（图6），5月已是快速生长期，6月到达第一个生长高峰，7月明显下降，8月形成第二个生长小高峰，9月又开始下降，10月显著下降。11月落叶明显，次年3月萌动吐叶再次生长，在落叶后至树液萌动前几乎不再生长，整个11月至次年3月，生长量显著小于松、杉、硬阔。由于软阔大多具有速生性，随着径级的增大蓄积量生长率下降相对较缓，中径级年生长率为小径级的81.7%，大径级年生长率为小径级的73.7%、中径级的90.2%。

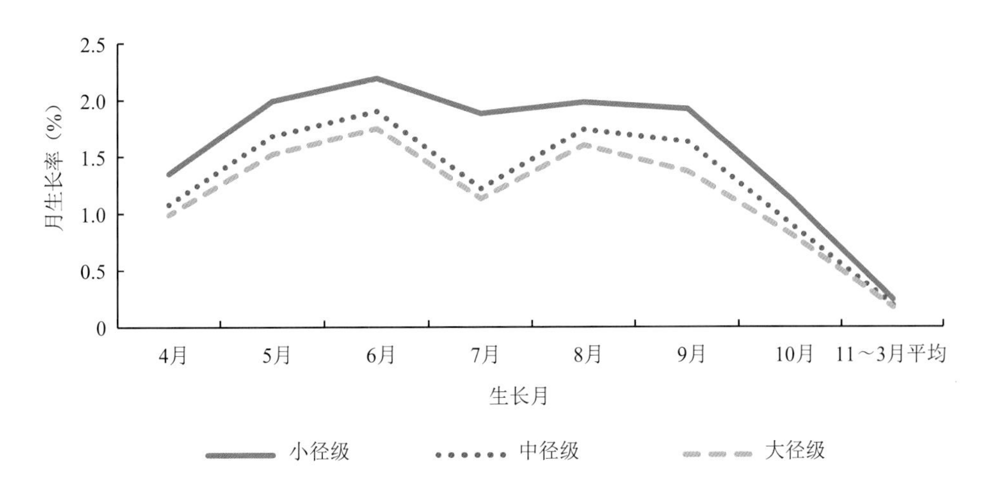

图 6　软阔各径级月生长率变化曲线图

3.3　各类组年生长率月际分配比例

分树种组、径级，通过上述年生长率月际分布百分比计算方法，得到各类组的蓄积量年生长率月际分配比例（表6）。

表 6　各类组年生长率月际分配比例

单位：%

类组		合计	4 月	5 月	6 月	7 月	8 月	9 月	10 月	11 月至次年3月
树种组	径　级									
松类	平　均	100	9.39	13.52	14.64	11.40	14.41	13.63	7.26	15.75
	小径级	100	9.01	13.74	14.18	10.53	13.02	16.15	7.67	15.70
	中径级	100	9.69	13.84	15.68	11.42	15.46	11.19	7.03	15.69
	大径级	100	9.46	12.61	13.90	12.75	15.47	12.75	7.16	15.90
杉类	平　均	100	9.05	13.52	13.62	11.90	12.10	16.38	7.62	15.81
	小径级	100	8.91	12.44	14.21	12.04	11.88	16.85	7.62	16.05
	中径级	100	9.08	13.52	13.88	12.07	12.52	15.52	7.71	15.70
	大径级	100	9.24	15.10	12.36	11.61	11.86	16.85	7.37	15.61
硬阔	平　均	100	8.96	12.35	16.07	15.52	12.13	13.11	7.76	14.10
	小径级	100	9.08	13.00	16.92	15.58	11.58	12.02	7.75	14.07
	中径级	100	8.80	11.33	17.19	14.56	12.84	13.55	7.68	14.05

（续）

类组		合计	4月	5月	6月	7月	8月	9月	10月	11月至次年3月
树种组	径 级									
硬阔	大径级	100	8.99	12.93	12.78	16.87	12.15	14.20	7.73	14.35
软阔	平 均	100	9.83	14.91	16.81	12.16	15.26	14.14	8.27	8.62
	小径级	100	9.91	14.61	16.08	13.80	14.54	14.10	8.30	8.66
	中径级	100	9.70	15.09	17.07	10.96	15.63	14.65	8.27	8.63
	大径级	100	9.86	15.14	17.43	11.25	15.94	13.65	8.17	8.56

表6显示，在4～10月的主生长期内其蓄积量生长率的月际占比差异不大，进一步分析表明：①同一树种组的各径级，同月内的生长率占比差异不明显，多数情况相差不超过1个百分点，差异最大者软阔为7月，相差2.48个百分点，由此推断，在进行蓄积量生长率的月分配比例研究时可以不考虑径级因素。②不同树种组的蓄积量生长率月际占比存在着差异（图7），松类与杉类呈现两个生长高峰，但杉类9月的第二生长高峰比例更大；硬阔只有6月一个高峰值，11～3月的生长占比低于松与杉；软阔的显著特点是11月至次年3月的生长占比很低，仅为松类与杉类的一半略强，但其他各月的生长占比又高于其余三个树种。

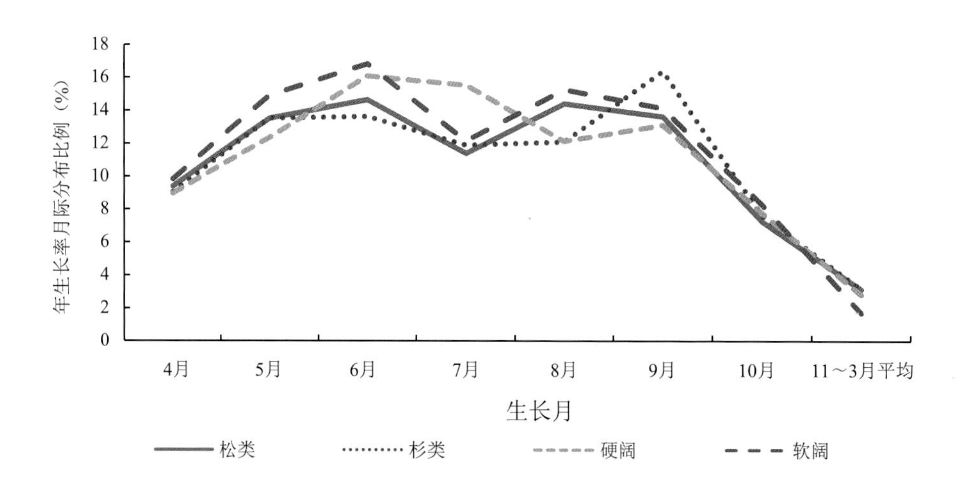

图7　各树种组蓄积生长率月际分配曲线图

4 结论与应用

4.1 研究结论

本专题在对海量数据进行统计研究的基础上，着重对树木年生长率的月际分布情况进行了系统研究，结果为：

（1）全省林木的蓄积量月际生长率存在着较大差异，在4～10月的主生长期内，最高月与最低月之比相差2.0～2.2倍。因此，开展短周期森林资源调查时（如年度监测），进行调查时间误差校正十分必要。

（2）不同的树种组，林木蓄积量月生长率高峰出现情况有所不同。松、杉两个针叶树种，大致在6月、9月有两个明显的生长高峰；硬阔只有6月一个生长高峰，8～9月是平稳生长期；软阔7月高温为相对生长低谷，7月前后有两个不太明显但持续时间较长的生长高峰，且11月至次年3月的生长占比显著小于其他三个树种组。

（3）由于各类组各生长月的样本数量差异较大，其月生长率的估计精度也有所不同，从而影响到时间误差校正效果。6、7、8三个月，样本数量最多，利用月生长率的时间误差校正精度最高；5月样本数量较多，校正精度较好；4月、10月由于样本数量较少，校正精度相对较差。因此，建议把时间误差的校正基准月定在6～8月为好。

（4）在同一树种组同个生长月内，各径级的月生长率占比差异不明显，也即研究蓄积量生长率的月分配比例时，可以不考虑径级因素。

4.2 结果应用

利用本研究结果，可对固定样地进行年度监测时，由于调查时间和区域的不同，进行时空误差校正，以使监测结果更具一致性和可比性。

（1）时间误差校正：先确定一个统一的校正基准月，如定为每年的7月，然后根据每一样地的实际调查月份与7月的时间距离，利用月生长率进行校正。

（2）空间误差校正（区域调整系数）：在对每一调查样地进行时间误差校正后，设想以设区市为区域单位，将每一设区市近5年的样地保留木年生长率与相应的全省平均年生长率相除，得到的值作为该设区市的区域校正系数，经计算，浙江省11个设区市的校正系数分别为：杭州0.9015、宁波0.9056、温州1.1915、嘉兴2.0298、湖州1.1395、绍兴0.8564、金华1.1040、衢州0.9904、舟山0.9631、台州1.1436、丽水0.9959。此校正系数呈现平原区比例越高校正系数越大的倾向，如嘉兴市为纯平原区，校正系数高达2倍，这与平原区以速生绿化树种为主体的情况有关。当设区市单独作为一个抽样总体，利用各自的样本单独测算蓄积量年生长率与月生长率时，不必设定调整系数进行空间误差校正。

（3）起源误差校正（起源调整系数）：在对每一调查样地进行时间误差校正后，分为天然、人工两种起源，将每一起源近5年的年生长率与全省平均年生长率相除，得到的值作为该起源校正系数，经计算，天然林的调整系数为0.9086，人工林的调整系数为1.0914。

参考文献

[1] 唐守正. 我国森林资源清查体系位居世界先进行列[N]. 中国绿色时报, 2009-11-12（8）.

[2] 叶荣华. 年度森林资源清查：美国的经验与借鉴[J].林业资源管理, 2013, (4): 1-4.

[3] 李忠平, 黄国胜, 曾伟生, 等. 巴西森林资源监测及遥感技术应用的基本做法和启示[J]. 林业资源管理, 2012, (5): 125-128.

[4] 陆元昌, 曾伟生, 雷相东. 森林与湿地资源综合监测指标与技术体系[M]. 北京:中国林业出版社, 2011.

[5] 聂祥永. 森林资源监测成果数据的差异与误差问题研究[J]. 林业资源管理, 2013, (1): 32-37.

[6] 杨国宪. 森林抽样调查误差浅谈[J]. 中南林业调查规划, 1984, 3 (2): 39-41.

[7] 白卫国, 王祝雄. 论我国林业数表体系建设[J]. 林业资源管理, 2009, (1): 1-7.

[8] 胡杏飞, 李文斗, 毛行元. 我国林业基础数表的历史发展、现状和对策措施[J]. 华东森林经理, 2008, 22(2): 45-48.

[9] 韦希勤. 森林资源二类调查中蓄积量的调查与修正[J]. 林业调查规划, 1991, (3): 9-32.

[10] 佘光辉, 林国忠, 温小荣. 森林资源二类调查改进方法及验证分析[J]. 南京林业大学学报（自然科学版）, 2009, 33(1): 124-126.

[11] 郑德祥, 陈清海, 陈平留, 等. 森林资源二类续档误差及原因分析[J]. 林业资源管理, 2004, (4): 31-34.

[12] 刘羿, 刘安兴, 张国江. 森林资源数据更新研究[J]. 林业资源管理, 2006, (2): 66-70.

[13] 季碧勇, 张国江, 赵国平, 等. 基于固定样地的县级森林资源动态监测方法[J]. 林业资源管理, 2009, (5): 50-53.

[14] 浙江省林业志编纂委员会. 浙江省林业志[M]. 北京: 中华书局, 2001.

[15] 浙江省林业厅. 国家森林资源连续清查浙江省第七次复查技术操作细则[S]. 杭州, 2014.

[16] 丛日健, 李晓玲, 周世杰. 辽宁省森林生长量（率）表的编制[J]. 林业资源管理, 2003, (1): 29-32.

专题 5

基于连续清查固定样地生物量的立地质量评价

【摘　要】以浙江省内陆立地区——非岩成土地区山地丘陵的立地为研究对象，利用998个森林资源连续清查固定样地为建模样本，以单位面积生物量年生产量为因变量，采用以生物量为指标的直接评价法，首先通过逐步回归分析方法筛选出立地质量主导因子，再根据数量化理论Ⅰ模型，构建立地质量数量化评价模型，最后评价了研究区内各立地类型的立地质量等级，估算了区域内各等级林地面积。结果表明：海拔、坡位、坡向、土壤厚度、腐殖质层厚度5个项目可作为立地质量评价主导因子，以生物量作为立地质量评价指标，具有较好的生物学意义，构建的立地质量评价模型，能有效评定研究区的立地质量等级，在林业生产应用中具有现实意义。

【关键词】固定样地；逐步回归分析；生物量；立地质量评价；数量化模型

立地质量评价是实现科学造林、合理高效利用林地的重要保证。目前国内外立地质量评价一般分为直接评价法和间接评价法，直接评价法有以林分蓄积量为指标的定期收获量法、以林分平均高为指标的地位级法和以林分优势木高为指标的地位指数法

[1]等，间接法有指示植物法、树种代换评价法、环境因子法等[2-3]。以林木生长量为标准，设置固定样地对林木生长量进行长期连续测定，同时结合林地环境条件来评价立地质量，这种方法被认为是最直接、准确和可靠的[3]。生物量是反映森林生态系统功能的重要指标[4]，也是分析与评价立地质量的直接指标[5]，在生态系统的尺度上揭示生产力与环境因子的相互关系[6]。但目前，采用森林资源连续清查固定样地为基础数据，并且基于生物量指标的立地质量评价研究很少。

2010年，浙江省开展了以森林资源连续清查体系为基础的森林植被生物量评估研究，研究成果已向社会发布使用[7]。在先期研究的基础上，利用浙江省森林资源连续清查固定样地为数据源，以生物量为因变量指标，采用数量化模型对浙江省内陆立地区——非岩成土地区山地丘陵的立地质量进行了评价研究。

1　研究材料

1.1　研究区域

根据已有研究成果，浙江省分成内陆和沿海两个立地区[8-9]。本专题以内陆立地区——非岩成土区山地区为研究区域，即除“大陆海岸线向内延伸10千米的陆域地带及全部海洋岛屿”外的广大内陆山地区域。因此，根据浙江省立地分类系统（即立地区、立地类型区、立地类型组和立地类型4级系统）研究[8]，本专题研究区域属内陆立地区（非岩成土区域山地丘陵）——浙西山地丘陵立地类型区、浙中丘陵盆地立地类型区、浙南山地立地类型区和浙东低山丘陵立地类型区。研究区林地面积605.25×10^4公顷，占全省同期林地面积的91.6%。

1.2　材料来源

2009年，浙江省开展了森林资源连续清查第六次复查，共调查样地4252个，样地间距4千米×6千米，样地面积0.08公顷，所有调查样地均为2004年布设的复位样地。样木调查采用每木（竹）检尺方法，实测样地内所有样木（竹）的胸径因子。根据实测的样木平均胸径，利用平均木调查法，实测3～5株平均标准木的树高、冠幅、冠长等林分结构因子的数量特征。

为反映样地所处的立地环境状况，还实测了调查样地的地形因子（坡向、坡位、坡度）、土壤因子（土壤类型、土壤厚度、腐殖质层厚度等）、林下植被因子（植被类型、灌木覆盖度、灌木高度、草本覆盖度、草本高度、植被总覆盖度）等环境特征，这为本次立地质量评价提供了翔实可靠的基础材料。

1.3 建模样本

建模样本选取，首先根据样地地理位置，筛选出除“大陆海岸线向内延伸10千米的陆域地带及全部海洋岛屿”[8-9]外的内陆立地区样地，再根据样地所处地形地貌、地类、土壤、龄组，筛选出中山、低山、丘陵中的乔木林中幼龄林非岩成土区域的样地，该部分样地将用于立地质量评价主导因子筛选和模型构建。

按以上标准，经筛选，可用于建立数量化评价模型的建模样本998个。建模样本广泛分布在除舟山市、嘉兴市外的内陆立地区山地丘陵中，各市样本分布情况见表1。

表 1 各市建模样本数量分布

统计单位	合计	杭州市	宁波市	温州市	湖州市	绍兴市	金华市	衢州市	台州市	丽水市
样本个数	998	180	47	110	28	78	129	82	95	249

2 研究方法

2.1 立地分类

根据内陆立地区立地条件差异的复杂程度，将立地区划和分类单位组成同一分类系统，作4级划分：

立地区

立地类型区

立地类型组

立地类型

其中，立地区、立地类型区是区划单位，立地类型组、立地类型是分类单位。

分区就是根据地貌、气候等因子，将省域范围区划成空间上连续分布、地域相连且不重复出现的不同区域，是宏观范围的立地区划。分类就是根据立地分类主导因子，将地块划分为不同立地类型，可在地域上不是连续分布，在地域上重复出现。

2.2 主导因子筛选

立地类型组是相似森林立地类型的集合，属小尺度的自然地理分异。不同的立地类型组、立地类型的生产潜力差异明显，直接关系到造林地的选择和造林经营措施的设计。不同森林立地类型区的不同地貌，其组合的主导因子是不同的。各立地类型的立地分类主导因子确定采用定量分析和定性分析相结合，以定量分析方法为主进行分析判定。

立地类型是具有相同或相似的气候、土壤、生物条件、立地条件及其生长效果的林地，是立地分类中最基本的单位。在同一个立地类型内，立地条件基本相似，并具有大致相同的生产潜力。它反映立地在小地形、岩性、土壤、水文条件、小气候及植物群落都是基本一致的地段，在林分生产力或森林培育、经营的适宜性和限制性方面与其他类型有显著的差异，且构成一定的面积。立地类型采用逐步回归分析确定主导因子。

根据专业知识和经验，初步选取海拔、坡向、坡位、坡度、土壤类型、土壤厚度、腐殖质层厚度7个项目作为备选因子，再对各项目再划分多个类目。

对备选的7个项目及划分的类目，采用逐步回归分析方法进行筛选[10]。经反复筛选，最终仅保留与因变量显著相关的自变量，从而建立数量化模型。

2.3 数量化评价模型

根据数量化理论I的方法，以逐步回归分析方法选取的立地质量主导因子为自变量，以单位面积生物量年生产量（以下简称“单位年生产量”）为因变量，建立数量化评价模型。

数量化理论I主要解决自变量为定性变量时的因变量的预测问题，数学模型[11]为：

$$Y_i=b_0+\sum_{j=1}^{m}\sum_{k=1}^{r_j}\delta_i(j,k)b_{jk}+\varepsilon_i \tag{1}$$

式中：b_0为常数项；$\delta_i(j, k)$为类目的反应矩阵，只取0或1，当第i个样本第j个项目的定性数据为k类目时，取1，否则取0；b_{jk}为第j个项目第k个类目的参数值，是待解参数，通过最小二乘法原理求解；为是第i个样本的随机误差。

2.4 样本生物量数据处理

为充分反映林地的立地条件差异，体现林木生长与立地环境因子的关系，因变量选用乔木林单位年生产量。但单位年生产量大小不仅与立地质量相关，还受林木的树种、龄组结构和林分密度水平制约。因此，应对样本生物量即因变量进行标准化处理。

2.4.1 基准树种

基准树种是指理论标准的单位年生产量的折算树种，在全省应有广泛分布。由于不同树种的自然产出不同，需要在全省范围内统一确定一个基准树种，作为理论立地生产力的折算基准。松类作为先锋树种，在全省各地均有广泛分布，并且适应性强，因此被选为基准树种，其他树种的单位年生产量通过产量比系数折算到基准树种。

为测算不同树种的单位年生产量，参照农用地分等规程[12]，引入产量比系数概念。本文所指产量比系数，是指基准树种（松类）与其他树种单位年生产量之比，它是其他树种的单位年生产量转换到松类单位年生产量的当量系数。运用产量比系数能消除样地不同树种（或树种组）之间单位年生产量的生物学差异，公式为：

$$某树种产量比系数 = \frac{全省松类单位年均生产量}{全省某树种单位年均生产量} \tag{2}$$

全省乔木林树种分为松类、杉类、阔类三大类，产量比系数计算方法为：筛选全省郁闭度0.7以上的乔木幼中龄林样地，分别树种组计算单位年生产量，再按上式计算产量比系数。

2.4.2 标准龄组

不同龄组的乔木林生长率差异较大。选择不同的林分生长年龄作为基准年龄对立地质量评价结果是有影响的，只有在选择林分生长比较稳定之后的年龄作为基准年龄才对立地质量评价结果不产生明显的影响[13]。由于乔木幼中龄林处于生长旺盛期，生长量大且生长稳定，将其作为标准龄组。

2.4.3 标准密度

标准密度是指当林分郁闭度刚达1.0时的立木株数[14]。但现实林分中，郁闭度为1.0的林分几乎没有，因此在全省区域内，分别树种组的标准密度较难确定。一般认为，郁闭度0.7以上的林分，为高郁闭林分，笔者采用高郁闭林分平均密度作为标准密度作近似处理。由于不同树种组的树冠面积不同，有必要分别松类、杉类、阔类计算标准密度。标准密度计算方法为：筛选全省郁闭度0.7以上的幼中龄林样地，分别树种组计算平均单位面积株数。

2.4.4 单位年生产量计算方法

根据以上基准树种、标准龄组、标准密度的约定，首先计算2004年和2009年间隔期内乔木幼中龄林保留木的年均单株立木平均生产量，再乘以不同树种组的标准密度，得到林地自然条件下各树种组所能实现的可能最大的单位年生产量（单位：15千克/公顷）；最后根据产量比系数，将其他各树种单位年生产量统一换算到基准树种。至此，不同树种、密度的幼中龄林单位年生产量具有了可比性，处理后的单位年生产量可视为不同立地类型的标准单位年生产量。

3 结果与分析

3.1 立地分类系统

3.1.1 立地类型区

从全省范围看，同一立地区中山地丘陵与平原林地对立地质量起支配作用或限制作用的立地主导因子不同。因此，有必要在划分立地区的基础上，根据县域大尺度地貌差异确定所属的立地类型区，在一定区域内集中连片宏观区划，为划分立地类型组和立地类型提供宏观指导和参考。

研究区属内陆立地区——非岩成土地区山地丘陵，立地类型区区划为4个，分别为浙西山地丘陵立地类型区、浙中丘陵盆地立地类型区、浙南山地立地类型区、浙东低山丘陵立地类型区，各立地类型区范围如下：

（1）浙西山地丘陵立地类型区。本区位于浙江西部。包括桐庐、淳安、建德、富阳、临安、安吉、开化7个县全部和吴兴、德清、长兴、余杭4个县的丘陵部分。

（2）浙中丘陵盆地立地类型区。本区位于浙江中部。包括金华市境域、除开化以外的衢州市境域、台州市的天台，以及绍兴市的诸暨、嵊州和新昌行政区域范围，共18个县。

（3）浙南山地立地类型区。本区位于浙江南部山区。包括丽水市全境、台州市的仙居，以及温州市的永嘉、文成和泰顺行政区域范围，共13个县。

（4）浙东低山丘陵立地类型区。本区位于浙江东部沿海。包括宁海、黄岩、临海、三门、温岭、鹿城、龙湾、瓯海、平阳、苍南、瑞安、乐清12个县全部和萧山、鄞州、余姚、奉化、柯桥、上虞6个县丘陵部分。但不包括沿海立地区相关县的海岛及大陆海岸线向内陆延伸10千米的陆地。

3.1.2 立地类型组

内陆立地区非岩成土的山地丘陵，可根据成土母岩的不同，分为岩成土和非岩成土。岩成土是指石灰岩土，非岩成土是指红壤、黄壤、棕黄壤等地带性土壤，其土壤类型分布与海拔高度紧密相关，红壤主要分布在海拔800米以下的山地丘陵中，800米以上主要是棕黄壤和黄壤。

海拔高度的不同，实际上也影响到林地的水热条件的差异，一般是随着海拔升高，气温降低而降水量递增。海拔800米（浙南1000米）以上，气候寒冷，风力较大，气候条件较为恶劣，尤以脊上坡为甚。海拔300米以下，地形起伏小，光照强烈，气温较高，蒸发量较大，但降水量较少，特别是上坡位土壤土层薄，保水保肥能力较差。海拔300～800米（浙南1000米），气温、降水都较适中，因而对森林的生长发育较为有利。因此海拔高度可分成低海拔（300米以下）、中海拔（300～800米，浙南1000米）和高海拔（800米以上，浙南1000米以上）3个等级，小地形因子坡位、坡度、坡向等要素中，以坡位作为主导因子具有较强的代表性，分为脊上部、中部、谷下部3级。

利用DPS软件[10]含定性变量的逐步回归分析功能，对海拔、坡位、坡向、坡度、土壤类型、土壤厚度、腐殖质层厚度等所有备选因子进行逐步回归分析。通过计算，确定海拔、坡位、坡向、土壤厚度、腐殖质层厚度5个项目作为立地质量评价的主导因子，而土壤类型、坡度级两个项目由于未达显著水平被剔除。

根据数量化Ⅰ方法分析，海拔、坡位与林木生产量具有极显著相关，对海拔分级与坡位分级进行排列组合，非岩成土有9个立地类型组。

表2 立地类型组主导因子表

项目	类目		
海拔	低海拔	中海拔	高海拔
	＜300米	300～800米（浙南300～1000米）	≥800米（浙南≥1000米）
坡位	脊上部	中部	下部
	（脊部、上部）	（中部）	（下部、谷部）

3.1.3 立地类型

根据逐步回归分析结果，决定森林立地质量的主导因子有坡向、土层厚度和腐殖质层厚度。在生产实践中，山地丘陵中，特别是海拔较高的中山、低山区，阴坡、阳坡的光照条件不同，林木在不同坡向的生长差异也较大，因此也被选为划分立地类型的依据。根据光照条件的差异，将东南、南、西南、西及无坡向5个坡向划为阳坡，西北、北、东北、东4个坡向划为阴坡，这样，坡向因子划分为两个类型。

此外，影响树木分布与生长的因子主要是土壤容量因子和质量因子，包括土层厚度、腐殖质层厚度。土层厚度分为薄土（＜30厘米）、中土（30～70厘米）和厚土（≥70厘米）3级，腐殖质层厚度分为薄腐（＜5厘米）、中腐（6～10厘米）和厚腐（≥10厘米）3级。根据这两个主导因子的分级，可组合出9个类型。再与坡向因子进行排列组合，共划分为18个立地类型。

表 3　立地类型主导因子表

项　目	类目		
坡　向	阴坡（西北、北、东北、东）	阳坡（东南、南、西南、西、无坡向）	
土层厚度	薄土	中土	厚土
	（＜ 30 厘米）	（30 ～ 70 厘米）	（≥ 70 厘米）
腐殖层厚度	薄腐	中腐	厚腐
	（＜ 5 厘米）	（6 ～ 10 厘米）	（≥ 10 厘米）

3.2　数量化评价模型

以建模样本的单位年生产量为因变量，以各立地质量主导因子为自变量，计算各类目得分值，建立数量化评价模型。

3.2.1　数量化模型建模结果

利用DPS软件求解各类目的模型参数和复相关系数，并计算各项目的偏相关系数[15]。不同项目数时的模型参数求解结果见表4。

3.2.2　精度检验

分别进行复相关系数F检验和偏相关系数t检验。

复相关系数是检验模型回归精度的重要指标之一，检验式[15-16]为：

$$F=\frac{R^2/m}{(1-R^2)/n-m-1} \tag{3}$$

式中：R为模型复相关系数；m为项目数；n为样本数。

从表3可见，不同项目数的复相关系数F检验都达极显著程度，即说明这5个预测方程均相关紧密，预测效果良好。

偏相关系数是在消除其他变量影响的条件下的某自变量与因变量之间的相关系数，检验式[15-17]为：

$$t=\frac{R_u\sqrt{n-m-1}}{\sqrt{1-R_u{}^2}} \tag{4}$$

式中：R_u为项目u的偏相关系数；m为项目数；n为样本数。

各项目的得分范围也体现了各项目对因变量的贡献大小。从表4可见，各项目贡献从大到小依次为坡位、海拔、土壤厚度、腐殖质层厚度和坡向，其偏相关系数t检验均达到极显著水平。

表 4　立地质量数量化得分表

项目	类目	5个项目			4个项目			3个项目			2个项目			1个项目		
		参数 b_{jk}	得分范围	偏相关 t 值	参数 b_{jk}	得分范围	偏相关 t 值	参数 b_{jk}	得分范围	偏相关 t 值	参数 b_{jk}	得分范围	偏相关 t 值	参数 b_{jk}	得分范围	偏相关 t 值
坡位	脊上部	-159.53			-161.81			-161.80			-161.65			-172.58		
	中部	-117.03	159.53	0.17 5.57**	-118.71	161.81	0.18 5.62**	-119.21	161.80	0.17 5.54**	-121.53	161.65	0.17 5.60**	-123.00	172.58	0.19 5.96**
	下谷部	0			0			0			0			0		
海拔	高海拔	0			0			0			0					
	中海拔	118.43	118.43	0.11 3.58**	118.21	118.21	0.11 3.57**	108.80	108.80	0.10 3.31**	109.72	109.72	0.10 3.27**			
	低海拔	92.27			91.13			78.63			86.53					
土壤厚度	厚土	112.67			107.24			124.47								
	中土	63.19	112.67	0.10 3.02**	62.02	107.24	0.09 2.82**	69.41	124.47	0.11 3.36**						
	薄土	0			0			0								
腐殖质层厚度	厚腐	0			0											
	中腐	-40.00	85.58	0.09 2.78**	-41.76	86.49	0.09 2.77**									
	薄腐	-85.58			-86.49											
坡向	阴坡	-51.66	51.66	0.08												
	阳坡	0		2.60**												
常数项		568.43			548.10			489.89			570.81			666.47		
复相关系数		0.26			0.25			0.24			0.21			0.19		
F值		14.71**			16.60**			19.44**			23.27**			35.49**		

注：$F_{0.01}$ (5,992)=3.04，$F_{0.05}$ (5,992)=2.22，$t_{0.01}$ (992)=2.58，$t_{0.05}$ (992)=1.96；$F_{0.01}$ (4,993)=3.34，$F_{0.05}$ (4,993)=2.38，$t_{0.01}$ (993)=2.58，$t_{0.05}$ (993)= 1.96；$F_{0.01}$ (3,994)= 3.80，$F_{0.05}$ (3,994)= 2.61，$t_{0.01}$ (994)=2.58，$t_{0.05}$ (994)= 1.96；$F_{0.01}$ (2,995)= 4.63，$F_{0.05}$ (2,995)= 3.00，$t_{0.01}$ (995)= 2.58，$t_{0.05}$ (995)=1.96；$F_{0.01}$ (1,996)= 6.66，$F_{0.05}$ (1,996)=3.85，$t_{0.01}$ (996)=2.58，$t_{0.05}$ (996)=1.96；**表示极显著。

由于利用5个项目建立的数量化模型具有较好相关性，因此，在同等条件下，应优先选用海拔、坡位、坡向、土壤厚度、腐殖质层厚度5个项目建立的数量化评价模型进行立地质量评价。

3.3 立地质量评价

3.3.1 森林立地类型分等

立地类型组是立地条件和生产潜力相似的立地类型的组合[18]。依据立地类型组、立地类型二级分类系统[19]，将贡献最大的坡位、海拔的各类目进行组合，得到立地类型组；在分组基础上，再将土壤厚度、腐殖质层厚度、坡向进行组合，得到立地类型。浙江省内陆立地区——非岩成土地区山地丘陵区域的立地类型见表5，共162个（9×18）。

表5 研究区域立地类型组与立地类型

立地类型组		立地类型			
名称	代码	名称	代码	名称	代码
低海拔脊上部	*a*	阳坡厚土厚腐	1	阴坡厚土厚腐	10
低海拔中部	*b*	阳坡厚土中腐	2	阴坡厚土中腐	11
低海拔下谷部	*c*	阳坡厚土薄腐	3	阴坡厚土薄腐	12
中海拔脊上部	*d*	阳坡中土厚腐	4	阴坡中土厚腐	13
中海拔中部	*e*	阳坡中土中腐	5	阴坡中土中腐	14
中海拔下谷部	*f*	阳坡中土薄腐	6	阴坡中土薄腐	15
高海拔脊上部	*g*	阳坡薄土厚腐	7	阴坡薄土厚腐	16
高海拔中部	*h*	阳坡薄土中腐	8	阴坡薄土中腐	17
高海拔下谷部	*i*	阳坡薄土薄腐	9	阴坡薄土薄腐	18

立地质量分等评价分别立地类型组（9个）和森林立地类型（162个）进行。评价方法是：首先将表3中选用2个项目和5个项目测算的参数值代入数量化模型，建立0—1反应式，计算各立地类型理论年生产量。再根据计算结果，采用等距法结合平均极值法，划分质量等级标准，分别立地类型组、立地类型进行质量评价。各等级划分标准见表6，立地质量划分结果见表7。

表 6 各立地类型质量等级划分标准

分类单位	一等地（好）	二等地（较好）	三等地（中等）	四等地（较差）	五等地（差）
立地类型组（15千克/公顷）	≥600.93	[552.99,600.93)	[505.05,552.99)	[457.11,505.05)	<457.11
立地类型（15千克/公顷）	≥672.55	[579.01,672.55)	[485.47,579.01)	[391.93,485.47)	<391.93

表 7 各立地类型质量等级划分结果

立地质量等级	立地类型组		森林立地类型	
	代码	个数	代码	个数
一等地（好）	*f c*	2	*c*1 *c*2 *c*3 *c*4 *c*5 *c*10 *c*11 *e*1 *f*1 *f*2 *f*3 *f*4 *f*5 *f*7 *f*10 *f*11 *f*13 *i*1	18
二等地（较好）	*I e*	2	*a*1 *b*1 *b*2 *b*4 *b*10 *c*6 *c*7 *c*8 *c*12 *c*13 *c*14 *c*15 *c*16 *d*1 *d*2 *d*4 *d*10 *e*2 *e*3 *e*4 *e*5 *e*10 *e*11 *e*13 *f*6 *f*8 *f*9 *f*12 *f*14 *f*15 *f*16 *f*17 *i*2 *i*3 *i*4 *i*5 *i*10 *i*11 *i*13	39
三等地（中等）	*b d*	2	*a*2 *a*3 *a*4 *a*5 *a*7 *a*10 *a*11 *a*13 *b*3 *b*5 *b*6 *b*7 *b*8 *b*11 *b*12 *b*13 *b*14 *b*16 *c*9 *c*17 *c*18 *d*3 *d*5 *d*6 *d*7 *d*8 *d*11 *d*12 *d*13 *d*14 *e*6 *e*7 *e*8 *e*12 *e*14 *e*15 *e*16 *f*18 *g*1 *h*1 *h*2 *h*4 *h*10 *i*6 *i*7 *i*8 *i*12 *i*14 *i*15 *i*16	50
四等地（较差）	*a*	1	*a*6 *a*8 *a*9 *a*12 *a*14 *a*15 *a*16 *a*17 *b*9 *b*15 *b*17 *b*18 *d*9 *d*15 *d*16 *d*17 *e*9 *e*17 *e*18 *g*2 *g*3 *g*4 *g*5 *g*7 *g*10 *g*11 *g*13 *h*3 *h*5 *h*6 *h*7 *h*8 *h*11 *h*12 *h*13 *h*14 *h*16 *i*9 *i*17 *i*18	40
五等地（差）	*h g*	2	*a*18 *d*18 *g*6 *g*8 *g*9 *g*12 *g*14 *g*15 *g*16 *g*17 *g*18 *h*9 *h*15 *h*17 *h*18	15

从表6的划分结果可见，各立地类型组的质量等级中，各等级数量分布较均匀；各森林立地类型质量等级中，三等地（中等）数量最多，并且往两端逐渐减少。

4 评价成果应用

根据研究区的评价结果，利用2528个2009年森林资源连清样地（一级地类为林地）为数据源，分别立地类型组和立地类型两个评价单元对研究区内的林地进行立地质量分等评。方法是：

首先根据调查得到的各个样地的海拔、坡位、坡向、土壤厚度、腐殖质层厚度，确定各个样地的立地类型组或立地类型，再利用立地类型组或立地类型的质量评价结

果，确定样地的立地质量等级，最后根据抽样调查理论，估算研究区各等级林地的立地质量评价结果。评价结果见表8

表 8　研究区立地质量评价结果

立地质量等级	按立地类型组		按立地类型	
	面积（10^4 公顷）	比例（%）	面积（10^4 公顷）	比例（%）
合计	605.25	100.0	605.25	100.0
一等地（好）	154.42	25.5	79.25	13.1
二等地（较好）	152.51	25.2	157.06	25.9
三等地（中等）	202.07	33.4	248.75	41.1
四等地（较差）	48.84	8.1	97.21	16.1
五等地（差）	47.41	7.8	22.98	3.8

由表8可见，分别立地类型组和森林立地类型估算的立地质量评价结果有一定差异，这与区域内的土壤厚度、腐殖质层厚度、坡向等自然立地条件有关。按立地类型组评价的质量等级（以下简称“组等级”）将主要在按立地类型评价的上下质量等级（以下简称“型等级”）中波动，但不同组等级转入和转出的型等级面积不同。以一等地的转移为例，组等级为一等地的林地，型等级仍为一等地的77.33万公顷，转出为二等地的72.54万公顷、三等地为3.83万公顷、四等地为0.72万公顷，但与此同时，组等级为二等地林地，转入为型等级一等地的仅1.92万公顷，而组等级为三等地、四等地和五等地的林地，没有林地转入为型等级一等地。这说明，立地类型评价的另外三个因子，对评价结果的影响也很大，这可以从表4的各项目的得分范围中看出各项目的权重。因此，在仅已知两个自变量的条件下，可采用组等级进行粗略评估。但由于型等级的估算精度更高，如果能同时采集5个项目的自变量数据，应优先选用其作为估算结果。

5　结论与讨论

经过标准化数据处理后的单位年生产量，具有较好的生物学意义，反映了幼中龄林的基准树种在标准密度下的生物量单位年生产量，直接体现了不同立地类型的物质产出多少。而不同立地类型的物质产出不同，直观反映了森林立地的差异。本书利用系统布设于研究区内的森林资源连续清查大样本生物量样地，以单位年生产量为因变量，采用逐步回归分析方法选取立地质量主导因子为自变量；并以生物量作为收获量指标，采用直接评价法，建立了数量化评价模型，对研究区内林地进行了立地质量评价，这为该区域的立地质量评价提供了一种定量化评价模型和评价标准；各立地类型的质量等级划分结果，可直接应用到区域内林地的立地质量评价。在当前国家加强林地保护利用工作的背景下，对林地进行科学的质量评价，对于制定差别化的林地指导价格体系，引导和鼓励新建工业企业向低质量等级林地疏散，减少优质林地改变用途具有重要意义。因此，利用间隔期内固定样地的单位年生产量建立立地质量定量化评价模型，不仅具有可行性和较好的生物学解释，并且在林业生产应用中具有现实意义。

在影响立地质量高低的其他因子中，土壤质地也是重要的立地因子。今后，如果能获取建模样本土壤质地状况的调查数据，可在以上5个主导因子评价的基础上，增加土壤质地作为评价项目，将其分为砂质、壤质、黏质3个类目进行评价。另外，在标准密度、标准龄组的处理上，可尝试采用典型样地调查、理论模型演算等方法作进一步分析，使之能更精确、更科学。

参考文献

[1] 郑勇平, 曾建福, 汪和木, 等. 浙江省杉木实生林多形地位指数曲线模型[J]. 浙江林学院学报, 1993, 10 (1): 55-62.

[2] 殷有, 王萌, 刘明国, 等. 森林立地分类与评价研究[J]. 安徽农业科学, 2007, 35 (19): 5765-5767.

[3] 滕维超, 万文生, 王凌晖. 森林立地分类与质量评价研究进展[J]. 广西农业科学, 2009, 40 (8) 1: 110-114.

[4] 曾伟生. 云南省森林生物量与生产力研究[J]. 中南林业调查规划, 2005, 24 (4): 1-3.

[5] 邱尧荣, 郑云峰. 林地分等评级的背景分析与技术构架[J]. 林业资源管理, 2006, (4): 1-5.

[6] 张茂震, 王广兴. 浙江省森林生物量动态[J] .生态学报, 2008, 28 (11): 5665-5674.

[7] 浙江省林业厅. 浙江省森林资源状况及其功能价值（2010）[N]. 浙江日报, 2011-01-16(12).

[8] 余国信, 陶吉兴. 浙江省内陆立地区立地分类研究[J]. 浙江林业科技, 1996, 10 (3): 15-23.

[9] 陶吉兴, 余国信. 浙江省沿海立地区立地分类的研究[J]. 浙江林业科技, 1994, 14 (5): 31-36.

[10] 唐启义. DPS数据处理系统——实验设计、统计分析及数据挖掘（第二版）[M]. 北京: 科学出版社, 2010: 665-673, 676-680.

[11] 郑勇平, 方俊良, 杨志涌, 等.湖州市杉木林立地质量的数量化评价[J]. 浙江林学院学报,

1991, 8 (2): 234-244.

[12] 胡存智, 郧文聚, 邱维理, 等. TD/T 1004-2003, 农用地分等规程[S].

[13] 陈永富. 基准年龄立地质量评价的影响分析[J]. 林业科学研究, 2010, 23(2): 283-287.

[14] 熊奎山. 人工同龄纯林树冠面积比例系数计算及林分标准密度（立木株数）确定的研究[J]. 林业科学, 1998, 34 (4): 116-122.

[15] 张康健, 王蓝, 孙长忠. 森林立地定量评价与分类[M] . 西安: 陕西科学技术出版社, 1988, 25-26.

[16] 李正茂, 李昌珠, 张良波, 等. 油料树种光皮树人工林立地质量评价[J]. 中南林业科技大学学报（自然科学版）, 2010, 30 (3): 75-79.

[17] 陶吉兴, 杨雄鹰. 黑杨派南方型无性立地质量数量化评价[J]. 浙江林学院学报, 1996, 13 (4): 384-391.

[18] 詹昭宁. 中国森林立地分类[M]. 北京: 中国林业出版社, 1989, 32.

[19] 秦勇强, 沈湘林, 宣阿平, 等. 浙北杉木林立地条件类型的划分与评价[J]. 浙江林学院学报：1991, 8 (2): 245-250.

专题 6

基于地理国情普查的森林资源二类调查协同研究

【摘　要】本研究在结合地理国情普查成果和已有森林资源二类调查规程的基础上，探索全面应用“3S”技术、测绘技术等高新技术，改进了现有森林资源二类调查技术，协同完成了研究区森林资源二类调查和基于地理国情普查的森林覆盖与平原绿化监测林业专题调查，初步建立起一个基于地理国情普查的森林资源二类调查协同技术体系框架，对浙江省森林资源调查与监测技术的革新产生积极影响。

【关键词】地理国情普查；二类调查；协同

1　研究背景

1.1　任务来源

1.1.1　地理国情普查

为全面掌握我国地理国情现状，满足经济社会发展和生态文明建设的需要，国务院决定于2013—2015年开展第一次全国地理国情普查工作。2013年2月28日，国务院下发了《关于开展第一次全国地理国情普查的通知》（国发〔2013〕9号），针对普查的对象、内容、时间等方面提出了具体要求。为认真贯彻落实国务院通知精神，切实做好浙江省的普查工作，省政府于2013年7月17日下发了《关于在全省开展第一次地理国情普查的通知》（浙政发〔2013〕38号），对全省的地理国情普查工作进行了部署，明确了浙江省新增的普查和监测内容，其中包括基于地理国情普查的林业专题数据采集工作（包括森林覆盖、平原绿化和生态公益林）。

1.1.2 二类调查

根据《森林法》第十四条规定“各级林业主管部门负责组织森林资源清查，建立资源档案制度，掌握资源变化情况”。根据《浙江省森林管理条例》第十二条规定“各级林业行政主管部门应当建立健全森林资源监测体系，定期组织森林资源调查。县级林业行政主管部门应当建立森林资源档案、统计、公告制度，每年逐级上报森林资源变化情况”。可见，开展森林资源调查监测是法律法规规定的一项必要工作。浙江省各县于2003—2012年陆续完成上一期二类调查，之后未重新开展过新一轮二类调查。随着社会经济的发展和林业建设，各县森林资源状况发生了很大变化，现有的森林资源数据没有真实反映现状，普遍存在家底不清的情况。为此，全省正在组织开展新一轮二类调查，建立起各县基础年的森林资源本底数据。

1.2 技术背景

随着社会的发展和科技的进步，森林资源调查与监测工作呈现出监测目标多元化、方法手段现代化、分析评价综合化、信息服务多样化的趋势，相应的森林资源调查与监测的目标、内容都有所改变，随之相应的监测技术也需要进行完善。县级森林资源一体化监测体系中的数据采集工作主要采用传统二类调查技术，数据处理与应用则集成多项成熟的信息技术，因此有必要开展技术研究，尝试在国家、省提出的一体化监测体系建设思路下，将二类调查技术与各项成熟的信息技术相融合，探索出一套切实可行的技术方法，使其在县级森林资源一体化监测体系建设中发挥作用。

2 研究工作情况

2.1 研究范围与内容

2.1.1 研究范围

为全面、准确地掌握森林资源现状和地理国情普查需要，本研究选定玉环县作为基于地理国情普查基础上的新一轮森林资源二类调查协同研究试点单位，研究范围为整个玉环县县域。

2.1.2 研究内容

（1）开展二类调查技术革新的研究。结合地理国情普查成果和已有二类调查规程，革新现有二类区划调查技术，包括平原区调查技术的研究。

（2）试点区域的二类调查。包括二类外业区划调查、内业数据加工处理及相应二类成果编制等；平原区调查、样点布设、赋值标记及成数抽样统计计算等。

（3）研究县级森林资源抽样控制技术。包括分层抽样、样地布设判读、带状标准地调查及抽样统计计算等。

（4）完成涉及林业部门的地理国情普查内容。包括计算研究区森林覆盖率、平原林木绿化率等指标和整合重点公益林地籍数据。

（5）完成县级林地变更工作。结合 2009—2013 年经营档案资料和二类调查成果，整合出更新至 2013 年底的林地“一张图”。

（6）以此项目研究成果为基础，开展森林资源增长指标年度考核评价和采伐限额编制工作。

（7）初步建立起一个基于地理国情普查基础上的森林资源二类调查协同研究的技术体系框架，为今后深入研究并探索出一套切实可行的、科学的、高效的全省森林资源一体化监测技术体系奠定基础。

2.2 所做主要工作

2.2.1 调查资料准备

卫星遥感影像处理：对原始遥感影像的全色波段和多光谱波段进行校正、融合、增强、镶嵌、投影换带、分幅裁切等一系列处理。

植被覆盖大图斑提取：先初步提取影像中的植被覆盖大图斑信息，再以遥感正射影像和初步自动分类提取结果为基础，参考基础地理信息、林地档案数据库等资料，开展内业人工目视解译，并对分类不正确的对象进行合并、拆分、重构等编辑，最后对经修正后的植被覆盖大图斑做边界平滑处理。

前期二类调查成果转换：通过工具软件，对前期县界（包括海岛界）、乡镇界、村界、乡镇驻地、村驻地等数据进行投影变换处理，完成对前期 1980 西安坐标系的二类调查成果到本次目标坐标系 CGCS2000 的转换。

整合重点公益林地籍数据：通过对公益林区划图斑的转绘，得到最终 CGCS2000 的重点公益林地籍数据；通过对公益林图斑修正，实现公益林地籍数据图库一致；通过标准化处理，实现行政单位、各类调查因子的名称、代码、计量单位与二类调查因子保持一致。

2.2.2　外业数据采集

样地布设判读：在1:50000地形图千米网交叉点上，以1千米×1千米为间隔，对千米网点进行加密布设，得到研究区范围内（包括漩门二期和漩门三期）456个样地；组织有森林资源调查和内业判读经验的技术人员判读样地地类，得到最终的乔木林样地142个。

调查底图制作：根据外业调查实际需要，制作一套调查底图用于样地调查，制作另一套调查底图用于二类调查。

样地抽样调查：根据样地判读结果，在保证抽样精度的前提下，抽取 137 个（除 5 个省级样地外）乔木林样地中的 60 个样地进行标准地调查。

小班区划调查：以乡镇为调查单位，根据二类调查相关规程，利用调查底图上的信息，包括遥感影像纹理和色调、行政界线、植被覆盖大图斑界、重点公益林地籍界、等高线等信息，到实地核对修正或直接现地对坡勾绘，目的是区划出合理的图斑界，并在图上进行图斑编号。同时通过小班目测调查法，在小班调查表中记载林分树种组成、平均胸径、平均树高、平均年龄、郁闭度、疏密度等林分因子。

2.2.3　内业数据加工

底图扫描与配准：将外业调查底图扫描输入到计算机中，并对扫描后的栅格图进行配准、校正。

二类图斑矢量化：借助 GIS 软件，通过屏幕矢量化，对经配准、校正后的底图逐幅逐图斑进行判读勾绘，得到二类图斑界。

拓扑勾面：通过对二类矢量化过程得到的二类图斑界进行拓扑编辑，在修正多线段小班界中一些要素之间的悬挂点后，完成从线要素到面要素的转换。

标记空间属性数据：为每个二类小班面标记识别信息，使其与二类小班属性记录进行关联。

小班调查记载表记录：对以纸质 A3 大小表格形式逐行记载的小班调查因子进行录入，得到二类调查属性记录集。

小班面积计算：利用 GIS，批量求算二类小班图层中的每个面状要素的面积，并自动转成面积单位为亩。

图库关联：以县代码 + 村代码 + 林班号 + 小班号为关键字，分别对小班属性记录和二类小班面进行批量关键字信息提取，利用 GIS 的图库关联功能，以关键字为识别码，实现二类小班面与小班属性记录的自动关联。

2.2.4 成果材料编制

统计报表输出：借助浙江省二类数据管理更新系统软件，该软件可以输出研究区按县分乡镇和按乡镇分村二类调查统计表、按镇分村小班记录一览表等成果资料。

专题图件制作：在 GIS 中，利用 1:10000 基本图和二类小班面等资料，产出相关专题图件。

森林覆盖率计算：根据森林覆盖率计算方法，得到研究区森林覆盖率。

平原林木覆盖率计算：按照一定的规则，确定研究区平原与山区界限；在平原范围内以 50 米 ×50 米为间隔布设遥感样点，并判读其地类；根据判读结果，按规定的计算公式进行平原林木覆盖率求算，并对其计算结果进行精度分析。

整合重点公益林地籍数据：在尽量吻合重点公益林地籍管理界与二类区划调查地类界的基础上，根据重点公益林区划图斑的属性信息，赋值更新二类小班调查因子属性值，如森林类别、事权等级等；在地理空间图形信息整合上，由于二类调查小班区划中，已经考虑对落入重点公益林地籍管理界内的图斑按实际地类进行细划，分清了林地与非林地界、林地内部的各地类界，使得重点公益林地籍管理界与二类区划调查地类界吻合程度得到提高；在调查因子属性信息整合上，借助 GIS，实现重点公益林图斑面与二类小班面叠加分析功能，得到经空间分割并赋值标记信息后的新的二类小班面，根据原二类小班面关键字进行遍历，对空间分割后各细图斑按森林类别、事权等级进行汇总面积，以面积比例占大优先原则，确定原二类小班相应调查因子属性值。

更新林地“一张图”：在对研究区二类调查成果进行坐标系转换的基础上，编制工具软件，根据《浙江省林地变更调查操作细则》，对研究区二类调查成果进行信息提取，实现二类调查因子的名称、代码、计算单位等信息批量转换，完全达到林地变更成果库入库要求，从而更新研究区林地“一张图”至 2013 年年底。

项目研究总结：编制完成二类调查成果报告、技术工作报告、普查成果应用报告和平原区森林资源抽样调查报告等。

2.3 调查成果

2.3.1 森林覆盖率

1. 计算方法

根据《浙江省森林资源规划设计调查技术操作细则》，森林覆盖率计算方法见公式（1）：

$$PP_1 = \frac{PM_1 + PM_2}{PA} \times 100\% \quad （公式 1）$$

公式（1）中，PP_1 为森林覆盖率；PM_1 为有林地面积；PM_2 为特灌林面积；PA 为研究区土地总面积。

2. 计算结果

若研究区范围包括漩门二期和漩门三期，根据公式 1，经计算，研究区土地总面积 PA=692194 亩[①]；有林地面积 PM_1=263158 亩；特灌林面积 PM_2=1422 亩；森林覆盖率 PP_1=38.22。

若研究区范围不包括漩门二期和漩门三期，根据公式 1，经计算，研究区土地总面积 PA=570334 亩；有林地面积 PM_1=257046 亩；特灌林面积 PM_2=1265 亩；森林覆盖率 PP_1=45.29。

2.3.2 平原林木覆盖率

1. 计算方法

1）确定研究区平原与山区界线

为计算研究区平原林木覆盖率，项目组充分利用现有 DE 米、二类小班图斑和相关图面资料确定研究区平原与山区界线。

具体过程：对研究区二类调查小班图斑进行分类融合处理，以区分非林地和有林地；通过 DE 米生成研究区坡度分布图，筛选出 0 ～ 5 度（平坡）范围界线；通过叠加平坡图层和小班分类融合图层，在 GIS 软件中屏幕矢量化，勾绘出研究区平原与山区的界线，并加以修正，最终确定分界线。

2）遥感样点布设判读

在平原范围内，以 50 米 ×50 米为间隔大小，共布设样点 89 724 个。由于样点数多，为提高工作效率，在样点判读过程中，项目组采用了自主研发的样点判读赋值格式刷工具。

指标计算评估如下：

$$JP_1 = \frac{JA_1 + JA_2}{JA} \times 100 = \frac{Jn_1 + Jn_2}{Jn} \times 100\% \quad （2）$$

公式 2 中，JP_1 为平原林木覆盖率；JA_1 为平原乔木树种、竹类、红树林投影面积；JA_2 为平原灌木经济树种投影面积；JA 为平原区面积；Jn 为平原乔木树种、竹类和红

[①]注：1 亩≈ 0.067 公顷，全书同。

树林样点数；Jn_2 为平原灌木经济树种样点数；Jn 为平原范围内总样点数。依据的成数抽样技术如下：

设判读结果中各地类所占样点数分别为 n_1、n_2、n_3、$\cdots n_k$，则总样点数为：

$$\sum_{i=1}^{k} n_i = n$$

那么各地类所占面积估计值为：

$$\hat{A}_1 = A\frac{n_1}{n} = Ap_1,\ \hat{A}_2 = A\frac{n_2}{n} = Ap_2,\ \cdots,\ \hat{A}_k = A\frac{n_k}{n} = Ap_k$$

式中，p_1、$p_2 \cdots p_k$ 为各地类的总体成数估计值，$\sum_{i=1}^{k} p_i = 1$；A 为总面积；$\hat{A}_1$、$\hat{A}_2 \cdots \hat{A}_k$ 为各地类面积的估计值，$\sum_{i=1}^{k} \hat{A}_1 = A$。

$$\Delta p_i = t\sqrt{\frac{p_i(1-p_i)}{n-1}} \tag{3}$$

$$\Delta A_i = tA\sqrt{\frac{p_i(1-p_i)}{n-1}} \tag{4}$$

估计值的相对误差为：

$$Ep_i = EA_i = t\sqrt{\frac{1-p_i}{p_i(n-1)}} \times 100\% \tag{5}$$

估计精度为：（$1 - Ep_i$）$\times 100$ （6）

置信区间为：（$p_i - \Delta p_i$）～（$p_i + \Delta p_i$） （7）

（$\hat{A}_i - \Delta \hat{A}_i$）～（$\hat{A}_i + \Delta \hat{A}_i$）

式中，t 为样本估计的可靠性指标。

2. 计算结果

若平原范围包括漩门二期和漩门三期，根据公式（2），经计算，平原范围内总样点数 Jn=87 611 个；平原乔木树种、竹类和红树林样点数 Jn_1=8817 个，其中乔木树种样点数为 8640 个，竹类样点数 15 个，红树林样点数 50 个；平原灌木经济树种样点数 Jn_2=112 个；平原林木覆盖率约为 10.06%。

若平原范围不包括漩门二期和漩门三期，根据公式（2），经计算，平原范围内

总样点数 Jn=53 866 个；平原乔木树种、竹类和红树林样点数 Jn_1=6943 个，其中乔木树种样点数为 6809 个，竹类样点数 10 个，红树林样点数 50 个；平原灌木经济树种样点数 Jn_2=69 个；平原林木覆盖率约为 12.89%。

根据公式（3）～公式（7），不同平原范围内林木覆盖率特征数计算结果见表 1。

表 1　不同平原范围下林木覆盖率特征数计算结果

单位：%

包括漩门二期和三期		不包括漩门二期和三期	
估计值	10.06	估计值	12.89
相对误差	2.00	相对误差	2.21
误差限	0.19	误差限	0.27
置信区间	9.87 ～ 10.25	置信区间	10.68 ～ 15.10
估计精度	98.00	估计精度	97.79

2.3.3　重点公益林

按分层裁切统计思路，以重点公益林图斑面为裁切面，二类区划小班面为被裁切面，经空间裁切运算，得到最终裁切结果。对该裁切结果中的图斑重新计算图斑面积后，筛选林地范围进行统计。分层裁切统计结果详见表 2。

表 2　重点分益林按分层裁切统计表

单位：亩

合计	按事权等级		按保护等级		按地类组成				
	国家级	省级	特殊	重点	有林地	疏林地	灌木林地	其他林地	非林地
132 652	45 103	87 549	1637	131 015	105 251	507	6043	17 161	3690

与实际重点公益林界定面积 134 295 亩相比，相差 1643 亩，误差率－1.22。另外，从表 2 中可以看出，重点公益林中存在不合理的地类结构，非林地 3690 亩，占 2.78%。

2.3.4　主要森林资源指标

1. 森林面积

1）按二类区划调查

研究区森林面积为 263 577 亩，其中乔木林面积为 260 207 亩，竹林为 1528 亩，红树林为 420 亩，特灌林为 1422 亩。

2）按成数抽样统计

对研究区平原以外范围，以 50 米 ×50 米为间隔大小，共布设样点 94 868 个。样点地类判读参考地理国情普查成果中的植被覆盖分类代码，通过与二类调查地类代码相衔接，得到平原范围以外乔木林样点 60 701 个，竹林样点 396 个，灌木经济林样点 377 个，共计 61 474 个。

根据公式（3）～公式（7），研究区森林面积特征数计算结果见表 3。

表 3 森林面积特征数计算结果

研究区范围		平原范围		平原以外范围	
估计值（亩）	262 757	估计值（亩）	32 648	估计值（亩）	226 315
相对误差（%）	0.58	相对误差（%）	2.00	相对误差（%）	0.47
误差限（亩）	1528	误差限（亩）	652	误差限（亩）	1082
置信区间（亩）	261 229～264 285	置信区间（亩）	31 996～33 300	置信区间（亩）	225 233～227 397
估计精度（%）	99.42	估计精度（%）	98.00	估计精度（%）	99.53

由此可见，按二类区划调查结果，研究区森林面积为 263 577 亩。按成数抽样调查结果，研究区森林面积估计值为 262 757 亩，置信区间为 261 229 ～ 264 285 亩，估计精度为 99.42%。区划调查的森林面积值落在抽样调查的置信区间内。

2. 森林蓄积量

1）按二类区划调查

研究区森林蓄积量 543 453 立方米，其中纯林蓄积量 289 853 立方米，混交林蓄积量 253 600 立方米。

2）按样地抽样调查

研究区共设 1 千米 ×1 千米间隔大小的样地 456 个；经内业目视解译，乔木林样地 142 个（含 5 个省级样地）；抽取了 137 个乔木林样地（未含 5 个省级样地）中的 60 个进行了标准地调查，发现其中 4 个样地在内业目视解译中错判成乔木林地，乔木林样地正判率为 93.85%。

根据用像片判读地面修正成数抽样理论，在可靠性为 95% 时，计算研究区乔木林面积（估计值），并评估计算精度，具体计算公式如下，结果见表 4。

设判读结果中第 i 类样地数为 N_i，K 为类别数（这里 K=2），则总样地数为：

$$N=\sum_{i=1}^{k} N_i$$

那么第 i 类经修正后所占面积估计值为：

$$\hat{A}_i=Ap_i'=A\sum_{i=1}^{k}\frac{N_i}{N}\ p_{ik} \tag{8}$$

第 i 类成数及面积估计值标准误计算公式为：

$$S_{A_i'}=S_{p_i'}=\sqrt{\sum_{i=1}^{k}p_i'^2\ \frac{p_{ik}(1-p_{ik})}{n_i}+\frac{\sum_{i=1}^{k}p_i'p_{ik}^2-\left(\sum_{i=1}^{k}p_i'p_{ik}\right)}{N}} \tag{9}$$

第 i 类面积估计值误差限计算公式为：

$$\Delta A_i'=A\Delta p_i'=AtS_{A_i'} \tag{10}$$

第 i 类面积估计精度计算公式为：

$$P_i=\left(1-\frac{\Delta A_i'}{A_i'}\right)\times 100\% \tag{11}$$

公式（8）～（11）中：

A 为总面积（692 195 亩）；S_{A_i}、$S_{P_i'}$为第 i 类面积及成数估计值标准误；n_i 为判断为 i 类的检查样点数；p_i'为经地面检查修正后第 i 类成数；P_{ik} 为实际属于第 i 类的其他各类成数；t 为样本估计的可靠性指标；$\sum_{i=1}^{k}p_i'=1$；$\sum_{i=1}^{k}\hat{A}_i=A$。

表 4　乔木林面积特征数计算结果

面积估计值（亩）	成数估计值	标准误	相对误差（%）	误差限（亩）	置信区间（亩）	估计精度（%）
202 287	0.292 24	0.021 8	14.62	29 576	172 711 ～ 231 863	85.38

以 65 个标准地每亩蓄积量为样本，通过计算其特征数，详细结果见表 5。

表 5　乔木林每亩蓄积量特征数计算结果

每亩蓄积量估计值（立方米 / 亩）	标准误	相对误差（%）	误差限（亩）	置信区间（立方米 / 亩）	估计精度（%）
2.9052	0.0419	13.81	0.4012	2.5040 ～ 3.3064	86.19

综合考虑表4和表5，得到乔木林蓄积量，即森林蓄积量的估计值为：面积估计值×每亩蓄积量估计值=202 287亩×2.9052立方米/亩=587 684立方米；置信区间的下限为：面积估计值的下限×每亩蓄积量估计值的下限=172 711亩×2.5040立方米/亩=432 468立方米，置信区间的上限为：面积估计值的上限×每亩蓄积量估计值的上限=231 863亩×3.3064立方米/亩=766 632立方米，这样置信区间为：432 468～766 632立方米。

由此可见，按二类区划调查结果，研究区森林蓄积量为543 453立方米。按样地抽样调查结果，研究区森林蓄积量估计值为587 684立方米，置信区间为432 468～766 632立方米，其中，森林面积估计值精度为85.38，每亩蓄积量估计值精度为86.19。区划调查的森林蓄积量值落在抽样调查的置信区间内。

3 主要研究成果

（1）报告成果：基于地理国情普查基础上的森林资源二类调查协同研究材料汇编，包括二类调查成果报告和专题报告。

（2）影像成果：①整景校正的全色、多波谱正射遥感卫星影像数据；②分幅裁切遥感卫星正射影像数据。

（3）图表成果：①基本图，比例尺为1:10 000；②按乡镇（场）或村（林区）山林现状图，比例尺为1:10 000；③县域森林分布图，比例尺为1:50 000～1:100 000；④其他专题图（根据需求）；⑤二类调查统计表（根据需求）。

（4）外业调查成果：①小班调查记载表；②标准地调查记载表。

（5）数据库成果：①二类调查库；②重点公益林地籍数据库；③林地“一张图”更新库。

（6）工具软件成果：①批量代码转换工具；②样点判读赋值格式刷工具。

4 主要创新点

4.1 调查技术创新

4.1.1 改进二类调查规程

1. 小班“去细班化”

之前，由于二类小班中“细班”的存在，使得二类小班数据在数据组织上，采用空间数据与属性数据分开储存的方式，存在图与库是“一对多”的现象。现在小班“去细班化”，保证二类小班图库一致，一一对应，完全满足林地“一张图”建设中图斑和属性数据的一对一的要求。

2. 林带“小班化”

林地“一张图”为图斑面状要素的集合，之前由于林带采用线状要素表示，未实现落界上图。现在林带“小班化”，改用面状要素表示，符合林带属于乔木林，理应落界上图的要求。

3. 流程“优化”

先采用室内判读区划勾绘小班界，再到实地全面复核修正小班界和调查小班测树因子的方法，减少外业调查时间，同时通过全面复核和调查，确保了基础年本底数据质量。

4.1.2 衔接区划调查和抽样调查

为使二类调查结果，如森林面积和森林蓄积量置于高精度抽样控制区间内，本项目以高分辨率卫星影像叠加稀疏等高线为调查底图开展野外区划调查。同时在研究区布设 50 米 ×50 米间隔大小的高密度遥感样点和 1 千米 ×1 千米的样地，并辅以一定数量的地面标准地调查，实现监测方法“一体化”。

4.1.3 统一调查技术标准

二类调查中树种蓄积量调查对象包括一般乔木树种和乔木经济树种，但不包括乔木化的灌木树种蓄积量。但抽样调查中三者均列为检尺对象，统计时又不计算乔木经济树种蓄积量，为使二者保持口径一致，在抽样调查中删除灌木树种而将乔木经济树种纳入计算对象，实现技术手段“一体化”。

4.2 成果应用创新

由于历史原因，国土部门认可的林地面积比林业部门管理的林地面积要少很多，许多林地在国土部门已被划归到其他部门管辖，一旦实施不动产统一登记，势必会大幅减少林地范围，压缩林业发展空间。另外，本次国情普查调查底图分辨率优于国土“二调”底图，并且与国土“二调”相比，在山区林地的标准两者基本相同，而城区、平原区及园地的面积标准则优于国土“二调”。

因此，本次调查成果的准确性、全面性都有保证，可率先应用于界定林业部门的林地范围，为林地、森林等林业不动产统一登记提供最新翔实可靠的基础数据，为即将实行的不动产统一登记积累必要的数据基础和技术储备，在不动产统一登记前占得先机。

4.3 组织形式创新

采用由浙江省森林资源监测中心牵头、浙江省地理信息中心配合的方式，利用地理国情普查成果，开展森林资源规划设计调查，充分利用了两个单位多年来在相关林业工程和测绘工程项目开发、管理上积累的丰富经验和先进技术。作为项目实施地的玉环县林业特产局，多年来在县级森林资源监测工作中积淀了各种图表资料和工作经验。

4.4 业务联动创新

以地理国情普查结合样地抽样调查和二类区划调查为实践平台,统筹县级森林资源动态监测、林地变更调查、森林资源增长指标年度考核评价、重点公益林地籍数据整合、采伐限额编制等多个监测项目，实现森林资源监测迈向组织管理“协同化”发展。

5 应用前景分析

5.1 技术发展方面

5.1.1 为林业部门提供最新的基础测绘数据

根据国家要求，地理国情普查工作将于 2015 年年底完成，在此期间，测绘部门将采用最新的高分辨率遥感影像和基础测绘产品开展调查工作，因此，在合作过程中，林业部门可以免费获取这些数据，能够解决各级林业部门在资源调查与监测等方面的工作底图问题，有助于森林资源监测工作的开展。

5.1.2 加快省级森林资源数据库建设

虽然上一轮森林资源二类调查已经结束，多数县已经建立森林资源数据库，但由于调查时间、技术要求并不统一，各县完成的数据库质量参差不齐，数据整合难度非常大。此外，随着林地“一张图”建设的完成，以及各部门已有的各类数据库，形成多套数据共存的现象，严重阻碍了森林资源管理信息化的发展。地理国情普查是在统一的技术标准下开展的，以地理国情普查成果为基础进行林业专题数据库整合，使各业务部门的专题数据库有了统一的技术标准，能够更快更好地促进浙江省森林资源数据库建设，形成全省森林资源“一张图”，乃至最终形成全省林业资源“一张图”。

5.1.3 推动浙江省森林资源监测技术的革新

在地理国情普查成果中，对调查区范围内地表的各个地类都进行了详细区划，特别是在城市和平原地区，区划标准比林业部门的森林资源调查标准还要高，因此以地理国情普查成果为基础开展森林资源调查与监测，能够简化外业工作流程，极大提高工作效率和工作质量，通过以最新的遥感资料和详细的地类区划为调查基础，将会对全省森林资源调查与监测技术的革新产生积极影响。

5.2 行业发展方面

5.2.1 在政府层面明确林业职权范围

2013年11月20日，国务院常务会议决定，由国土资源部指导监督不动产统一登记，在11月27日的全国森林资源管理工作会议上，国家林业局局长赵树丛也强调了此事。由于历史的原因，浙江省国土部门认可的林地面积比林业部门管理的林地面积要少很多，许多林地在国土部门已被划归到其他部门管辖，一旦实施不动产统一登记，势必会大幅减少林地范围，压缩林业发展空间。通过地理国情普查项目，可率先明确林业部门的林地范围，在不动产统一登记前占得先机，同时经过这次合作，也希望与测绘部门达成共识，维护好现有林地界线。

5.2.2 建立的林业资源数据更为准确翔实

国土部门的“二调”底图采用快鸟（QuickBird）1:10000标准分幅底图，最小面积耕地、园地均为600平方米，林地为1500平方米。而在本次地理国情普查中，调查底图采用WorldView或彩色航片，底图总体分辨率要优于国土“二调”。最小面积耕地、园地均为400平方米，林地为1600平方米，其中城市片林绿地为200平方米、平原片林绿地为400平方米。与国土“二调”相比，在山区林地的标准方面，两者基本相同，而城区、平原区及园地的面积标准则优于国土“二调”。因此，本次普查的成果精度相对要高很多。此外，测绘局作为国家专业生产和管理测绘产品的部门，承担本次地理国情普查工作，建有数据质量检查等一系列质量控制体系，形成的调查成果质量更可靠、更具权威性，也使得本次林业资源数据成果的准确性、全面性都有了很大提高。

5.2.3 为领导干部实行自然资源资产离任审计提供依据

党的十八届三中全会决定中提出，要探索编制自然资源资产负债表，对领导干部实行自然资源资产离任审计。为贯彻落实决定精神，国家林业局要求建立健全森林增长指标考核制度，实行年度出数和年度考核。虽然浙江省省级年度监测开展较好，但只能控制到市一级，不能落实到县。各县虽然完成了二类调查，但由于诸多因素造成调查质量参差不齐，二类调查完成后大部分县也没有开展年度更新工作，资源数据随着时间的推移时效性越来越差，逐步丧失应用价值。目前，地理国情普查工作为林业部门的基础数据建设提供了一个很好的契机，配合地理国情普查开展县级森林资源二类调查，能够建立起森林资源年度更新的本底数据，从而为年度考核和领导干部离任审计等工作打下坚实基础。

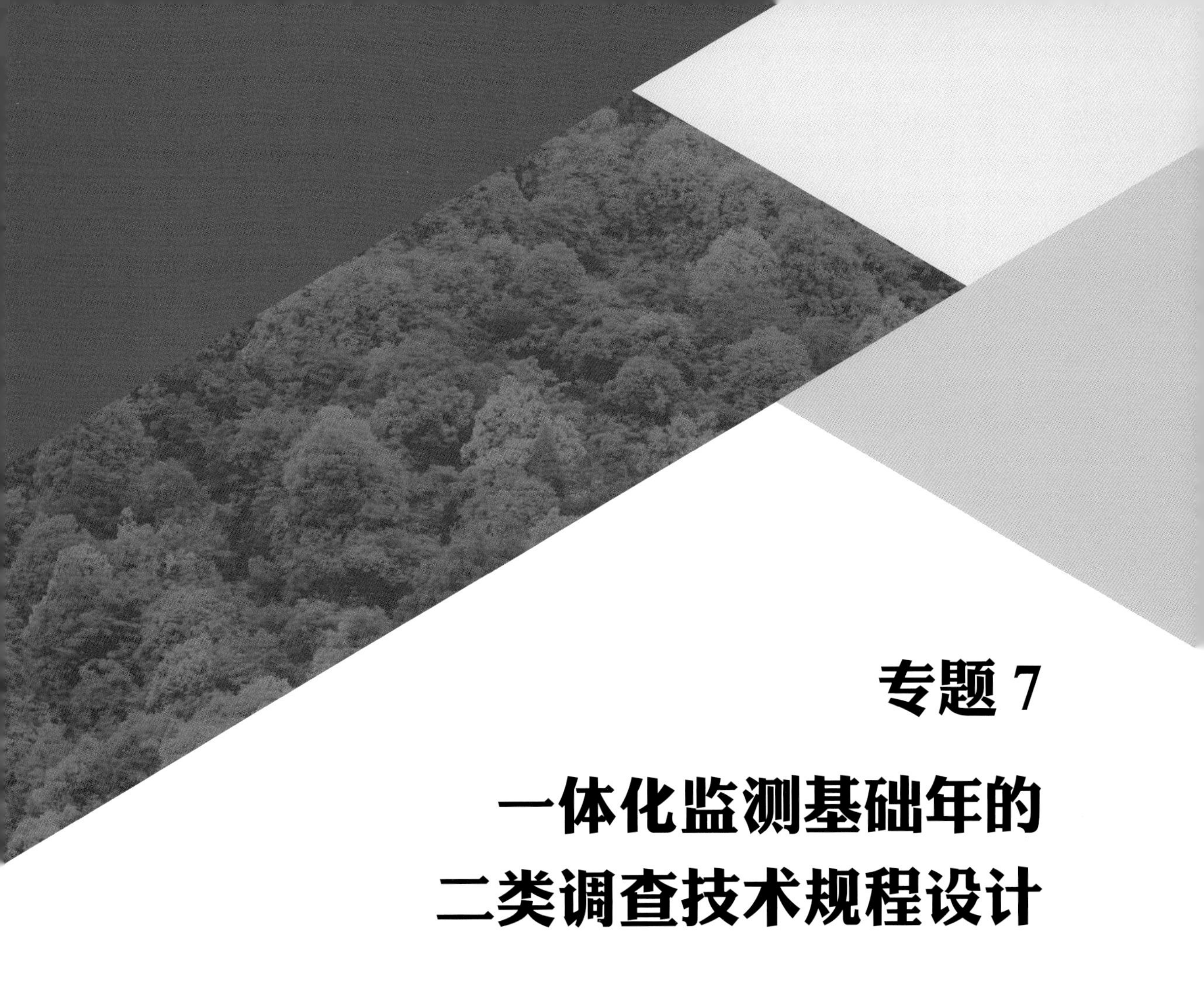

专题 7

一体化监测基础年的二类调查技术规程设计

【摘　要】浙江省上一版二类调查规程于2004年发布实施，为适应新形势下生态文明建设林地变更调查和森林资源一体化监测需要，有必要对原规程进行修订。本专题在分析基础年二类调查所需要解决问题的基础上，对二类调查技术规程进行了重新设计和修订，阐述了主要修订内容、修订前后主要变化，对调查中可能遇到的技术问题和解决方案进行了研究，对做好二类调查工作进行了分析并提出了具体建议。

【关键词】二类调查；规划设计调查；森林资源；技术规程；修订

森林资源规划设计调查（以下简称“二类调查”），是以县级行政区域或森林经营管理单位为调查总体，把森林资源落实到山头地块的一种森林资源清查方法，其目的是查清、查实森林资源本底，掌握森林资源消长变化规律[1]。按照国家有关要求，二类调查一般每10年调查一次，通过全面系统的实地调查，建立新的森林资源家底数据。二类调查是科学经营管理森林资源和开展林业日常管理活动的工作基础，它与社会经济发展变化和森林资源管理形势关系密切。

为规范二类调查技术标准、操作流程和成果要求，2003年，国家林业局发布实施了《森林资源规划设计调查主要技术规定》[2]（林资发〔2003〕61 号）。2011年，国家质量监督检验检疫总局和国家标准化管理委员会联合发布了《森林资源规划设计调查技术规程》（GB/T26424—2010）。为适应新形势的需要，2014年国家林业局对《国家森林资源连续清查技术规定（2004）》进行了修订，发布了《国家森林资源连续清查技术规定（2014）》（办资字〔2014〕42号）。随着生态文明建设深入推进和林业发展形势变化，二类调查作为调查体系的重要一员，也必须与时俱进适应新的形势要求，对技术规程作出修订。

浙江省上一版二类调查规程于2004年发布实施[3, 4]，距上一次部署开展二类调查已有10年时间，资源数据较为老旧，迫切需要开展新一轮二类调查，全面更新森林资源家底数据。因此，2014年5月，浙江省林业厅下发了《关于开展全省林地变更调查和新一轮森林资源二类调查工作的通知》（浙林资〔2014〕35号）文件，部署开展了全省新一轮二类调查工作。在总结以往工作经验的基础上[5~7]，浙江省林业厅组织开展了二类规程修订工作，并于同年11月，下发了《浙江省森林资源规划设计调查技术操作细则（2014年版）》（浙林办资35号）。2015年和2016年，各地根据新颁发的技术规程，陆续开展了二类调查工作。本专题按照全省森林资源一体化监测要求，结合浙江省二类调查技术规程修订结果及近两年的实施情况，对基础年二类调查技术规程进行了思考和总结。

1　工作背景

1.1　生态文明建设

2012年党的十八大报告首次单篇论述生态文明，把“生态文明”列入“五位一体”的现代化建设总体布局。2013年，党的十八届三中全会进一步提出，建立系统完整的生态文明制度体系，实行领导干部自然资源资产离任审计。2015年5月，中共中央国务院发布《关于加快推进生态文明建设的意见》，明确了当前和今后一个时期我国生态文明建设的总体要求、主要任务、制度体系和保障措施。2015年9月，中共中央、国务院关于印发《生态文明体制改革总体方案》的通知（中发〔2015〕25号），提出“树立绿水青山就是金山银山的理念”，对生态文明领域改革进行顶层设计和部署。

随着生态文明建设的深入推进，生态建设实绩成为考核评价的重要内容。2013

年12月，中央组织部发出《关于改进地方党政领导班子和领导干部政绩考核工作的通知》，把生态文明建设等作为考核评价的重要内容，明确提出限制开发区域不再考核GDP。2016年，国家《国民经济和社会发展第十三个五年规划纲要》把森林覆盖率和森林蓄积量作为国家“十三五”时期经济社会发展的约束性指标。

浙江省在生态文明建设和生态考核方面做了大量工作，2014年10月，省委、省政府下发了《关于加快推进林业改革发展全面实施五年绿化平原水乡十年建成森林浙江的意见》（浙委发〔2014〕26号），提出省对市、县（市、区）森林增长指标实行年度考核；同年，省委组织部将森林覆盖率、森林蓄积量和林地保有量纳入考核指标，对设区市党政领导干部进行实绩考核。2015年，省政府将森林覆盖率及年度水平变化程度，阔叶林及针阔混交林占森林面积比重，林木蓄积量的年增量及年增率三个指标纳入对淳安等26个县发展实绩考核体系，并将考核结果与财政补助挂钩，与要素配置挂钩，与干部使用挂钩。2016年，《浙江省国民经济和社会发展第十三个五年规划纲要》把森林覆盖率和林木蓄积量作为经济社会发展的约束性指标，使林业建设和生态保护成为生态文明建设的重要内容。

1.2 林地变更调查

开展林地变更调查，是在森林资源二类调查、林地“一张图”的基础上，开展林地范围、林地保护利用以及林地管理属性等变化情况的调查分析。林地年度变更调查具有基础性、现势性、时效性特点，是提高林地监管能力，深化省和地方政府宏观决策管理的重要基础和支撑。根据国家林业局的要求，从2017年起将开展常态化的林地年度变更调查工作。

浙江省按照有关要求，于2012年、2013年，分别在龙泉市和龙泉市、安吉县开展了林地变更调查试点。2014年在全省各县全面开展了林地变更调查，以2009年度林地落界数据为基础，对规定时限发生的林地范围、林地利用以及林地管理属性等内容开展了变更调查，对林地和森林的转入转出情况进行重点调查核实。

县级新一轮森林资源二类调查数据，将为全面修正完善林地“一张图”数据提供本底基础。新调查的二类数据，将作为今后持续开展林地年度变更调查的基础数据库。因此，开展新一轮森林资源二类调查，在此基础上建立和完善林地“一张图”，是林地管理和森林资源管理的迫切需要，对于推进现代林业发展具有战略性意义。

1.3 森林资源一体化监测

为满足森林资源信息需求，国家提出了国家监测和地方监测工作“一盘棋”、森林资源“一套数”森林分布“一张图”的总体思路，要求探索建立从国家到地方的年度监测框架，改进和优化森林资源调查监测方法，做到年度出数[8]。2015年10月，经省政府同意，浙江省林业厅向各市、县（市、区）人民政府印发《关于切实加强森林资源一体化监测年度出数工作的函》（浙林资函〔2015〕26号），要求构建森林资源一体化年度监测体系，统一森林资源年度监测的技术与方法，实现监测数据的科学权威，为区域社会发展和党政领导实绩考核、离任审计等工作提供依据[9]。

根据浙江省森林资源一体化监测要求，基础年和监测年的工作任务不同。二类调查一般每10年设立一个基础年，在两个基础年内的各年度为监测年。二类调查是基础年调查，应进行全面系统的实地调查，建立新的森林资源家底数据；在各个监测年，以基础年小班为基本变更单元，采用复查更新、档案更新、模型更新等方式，进行小班数据逐年更新和逐级汇总，形成新的森林资源年度监测数据。在更新方式运用上，突变小班主要采用两期遥感影像判读验证与实地补充调查基础上的档案更新方法，渐变小班主要采用模型推算更新，复查更新是对一般监测年的较高要求，它以整个行政村为调查单位对前期地块进行复位调查。作为一体化监测基础年的二类调查，既要考虑基础年调查现状数据，也要考虑一般年年度监测的数据衔接。

2 规程设计修订需要解决的问题

在当前生态文明建设和森林资源管理新形势下，二类调查作为基础年调查数据，需要按照问题导向，统筹做好顶层设计，解决林业管理和资源监测中碰到的问题。

2.1 要与林地年度变更调查相协同

二类调查数据，将为林地年度变更调查提供基础数据，由于林地变更调查方法、变更因子和二类调查不尽相同，因此，需要在建立二类调查基础数据时，就要做好衔接，包括调查方法衔接，增补调查因子、数据接口衔接，通过二类调查修正完善和更新林地“一张图”数据。

2.2 要与森林资源指标相关考核评价工作相协同

由于森林增长指标考核评价工作为年度性工作，通过开展森林资源二类调查，为基础年后的各年度生态文明建设成效评价、各级政府考核、自然资源资产负债表编制、领导干部自然资源离任审计等工作提供基础数据。

2.3 要为森林资源一体化监测提供基础年数据

二类调查是森林资源一体化监测的基础年数据，之后采用复位调查更新、档案更新、模型推算更新等方式，形成新的森林资源年度监测数据。在技术标准衔接上，要与国家最新森林资源清查技术标准（如地类标准）、国家地理坐标系统相衔接。

2.4 要充分利用国土“一张图”成果

新一轮二类调查，要利用最新的国土“一张图”和林地“一张图”进行叠加分析，确定林地管理类型，厘清林地的管理属性，为林地变更调查和不动产登记打好基础。

2.5 要与地理国情普查相协同

利用地理国情普查的工作成果，将为二类调查提供预区划参考植被大图斑数据，在调查方法设计上，需要作好协同。

2.6 要以资源调查为主兼顾森林生态因子调查

二类调查在资源调查时要兼顾生态因子调查，按照数据易获取、工作量适中的原则，兼顾森林生态因子调查，掌握调查对象的森林生态状况。

2.7 要满足林业日常管理需要

各类统计表是林业主管部门掌握森林资源状况的重要工具，在规程编制过程中，应充分征求市、县级林业主管部门的意见，吸收数据应用部门的合理化建议，增强二类调查的实用性。

3 规程设计主要修订内容

在2004年版二类调查规程基础上，针对需要解决的技术问题，对一体化监测基础年的二类调查规程进行重新设计和修订。主要修订内容如下：

3.1 修订了小班和林带调查方法

小班去细班化调查。原小班调查方法是，对于面积在0.067公顷（1亩）以上而不满足最小小班面积要求的，在图上并入相邻小班作细班调查，因而小班的图斑与属性因子存在着一对多关系。修订后不再设立细班，小班作去细班化调查，小班是准确标示到图上的基本区划单位，是森林资源二类调查属性因子调查登记的基本单位，小班图斑和属性数据形成一对一关系。

林带按面状小班调查。原林带调查则是以线状地理要素表示，线状要素的长度表示林带长度，不能满足林地落界工作要求。修订后，林带区划图斑统一用面状地理要素表示，图斑既可按林带实际投影面积区划，也可按林带的长度与理论宽度区划。在理论宽度计算方面，多行林带量取边缘林木根径之间的距离，乔木林带两边各加2米，灌木林带两边各加1.5米，按小班调查方法记载属性因子表。

3.2 修订了有关技术标准

根据国家和省最新森林资源连续清查技术规定、林地变更调查技术规程，对地类、森林（林地）类别、事权等级、公益林保护等级、优势树种（组）、起源、森林群落结构等技术标准进行了修订。

3.2.1 修订了地类标准

林地划分为8个二级地类（乔木林地、灌木林地、竹林地、疏林地、未成林造林地、苗圃地、迹地和宜林地）、13个三级地类。其中：

（1）去除“有林地”二级地类、去除“红树林”三级地类，去除“纯林”“混交林”两个四级地类，“乔木林地”和“竹林地”作为二级地类，把原乔木林中“因人工栽培而矮化的”归类到灌木林地，把原红树林按乔灌属性分别归类到乔木林地和灌木林地。

（2）将原国家特别规定的灌木林地更名为“特殊灌木林地”，其他灌木林地更名为“一般灌木林地”。

（3）去除“未成林地”二级地类和“未成林封育地”三级地类。“未成林造林地”为二级地类，把待补植的造林地（包括未到成林年限待补植的人工造林地块；达到成林年限后，未达到乔木林地、灌木林地、疏林地标准，经补植可成林的造林地），归入到未成林造林地。

（4）去除“无立木林地”二级地类，把原“采伐迹地”“火烧迹地”和新增的“其他迹地”（灌木林经采伐、平茬、割灌等经营活动或者火灾发生后，覆盖度达不到30%的林地）归并为“迹地”，作为二级地类。

（5）将原无立木林地中达不到未成林造林地标准的其他无立木林地以及原林业辅助生产用地归入到宜林地。去除“坡耕地”“撂荒地”两个四级地类，把宜林地划分为“造林失败地”“规划造林地”“其他宜林地”三个三级地类。

（6）新老地类标准的衔接。为使新老标准实现无缝对接，方便二者的归类，确保两期动态变化的可比性，有必要对老标准的有关地类进行细分，地类细分情况见表1。

根据本期新标准的地类修订情况和划分定义，将老标准的细分地类与新标准相关地类建立对应关系。新老标准的地类对应表见表2。

其中，老标准中的其他无立木林地，内涵较为丰富，细分地类也较多，将该地类归并到新标准中，有未成林造林地、其他迹地、规划造林地、其他宜林地四个地类，在应用时要注意区分。

表 1　修订前老标准的地类细分表

一级	二级	三级	细分地类
林地	有林地	乔木林地	一般乔木林
			矮化乔木经济林
		红树林地	乔木红树林
			灌木红树林
		竹林地	竹林地
	疏林地		疏林地
	灌木林地	国家特别规定灌木林地	国家特别规定灌木林地
		其他灌木林地	其他灌木林地
	未成林地	未成林造林地	未成林造林地
		未成林封育地	未成林封育地
	苗圃地		苗圃地
	无立木林地	采伐迹地	采伐迹地
		火烧迹地	火烧迹地
		其他无立木林地	临时占用林地（如采石场等）
			毁林开垦地
			待补植造林地（保存率 41% ～ 80%）
			造林失败地（保存率在 40% 以下）
			其他迹地
			无立木防火线
			造林困难地
			裸岩等其他无立木林地
	宜林地	宜林荒山荒地	宜林荒山荒地
		宜林沙荒地	宜林沙荒地
		其他宜林地	坡耕地
			撂荒地
	林业辅助生产用地		林业辅助生产用地

表 2　新老标准地类对应表

<table>
<tr><th colspan="3">本期新标准地类</th><th colspan="4">前期老标准地类</th></tr>
<tr><th>一级</th><th>二级</th><th>三级</th><th>细分地类</th><th>三级</th><th>二级</th><th>一级</th></tr>
<tr><td rowspan="26">林地</td><td colspan="2" rowspan="2">乔木林地</td><td>一般乔木林</td><td>乔木林地</td><td rowspan="3">有林地</td><td rowspan="26">林地</td></tr>
<tr><td>乔木红树林</td><td>红树林地</td></tr>
<tr><td colspan="2">竹林地</td><td>竹林地</td><td>竹林地</td></tr>
<tr><td colspan="2">疏林地</td><td>疏林地</td><td colspan="2">疏林地</td></tr>
<tr><td rowspan="4">灌木林地</td><td rowspan="3">特殊灌木林地</td><td>矮化乔木经济林</td><td>乔木林地</td><td rowspan="2">有林地</td></tr>
<tr><td>灌木红树林</td><td>红树林地</td></tr>
<tr><td>国家特别规定灌木林地</td><td>国家特别规定灌木林地</td><td rowspan="2">灌木林地</td></tr>
<tr><td>一般灌木林地</td><td>其他灌木林地</td><td>其他灌木林地</td></tr>
<tr><td rowspan="2">未成林造林地</td><td rowspan="2">未成林造林地</td><td>未成林造林地</td><td>未成林造林地</td><td>未成林地</td></tr>
<tr><td>待补植造林地（41%～80%）</td><td>其他无立木林地</td><td>无立木林地</td></tr>
<tr><td colspan="2">苗圃地</td><td>苗圃地</td><td colspan="2">苗圃地</td></tr>
<tr><td rowspan="3">迹地</td><td>采伐迹地</td><td>采伐迹地</td><td>采伐迹地</td><td rowspan="4">无立木林地</td></tr>
<tr><td>火烧迹地</td><td>火烧迹地</td><td>火烧迹地</td></tr>
<tr><td>其他迹地</td><td>其他迹地</td><td>其他无立木林地</td></tr>
<tr><td rowspan="12">宜林地</td><td>造林失败地</td><td>造林失败地（40%以下）</td><td>其他无立木林地</td></tr>
<tr><td rowspan="5">规划造林地</td><td>未成林封育地</td><td>未成林封育地</td><td>未成林地</td></tr>
<tr><td>毁林开垦地</td><td>其他无立木林地</td><td>无立木林地</td></tr>
<tr><td>宜林荒山荒地</td><td>宜林荒山荒地</td><td rowspan="3">宜林地</td></tr>
<tr><td>宜林沙荒地</td><td>宜林沙荒地</td></tr>
<tr><td>撩荒地</td><td>其他宜林地</td></tr>
<tr><td rowspan="6">其他宜林地</td><td>临时占用林地（如采石场等）</td><td rowspan="4">其他无立木林地</td><td rowspan="4">无立木林地</td></tr>
<tr><td>无立木防火线</td></tr>
<tr><td>造林困难地</td></tr>
<tr><td>裸岩等其他无立木林地</td></tr>
<tr><td>林业辅助生产用地</td><td>林业辅助生产用地</td><td>林业辅助生产用地</td></tr>
<tr><td>坡耕地</td><td>其他宜林地</td><td>宜林地</td></tr>
</table>

3.2.2 修订了森林（林地）类别

原标准分为生态公益林（地）和商品林（地）两个类别。修订后，按主导功能的不同将林地分为公益林（地）和商品林（地）。公益林（地）分重点公益林（地）、一般公益林（地）。商品林（地）分为重点商品林（地）和一般商品林（地）。

3.2.3 修订了公益林事权等级划分

原标准将公益林分为国家公益林（地）和地方公益林（地），地方公益林（地）又分为省级公益林（地）、市级公益林（地）和县级公益林（地）。修订后，将城市森林、平原绿化等虽实际发挥防护或特种用途效用，但未区划或没有正式界定为公益林（地）的，事权等级定为其他，公益林分为国家、省级、市级、县级和其他公益林。

3.2.4 修订了公益林保护等级划分

原标准则全部公益林均分为特殊、重点和一般三个等级。修订后，国家级、省级公益林（地）划分为一级、二级和三级三个保护等级，以公益林主管部门的划分结果为准。

3.2.5 修订了起源划分

原标准则将林分划分为天然林、人工林和飞播林三类。修订后，依据林分发育方式分天然和人工两大类，其中，天然包括天然下种、人工促进天然更新、天然林采伐等干扰后萌生三类，人工包括植苗（包括植苗、分殖、扦插）、直播（穴播或条播）、飞播、人工林采伐后萌生四类。

3.2.6 修订了森林群落结构名称

内涵没有变化，仅名称由完整结构、复杂结构和简单结构，改为完整结构、较完整结构和简单结构，与国家森林资源连续清查规定一致。

3.2.7 修订了优势树种（组）确定标准

原标准则是按蓄积量（株数）组成比重最大的树种（组）为小班（细班）优势树种（组）。修订后，乔木林、疏林中，按某一树种、某一针叶树种、某一阔叶树种蓄积量（株数）组成比重是否达到65%及以上，确定小班的优势树种（组）为某一树种、针叶混、阔叶混、针阔混。

3.3 修订了县级抽样控制蓄积量临界要求

近10年来，各县活立木蓄积量和森林蓄积量均有较大幅度增长，对二类调查中需要开展抽样控制的调查单位以近期活立木蓄积量为基础进行重新界定。原规程规定，重点产材县必须进行抽样控制调查；其他森林蓄积量在200万立方米以上的县，或以商品林蓄积量为主的县及重点国有林场，原则上也应进行抽样控制调查，以商品林为主的经营单位或县级行政单位为90%；以公益林为主的经营单位或县级行政单位为85%；自然保护区、森林公园为80%。修订后，要求活立木蓄积量在300万立方米以上的县，应进行抽样控制调查。活立木蓄积量大于800万立方米的县级行政单位，林地面积和活立木蓄积量抽样控制精度要求分别达到95%和90%以上；活立木蓄积量为300～800万立方米的县级行政单位，抽样控制精度要求分别达到90%和85%以上。

3.4　修订了遥感影像使用和地理信息系统要求

提高了小班区划遥感影像的空间分辨率要求。原规程是空间分辨率10米以内能直接用于小班勾绘，10米以上的卫星图片只能作为调绘辅助用图。近年来，随着遥感技术的提高，卫星图片和航拍片的分辨率得到较大提升，修订后，对遥感影像判读一般流程作出规定，遥感影像要求优于2.5米分辨率才能用于小班勾绘，空间分辨率劣于2.5 米的遥感影像只能作为调绘辅助用图，不能直接用于小班勾绘。

对信息系统建设作出明确要求。随着林业信息化的推进，森林资源管理信息系统建设越来越迫切。修订后，森林资源管理信息系统单独列出一条，要求各县需以调查成果为基础，建立森林资源管理信息系统，信息系统建设要求按照《浙江省县级森林资源管理信息系统建设技术规程》执行，地理坐标系统一采用国家2000大地坐标系（CGCS2000坐标系）。原规程没有单独作为一条，仅提出“有条件的，建立森林资源管理信息系统”。

3.5　修订了技术培训和检查数量要求

二类调查是操作性和实践性要求较高的工作，因此，修订后的规程，要求调查实习天数不得少于5天，每个调查工作组应完成一个村的调查实习任务，包括外业调查、内业整理。原规程仅对目测调查训练提出要求，但未提实习要求。

在检查数量方面，原规程是专职检查组检查的工作量应不低于二类调查工作量的3%～5%，对省、市联合抽查未作规定。修订后，规程要求县级专职检查组正常检查的工作量应不低于二类调查林地面积的5%，并且小班、林带、树带、四旁树调查户的个数检查比例也应在5%以上。省、市联合抽查，抽查面积不少于调查林地总面积的1%，并且小班、林带、树带、四旁树调查户的个数检查比例也应在1%以上。

3.6　增加了调查范围的规定

为使二类调查在全省国土范围内全覆盖，确保不重不漏，并与林地变更调查要求相衔接，规程规定县级行政界线范围采用林地落界确定的行政界线，此后因行政范围调整等原因导致县级行政界线变动的，需经相关主管部门确认后调整。县级行政单位应调查其行政范围内所有的森林、林木和林地。

3.7　增加了调查工作程序与技术路线

为明确二类调查工作程序和各环节工作内容，将工作程序单独列为一条，包括制订并上报实施方案、做好相关准备工作、启动会与技术培训会、外业调查、质量检查验收、数据处理统计制图、成果报告编制、信息系统研建、调查成果论证会、成果上报批准、使用和发布成果等环节。

为规范二类调查技术流程，技术路线也单独作为一条，包括资料收集与准备、遥感影像、行政界线、等高线、公益林图斑等数据合成与调查底图制作，全面系统实地调查，图斑区划与属性因子记载，图斑及属性数据录入与检查，建立二类调查本底数据库，产出统计表、成果图和成果报告等流程。

3.8　增加了林地变更有关调查因子

二类调查将为林地变更调查提供基础数据，将全面修正完善林地“一张图”数据。林地变更中有关调查因子，包括林地管理类型、林地保护等级、林地质量等级、立地质量等级、交通区位，纳入二类调查因子中，要求在二类调查时对这些因子进行同步调查。其中，林地管理类型是将林地按基本属性划分为狭义林地和非狭义林地两类。狭义林地指有林权证的土地或经县级以上人民政府规划用于发展林业的其他土地，包括共同认定林地、国土未认定林地（含土地整理林地）2类。非狭义林地指一般性非林地上及农地中的茶桑果园、短轮伐期片林、林带、城镇及村庄绿化片林等，包括农用地与未利用地上、建设用地上，达到乔木林地、竹林地、灌木林地、疏林地或未成林造林地有关技术标准的林地2类。

林地保护等级分Ⅰ级保护、Ⅱ级保护、Ⅲ级保护、Ⅳ级保护四个等级。林地质量等级、立地质量等级分为Ⅰ级（好）、Ⅱ级（较好）、Ⅲ级（中等）、Ⅳ级（较差）和Ⅴ级（差）五个等级。

交通区位根据小班至林区道路或其他交通运输线路的距离，由好至差划分为一级、二级、三级、四级、五级五个等级。

3.9　增加了图斑和属性数据检查要求

为提高二类调查数据质量，适应地理信息系统建设需要，对小班林带、树带等数据提出检查要求。一是图斑数据的拓扑检查和准确性检查，拓扑检查包括小班图形是否存在重叠或缝隙、小班图形与县界间是否无缝拼接等，准确性检查包括小班、林带或树带界线与遥感影像的同一地物的吻合情况是否达到要求。二是属性数据的完整性、正确性检查和逻辑关系检查，保证必填因子项不能为空值或出现错误，保证属性因子之间不存在逻辑错误。三是图形数据与属性数据的关联性检查。图形数据关联字段和属性数据关联字段必须为唯一，不允许重复，图形数据与属性数据必须一一对应且正确。

3.10 增减有关统计表

增加产出有关统计表，以满足林业日常管理需要，包括各类林地面积按林地管理类型统计表、天然林按权属统计表、人工林按权属统计表、乔木林各龄组面积蓄积量按权属和林种统计表、乔木林各林种面积蓄积量按优势树种统计表、乔木林各树种结构面积按起源统计表、未成林造林地和造林失败地统计表等。删除红树林资源统计表。

4 调查实践中需要注意的问题及处理方法

4.1 错误公益林图斑界线的处理

公益林矢量图斑界线，要注意与重点公益林区划界定书上纸质图、公益林变更调整图纸的图斑界线进行比对。二类调查的公益林图斑界线衔接不是对重点公益林的重新区划和再确认，只是引用真实原始的重点公益林区划界定图斑界线。如有错误，应以上述图纸上的界线为准进行修正，使公益林矢量图斑数据与原始区划界定图斑界或区划变更调整后公益林界线相吻合。《重点公益林现场区划界定书》中公益林图斑，一般不作删减或合并，但可根据林相情况，在原公益林图斑内作分割区划，新区划调查小班。

4.2 厘清森林类别与林种的关系

公益林区范围内的乔木林、疏林、竹林和一般灌木林，应登记公益林的林种；商品林内乔木林、疏林、竹林和灌木林（包括特殊灌木林和一般灌木林），应登记商品林的林种；森林类别和林种要保持一致性。但是，公益林区范围内连片面积在15亩以上以经济效益为主要目的经济树种，应单独区划小班，林种确定为经济林，森林类别登记为重点公益林。

4.3 充分衔接林地和国土一张图调查成果

在林地管理类型中，应充分衔接林业、国土两部门林地调查成果，根据国土和林业部门分别认定的林地图层，将现状林地划分为双方共同认定的狭义林地、国土未认定但有林权证或应发而未发林权证的狭义林地（包括垦造耕地）、农用地与未利用地上林地（无林权证）和建设用地上林地（无林权证）等四种类型。国土单方认定林地，经实地调查分析后分解到上述四种林地管理类型中或予以剔除。

4.4 林地保护等级的确定

林地保护等级按县级林地保护利用规划进行确定，不能随意调整。对照林地保护等级区划标准，发现县级林地保护利用规划中林地保护等级确定有误的，以及因公益林扩面或调整的，可先对林地保护等级予以修正，但必须按县林地保护利用规划修编程序进行调整。

4.5 小班图斑界线的区划

小班区划一般不能跨岗，乔木林小班划分应以地形为主，并结合林相；竹林、经济林小班，以林相为主，结合地形。区划的小班要求站在一点基本上应能看清小班全貌；山坡、平地小班应划开，林地、农田（地）小班应划开。由于取消细班，一个图斑只能调查登记一个类型，因此，一个小班内林分类型尽量少，成分尽量简单；对于局部特别混杂的地块，可以合并区划，作为混合小班，在附记栏中记录次要因子；林下经济复合经营单独区划小班，按复层林调查记载复合经营小班因子。

4.6 主要测树因子的调查

由于各地的树种类型、立地条件、森林植被垂直分布、水平分布、种植密度、经营习惯的差异，林分平均生长状况和蓄积量也存在差异。因此，乔木林小班树种组成、平均胸径、平均高、郁闭度、每亩株数、每亩蓄积量等主要测树因子的目测调查，需要先通过设立典型林分标准地，建立当地的“参照系”，再开展实地调查。县级自查时，要注意检查调查范围内标准地的设立数量、调查质量等情况。对主要测树因子调查误差较大的，要到实地进行重新调查，返工小班检查验收时作为重点检查对象。

4.7 利用平板电脑调查的注意事项

利用平板电脑开展外业无纸化采集调查，是现代科技在二类调查中的应用，是推进二类调查向智能化、高效化、无纸化发展的良好示范。在运用平板电脑开展调查时，要注意以下事项：

4.7.1 数据备份与保密安全

为确保数据安全，每天应将数据拷贝到U盘，或通过移动专网上传到服务器。数据禁止外传，或拷入其他非指定电子设备。要避免误操作，小心误点删除键，注意数据存储安全。养成良好习惯，每次调查结束要及时退出程序，不能未退出程序就直接关机，防止数据库损坏。注意平板电脑硬件设备安全，注意防水防摔。注意数据保密安全，牢固树立保密安全意识，平板电脑不能连接互联网，不能将数据拷贝到连接互联网的电脑。

4.7.2 充分运用平板电脑智能采集和数据检查功能

一是调查人员实地现场检查每个调查对象属性数据。检查调查对象属性数据的完整性、正确性和逻辑关系。属性因子完整性和正确性检查保证必填因子项不能为空值或出现错误，逻辑关系检查保证属性因子之间不存在逻辑错误。

二是调查人员边做边检查是否重漏调查对象。检查小班（林带）是否漏区划和调查、树带是否漏调查、非林地小班的零星四旁树是否漏调查，做到调查全覆盖，不重不漏，不留空白。

三是调查人员批量复查更正调查对象的属性和图斑拓扑错误。在每个行政村调查完成后，作一次全面系统检查，图斑拓扑检查和属性逻辑检查更正通过后，再提交数据。

四是检查人员全面复核调查对象。利用平板电脑数据采集系统的桌面端配套软件，接收合并调查人员的数据后全面进行数据检查。若有问题需要调查人员解决，则将数据再次下发到调查人员平板电脑完成修正。

4.7.3 多个图斑图层数据衔接的合理设计

本轮基础年二类调查，主要图斑图层数据有：各级行政界线、重点公益林界线、林地变更调查的林地保护等级界线、与国土部门共同确定的林地管理类型界线等；有的县可能还有林权界线、地理国情普查大图斑界线等。因此，二类调查不是在一张白纸上重新区划，图斑区划必须要与已有工作成果相衔接，各图层之间的关系，需要在开展外业调查前作好合理设计。

一是统一转换各图层地理坐标系。不同坐标系的图层，如很多图层是西安1980坐标系，要应用统一转换参数转换成CGCS2000坐标系，以保证各图斑成果的无缝匹配和拼接。

二是统一各级行政界线与重点公益林图斑界。当公益林界线与县级以上行政界线重叠不一致时，以县级以上行政界线为准修正公益林界线；当公益林界线与乡镇（街道）、林场界线、村界线重叠不一致时，原则上以公益林界线为准；若公益林界线明显错误的则以行政界线为准。

三是统一确定地块的林地保护等级和小班（林带）调查图层。以修正后的重点公益林图斑界线为输入图层，利用县级全覆盖的村级行政界线面状图层作叠置分析，将切割出的非公益林数据加入到重点公益林图层，使之全县全覆盖。利用全县全覆盖的公益林图层为外业小班（林带）调查图层，采用分割、修边、合并方法区划小班（林带）。林地变更图斑的同一保护等级小班合并为同一图斑，将保护等级因子利用地理空间分析方法引入到公益林图层地块（即二类外业调查图层）中，确保外业调查对象与重点公益林、林地保护等级图斑的衔接。

四是其他图斑均作为外业调查小班区划的参考图层。与国土部门共同确定的林地管理类型界线，是本轮二类调查必须衔接的图斑，但国土与林业部门在区划技术标准上存在差异导致界线不尽一致，因此将国土认定的林地填充颜色标识后加载到平板电脑，作为二类调查图斑区划的参考图层进行衔接。地理国情普查大图斑界线、林权界线等，也作为外业小班区划的参考图层，为二类调查区划提供方便，作为小班属性调查登记的参考。

5　结束语

二类调查规程为做好二类调查工作提供了技术保障，但要真正做好二类调查，确保调查质量，需要在思想认识、过程质量检查、技术手段创新上下工夫，牢固树立质量意识，做好每一个环节和细节。根据新修订技术规程近两年的执行和实践情况，应重点做好以下几项工作：

（1）提高思想认识，落实全面实地调查要求。遥感影像对于提高工作效率，提高调查质量具有重要作用，规程鼓励各调查单位全面应用高清影像为二类调查服务。但是，有些调查单位出于各种原因，片面夸大遥感影像作用，在二类调查中以遥感影像判读代替实地调查，以影像预区划图斑代替实地区划图斑，以上一轮二类调查或林地变更修正后数据代替林分测树因子，外业工作内业做，出现调查数据与实地状况不符，记载的调查因子与实地偏差较大的情况，这种以牺牲质量为代价减少工作量的做法是不可取的。二类调查数据是一体化监测的基础年数据，是今后年度更新的基本变更单元和工作基础[9]，数据具有全面系统性、结构完整性特点，因此，二类调查必须要全面系统实地调查，以建立新的森林资源家底数据。

（2）增强过程检查力度，提高调查质量。技术规程规定了由县林业主管部门组织专职质量检查组，分组对调查工作进行经常性的检查。由于二类调查具有外业时间长，工作量大等特点，若出现质量问题不能及时发现和纠正，事后弥补的代价将会很大，因此，加强县级质量过程检查，强化质量自查与监督，对于提高调查质量意义重大。对组织本县林业技术人员开展二类调查的，各县林业主管部门要加强技术培训、指导与外业检查，建立健全技术责任制，实施全面、全过程质量管理；对以招投标等形式实施二类调查工作外包的，各县林业主管部门必须派员参与外业质量检查，实时掌握工作进度和质量动态，强化过程监管与检查。

（3）创新技术手段，提高工作效率与质量。重点公益林图斑、国土“一张图”参考图层、各级行政界线，以及等高线等图层，都需要与遥感影像叠加作为二类调查底图，图层数量多，且不同图层呈“多层皮”交叉现象，传统纸质介质调查已很难满足需要，给小班区划带来不小困扰。浙江省在二类调查实践中，创新技术手段，开发了移动端数据智能采集系统，通过前期内业处理，将有关图层集成到系统中，实现了图斑区划和属性记载无纸化，小班区划精细化，逻辑检查和修改现场化，外业与内业工作衔接无缝化，提高了工作效率和调查质量。

参考文献

[1] 中华人民共和国国家质量监督检验检疫总局、中国国家标准化管理委员会. GB/T 26424—2010森林资源规划设计调查技术规程 [S]. 北京: 中国标准出版社, 2010.

[2] 陈雪峰, 唐小平, 翁国庆. 新时期森林资源规划设计调查的新思路——浅议森林资源规划设计调查主要技术规定的修订[J]. 林业资源管理, 2004, (1): 9-14.

[3] 刘安兴, 蔡良良, 佘光辉. 森林资源二类调查新颁规定的应用分析[J]. 南京林业大学学报（自然科学版）, 2006, 30 (2): 127-130.

[4] 蔡良良, 邱瑶德, 蔡霞, 等. 新规定指导下的森林资源二类调查特点与几个问题的探讨[J]. 华东森林经理. 2004, 18(1): 5-7.

[5] 邱瑶德, 蔡良良. 现行森林资源调查方法存在问题及对策研究[J]. 浙江林业科技, 2004, 24 (1): 37-39.

[6] 周昌祥. 我国森林资源规划设计调查的回顾与改进意见[J]. 林业资源管理, 2014, (4): 1-3.

[7] 吴伟志. 浙江省“十一五”森林资源规划设计调查技术与问题探讨[J]. 浙江林业科技, 2011, 31 (1): 76-80.

[8] 闫宏伟, 黄国胜, 曾伟生, 等. 全国森林资源一体化监测体系建设的思考[J]. 林业资源管理, 2011, (6): 6-11.

[9] 陶吉兴, 季碧勇, 张国江, 等. 浙江省森林资源一体化监测体系探索与设计[J]. 林业资源管理, 2016, (3): 28-34.

专题 8

林业与国土一张图协同处理实证研究

【摘　要】本研究在借助GIS对林业和国土两部门“一张图”进行空间叠加分析的基础上，有效衔接两部门“一张图”中每个斑块的林地管理类型，从而明确鉴别现有林地属性，分清林业部门管理林地与国土部门相重叠林地、耕地上林地、建设用地上林地等的界限。以林业部门管理的林地基础属性为主线，充分考虑与国土部门认定的林地范围进行对接，把全省林地管理类型分为两大类：狭义林地和广义林地。其中，狭义林地又细分为双方共同认定林地和林业单方认定林地；广义林地又细分为农用地与未利用地上林地和建设用地上林地。研究结果表明：山区县双方共同认定林地范围差异最小，丘陵县次之，平原盆地县差异最大；越是山区县，林业单方认定林地面积占比越小，越是平原区占比越大，这反映出，在山区两部门对接该类型差异较小，在平原区两部门对接该类型差异较大的现实情况；越是平原区，农用地与未利用地上的林地相对越普遍存在，越是丘陵、山区越少存在；建设用地上的林地面积比例与各地的城镇绿化水平高度相关，一般也是平原区高于山区。

【关键词】林业一张图；国土一张图；林地管理类型；协同处理；空间叠加分析

1 研究背景和目的

1.1 研究背景

浙江省林业厅在国家林业局的统一部署下，于2009年开展了全省县级林地落界工作，并最终形成了以县为单位的全省林业“一张图”。出于保持林业“一张图”现势性考虑，2014年部署开展了县级林地变更调查工作。浙江省国土厅经第二次国土调查，建立起以县为单位的全省国土“一张图”，并通过国土资源年度动态更新，保持了国土“一张图”的现势性。

长期以来，在林地属性理解上，由于国土部门和林业部门对林地的认定标准、调查方式存在差异，两部门关于林地的调查成果在面积数量和空间分布上出入较大。但是两部门间还是允许存在不同的解释且互不否认。当然，在现阶段，为了科学界定林地概念、范围，合理鉴别林地属性，认真分析林地保护利用规划中存在的耕地和建设用地上造林等问题[1]，厘清林地与耕地、建设用地等的界限，实事求是地调整林地保护利用规划，使之既能有效地衔接土地利用总体规划和第二次全国土地调查成果，又可区分统计林业部门和国土部门的林地面积，是新时期新常态下对林地管理工作的新要求，是一项很有前瞻性的工作。

1.2 研究目的

调研目的主要是通过有效衔接两部门的最新调查成果数据，获得相对一致、双方认可的成果数据。既为建设项目使用林地行政许可、林地执法管理和不动产统一登记提供基础数据，也为国土资源调查年度动态更新、森林资源二类调查和县级林地保护利用规划修编等工作奠定基础。

2 研究材料

2.1 研究区选取

考虑不同类型、代表性要求，特选取桐庐、兰溪和松阳3个具有典型代表性特征的县级单位为研究区。其中，桐庐为丘陵类型，兰溪为平原盆地类型，松阳为山区类型。

2.2 研究区基础数据

研究过程中涉及的全部基础数据来源于研究区国土部门的最新国土“一张图”（2013年度土地变更调查数据库）和林业部门的最新林业“一张图”（2013年林地变更调查数据库）。

2.3 研究工具

GIS平台：利用ARCGIS平台对两张图进行空间叠加分析。

数据库平台：利用数据库平台对空间叠加分析结果进行统计。

3 研究方法

3.1 技术流程

（1）收集2013年度土地变更调查数据库和林地“一张图”数据库，利用ArcGIS空间叠加分析功能，对两张图中各地类图斑进行套合。

（2）设定不同类型标识，赋值图斑属性，统计汇总不同类型面积和占比。

（3）套合2014年最新卫星影像数据，采用目视解译方法，对林地图斑建设占用和耕地现势性情况进行统计分析。

两张图叠加分析技术流程，见图1。

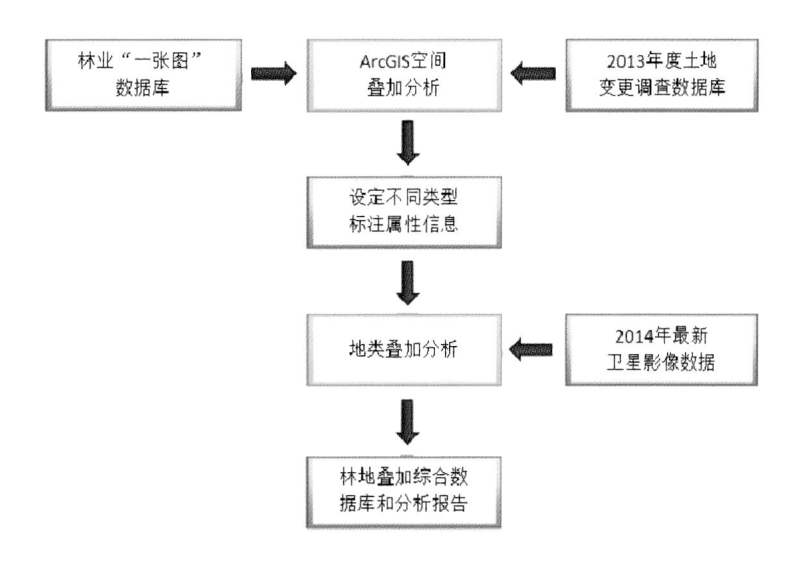

图 1　叠加分析流程图

3.2 地类划分

国土部门地类划分：一级地类分为农用地、建设用地、未利用地三大类；农用地分为耕地、园地、林地、其他农用地；林地二级地类分为有林地、灌木林地和其他林地。

林业部门地类划分：一级地类分为林地、非林地；二级地类林地包括乔木林地、竹林地、疏林地、灌木林地、未成林地、苗圃地、迹地、宜林地；非林地包括耕地、牧草地、水域、未利用地和建设用地。

3.3 林地管理类型划分

林地管理类型划分，以林业部门管理的林地基础属性为主线，充分考虑与国土部门认定的林地范围进行对接，将林地管理属性划分为狭义林地（A类林地）和广义林地（B类林地）两大类。按照尽可能做到两部门各自认定的林地范围既可分也能合，便于双方管理的原则，将狭义林地分为林业与国土双方共同认定的林地（A1型林地）、林业单方认定的林地（A2型林地）；将广义林地分为农用地（含未利用地，下同）上林地（B1型林地）、建设用地上林地（B2型林地）。极小量国土部门认定林地而林业部门未认定为林地的地块，在调查分析基础上，分解落实到上述A1或B1或B2型林地或非林地中。

狭义林地指有林权证或应发而未发林权证（如纠纷林地）的林地，不论“林”或“地”，均由林业主管部门进行管理；广义林地一般指非林地上的平原经济林、短轮伐期片林、林带、城镇及村庄绿化用地等，“林”纳入林业主管部门管理，“地”不由林业主管部门管理。

3.4 叠加分析

在ARCGIS平台中，以林业“一张图”为被标识图层，以国土“一张图”为标识图层，通过运行ArcToolbox中的空间标识功能模块，经叠加分析后，把国土部门图斑

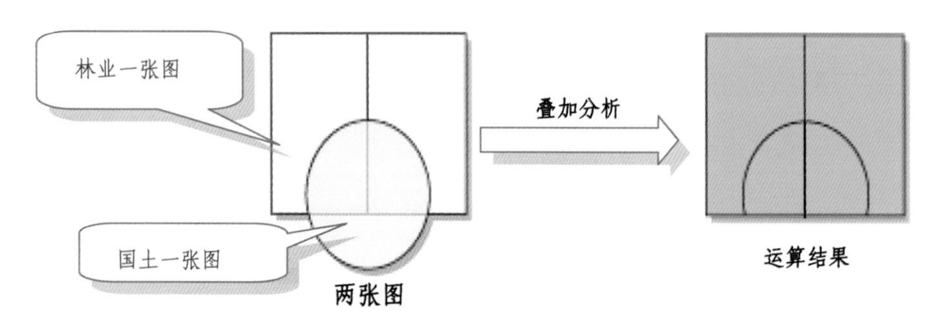

图 2　空间叠加分析原理

的地类属性标识到相应位置的林业部门图斑上。

由于两张图中相应图斑不可能完全吻合，使得经叠加分析后，林业“一张图”中的每个图斑都被国土“一张图”中的相应图斑裁切分割成多个碎斑。

空间叠加分析原理流程，见图2。

3.5 数据整理

在数据库平台上，对经叠加分析后的林业“一张图”中，面积为1亩以上的每块碎斑按两部门地类进行地类转移分组汇总。

4 研究结果

4.1 统计标准

按叠加分析后破碎斑块统计的思路：以林业“一张图”和国土“一张图”叠加分析后破碎斑块为统计单位，按林业部门地类和国土部门地类进行分类统计汇总。

4.2 统计结果

经两张图叠加分析后，可形成各类土地面积转移矩阵。研究区域为3个县级单位的详细结果，见表1～表3。

表 1 桐庐县两张图按碎斑统计地类面积对比汇总表

部门地类			国土地类								
			草地	耕地	建设用地	林地	其他农用地	未利用地	园地	空白	总计
林业地类	耕地	面积（公顷）	98.48	19 701.72	11 159.36	2699.88	950.34	3852.65	1219.85	21.64	39 703.92
		比例（%）	0.05	10.77	6.10	1.48	0.52	2.11	0.67	0.01	21.71
	林地	面积（公顷）	1084.96	4995.82	703.35	127 773.86	48.61	299.15	8203.34	60.76	143 169.86
		比例（%）	0.59	2.73	0.38	69.85	0.03	0.16	4.48	0.03	78.26

（续）

部门地类			国土地类								
			草地	耕地	建设用地	林地	其他农用地	未利用地	园地	空白	总计
林业地类	非林地	面积（公顷）	0.07	5.72	47.22	6.88	0	0.77	3.37	0	64.03
		比例（%）	—	—	0.03	—	—	—	0.00	—	0.03
	总计	面积（公顷）	1183.51	24 703.26	11 909.93	130 480.62	998.95	4152.58	9426.56	82.40	182 937.81
		比例（%）	0.65	13.50	6.51	71.33	0.55	2.27	5.15	0.05	100.00

表 2　兰溪市两张图按碎斑统计地类面积对比汇总表

部门地类			国土地类								
			草地	耕地	建设用地	林地	其他农用地	未利用地	园地	空白	总计
林业地类	耕地	面积（公顷）	294.24	37 542.54	13 909.71	943.36	3674.37	3271.63	1727.27	40.06	61 403.18
		比例（%）	0.22	28.61	10.60	0.72	2.80	2.49	1.32	0.03	46.79
	林地	面积（公顷）	157.83	7323.37	912.32	45 509.52	143.62	52.70	15 290.72	49.80	69 439.88
		比例（%）	0.12	5.58	0.70	34.68	0.11	0.04	11.65	0.04	52.91
	非林地	面积（公顷）	4.26	85.46	150.15	50.83	14.27	1.21	90.18	0.73	397.09
		比例（%）	—	0.07	0.11	0.04	0.01	—	0.07	—	0.30
	总计	面积（公顷）	456.33	44 951.37	14 972.18	46 503.71	3832.26	3325.54	17 108.17	90.59	131 240.15
		比例（%）	0.35	34.25	11.41	35.43	2.92	2.53	13.04	0.07	100.00

表 3 松阳县两张图按碎斑统计地类面积对比汇总表

部门地类			国土地类								
			草地	耕地	建设用地	林地	其他农用地	未利用地	园地	空白	总计
林业地类	耕地	面积（公顷）	305.04	15 840.37	4853	3650.21	242.52	1693.78	2128.84	2.52	28716.28
		比例（%）	0.22	11.31	3.46	2.61	0.17	1.21	1.52	—	20.50
	林地	面积（公顷）	417	6612.6	309.03	97 688.79	30.45	83.91	6165.13	44.46	111 351.37
		比例（%）	0.30	4.72	0.22	69.73	0.02	0.06	4.40	0.03	79.48
	非林地	面积（公顷）	0.05	1.97	21.6	3.23	0.04	0.24	1.25	—	28.38
		比例（%）	—	—	0.02	—	—	—	—	—	0.02
	总计	面积（公顷）	722.09	22 454.94	5183.63	101 342.23	273.01	1777.93	8295.22	46.98	140 096.03
		比例（%）	—	—	—	—	—	—	—	—	—

注：由于两张图所用的行政范围有所差别，表 1 ~ 3 中“空白”栏表示林业一张图范围超出国土一张图那部分。

5 结果分析

5.1 地类转移分析

表1～3是研究区域3个县级单位的地类转移矩阵。

以桐庐为例，从表1 可知，该县林业部门认定林地面积为143 169.86公顷，这之中得到国土部门认可的林地面积为127 773.86公顷，两者相差15396公顷，占林业部门认定林地面积的10.75% 。相差部分的林地主要分布于国土部门的园地（5.73%）、耕地（3.49%）、草地（0.76%）上，其余地类所占份额较小。此外，在林业部门认定的非林业用地（非林地加耕地）面积为39 767.95公顷中，经国土部门调查认定为林地面积的有2706.76公顷，这部分需根据实际情况分解成双方共同认定林地、农用地上林地、建设用地上林地和非林地。

兰溪和松阳的地类转移分析结果与桐庐相似。造成两部门林地面积差异的主要原因还是园地和耕地。其中，兰溪两部门各自认定的林地面积相差最大，达到了23 930.36公顷；松阳相差最小，也有13 662.58公顷。国土部门单方认定林地需进一步分解成双方共同认定林地、农用地上林地、建设用地上林地和非林地。

从以上分析不难看出，在林地管理属性界定过程中，两部门存在相互渗透的现象，即林业部门认定的林地，国土部门并不一定认定为林地，而林业部门认定为非林地的土地，国土部门也有极少量将其划为林地的现象。

5.2 林地管理类型分析

以林业“一张图”和国土“一张图”叠加分析后破碎斑块为统计单位，以林业部门管理的林地基础属性为主线，参考上述介绍的林地管理类型划分原则，归类各破碎斑块为相应的林地管理类型，得到研究区域3个县级单位数据分析结果见表4。

5.2.1 A1 型分析

该类型全部属于政府已发或应发未发林权证的狭义林地范畴。

从表4可知，研究区A1型占比最大，占比接近60%。其中桐庐A1型和松阳A1分别占比接近70%，兰溪作为平原为主体的县份，A1型仅占近35%。这说明双方共同认定的林地，越是山区比例越高，越是平原地区比例越低。

对表4进行再整理计算得到表5，从表5可知，桐庐（丘陵）和松阳（山区）A1型

表 4 两张图林地叠加按破碎斑块统计分类型汇总表

单位	狭义林地（A 类）				广义林地（B 类）			
	双方共同认定林地面积及占比（A1 型）		林业单方认定林地面积及占比（A2 型）		农用地上林地面积及占比（B1 型）		建设用地上林地面积及占比（B2 型）	
	面积（公顷）	占比（%）	面积（公顷）	占比（%）	面积（公顷）	占比（%）	面积（公顷）	占比（%）
桐庐	127 773.86	69.85	10 791.08	5.90	4638.10	2.54	352.22	0.19
兰溪	45 509.52	34.68	9532.46	7.26	13 816.92	10.53	474.76	0.36
松阳	97 688.79	69.73	6211.26	4.43	3949.08	2.82	151.90	0.11
合计	270 972.17	59.65	26 534.80	5.84	22 404.10	4.93	978.88	0.22

注：此处占比＝对应的林地面积 / 陆域面积。

林地占狭义林地面积比例高达90%以上，而兰溪（平原盆地）占狭义林地面积比例不到80%。这说明丘陵、山区县在对接A1型上比平原盆地县重合度要高得多。另外，松阳A1型占A类面积比例最大，桐庐次之，兰溪最小。这就说明山区县两部门间A1型差异最小，丘陵县次之，平原盆地县差异最大。

表 5 双方共同认定林地分析表

单 位	狭义林地面积（A 类）（公顷）	双方共同认定林地面积（A1 型）（公顷）	占狭义林地面积比例（%）
桐 庐	138 564.94	127 773.86	92.21
兰 溪	55 041.98	45 509.52	82.68
松 阳	103 900.05	97 688.79	94.02
合 计	297 506.97	27 0972.17	91.08

5.2.2 A2 型分析

该类型中主要有涉及国土单方认定的农用地，特别是园地和耕地。该类型图斑坡度常大于25° 以上，且属于政府已发或应发而未发林权证的狭义林地范畴。

由表4可知，研究区A2型占比5.84%。其中兰溪A2型占比最大，为7.26%；桐庐次之，为5.90%；松阳A2型占比最小，为4.43%。可见，越是山区A2型占比越小，越是平原A2型占比越大，反映出在山区两部门对接A2型差异较小，在平原区两部门对接A2型差异较大的现实情况。

5.2.3 B1 型分析

该类型全部属于广义林地范畴。

由表4可知，研究区B1型占比4.93%。其中兰溪B1型占比最大，为10.53%；桐庐和松阳B2型占比相近，为2%～3%。可见，越是平原区B1型相对越普遍存在，越是丘陵、山区B1型越少存在。

5.2.4 B2 型分析

该类型也全部属于广义林地范畴。

由表4可知，研究区B2型占比最小，为0.22%。其中兰溪B2型占比最大，为0.36%；桐庐次之，为0.19%；松阳最小，为0.11%。B2型林地的比例与各地的城镇绿化水平高度相关，一般也是平原区高于山区。

5.3 原因分析

经过认真比较两部门现状数据调查统计方法，去除主客观原因造成的调查误差影响，两部门林地数据（数量和空间）不完全一致的主要原因是地类认定标准的差异。

林业部门林地认定标准：包括乔木林地、竹林地、疏林地、灌木林地、未成林造林地、迹地、宜林地。其中，所有面积大于1亩的乔木林都被认定为乔木林地。

国土部门地类认定是以《土地利用现状分类》（GB/T21010-2007）为标准[2]。林地指生长乔木、竹类、灌木的土地及沿海生长红树林的土地。包含迹地，不包含居民点内部的绿化用地，铁路、公路征地范围内的林木，以及河流、沟渠的护堤林。

从认定标准上看，林业部门认定的林地范围比国土部门要宽泛，因而认定的林地面积必然比国土部门认定的面积大。特别是国土部门认定的园地，林业部门认定为林地；也有林业部门认定的林地处于国土部门认定的城市、建制镇、村庄等范围内，被国土部门认定为建设用地；国土部门认定的未利用地中，林业部门有部分认定为无立木林地或宜林地。

6 讨论与建议

6.1 讨论

（1）工作意义和成果应用价值：分清林地与其他土地的界线是件很有意义的工作，在对两张图作空间叠加处理后，经过分析研究，可以将长期困扰双方的林地差异界线梳理清楚，得出明确的林地管理属性结果，分类型汇总统计面积，明确空间分布差异，针对不同类型，通过两部门共同协商，提出有效的管理措施和意见。研究成果既可为建设项目使用林地行政许可、林地保护行政执法和不动产资源登记提供基础依据，又可为国土资源年度动态更新、新一轮森林资源二类调查和县级林地保护利用规划修编奠定基础。

（2）采用保留按破碎图斑统计：从工作量和技术层面考虑，允许小面积图斑的存在。当然对于特别小的碎斑，可以经研究设定一个域值（1亩），域值以下的碎斑自动归并到相邻大地类。这样，虽然一张图中存在大量碎斑，且碎斑拓扑形状有瑕疵，但这既可大大减少对经两张图叠加分析后产生的大量碎斑进行归并的工作量，又可最大程度上保留林地一张图中包含的两部门两张图中原有的图斑边界信息。

（3）两部门对林地管理属性的认定差异是全国各地普遍存在的现象，这是一个深层次的部门间土地归属争议难题[3]。林地概念的双重性，往往让地方政府领导搞不清辖区范围内究竟有多少林地？林地概念到底是什么？为何同一块地会出现属性纠纷？一些领导不明所以，甚至因此而责怪部门人员。当然，两部门一直在试图寻找一种双方均可接受的解决方案。以占用征收林地为例，在实际工作中，两部门经过协商，规定必须由林业部门前置审核，再由国土部门审批。但这只是一种“缓兵之计”，并不能从根本上消除部门间对林地管理属性界定的分歧。

6.2 建议

6.2.1 提出解决两部门林地面积差异的方案

造成两部门林地面积差异的原因错综复杂，主要有调查方法不同、调查时间差异、技术操作细则不同、地类认定理解不同、数据处理方法不同等。因此，其主要解决方案有：一是对两部门技术规程和标准进行修订和完善，以解决部门间的技术条款重叠与交叉问题，尤其要重点研究园地与经济林地的归属问题，标准出台前，要充分征求相关部门的意见，以消除部门间的隔阂，形成开放式兼容性强的标准和规程，增强可操作性。二是两部门应采用相对统一的技术手段与方法开展调查，包括采用统一比例尺、坐标系的调查底图、同分辨率与时相的卫星图片、可兼容的统计及处理软件、统一的调查时间等，以形成技术、设备和信息等互补。

6.2.2 进一步细分厘清林地管理属性

以林业部门管理的林地基础属性为主线，充分考虑与国土部门认定的林地范围进行对接，进一步细分厘清林地管理属性。提出狭义林地和广义林地概念：狭义林地指有林权证或应发而未发林权证（如纠纷林地）的林地，不论“林”或“地”，均由林业主管部分进行管理；广义林地一般指非林地上的平原经济林、短轮伐期片林、林带、城镇及村庄绿化用地等，“林”纳入林业主管部门管理，“地”不由林业主管部门管理。

6.2.3 发挥成果作用，进一步规范林地管理

根据《土地管理法》关于国家实行土地用途管制制度的规定，以及国务院法制办国发秘函〔2013〕106号《关于理解森林法实施条例规定的答复意见》和国务院国函〔2010〕69号批复的《全国林地保护利用规划纲要（2010—2020年）》关于林地面积的备注精神，在实际工作中，林业部门应按《森林法》等法律法规严格实施管理的是狭义林地，而广义林地主要是属于森林资源调查范围。在新形势下，面对不动产统一登记的新趋势，以及严格依法行政的新要求，建议林业部门充分发挥科研成果的作用，进一步与国土部门衔接，协调好林地保护管理的相关举措，提高林地管理的科学性和规范性。

（1）使用林地行政许可、林地执法管理所涉及的林地范围以狭义林地为依据，包括：双方共同认定林地，林业部门单方认定的林地中有林权证或应发而未发林权证的。

（2）除狭义林地以外的由林业部门单方认定的林地，应视为广义林地，只作为森林

资源调查统计使用，在使用林地行政许可、林地执法以及造地等工作中不按林地管理。

参考文献

[1] 赵亚飞, 沁源县林地“一张图”与国土二类调查数据分析[J]. 山西林业, 2016, (3) :28-30.

[2] GB/T21010-2007. 土地利用现状分类标准[S]. 北京: 中国标准出版社, 2007.

[3] 陈信旺, 万泉, 陈国瑞, 等. 林业与国土部门对林地界定的差异分析——以福建省永安市为例[J]. 林业勘察设计, 2013, (2): 1-5.

专题 9

3S 技术集成的基础年二类调查野外数据无纸化采集技术研究

【摘　要】针对二类调查传统纸质调查方法存在的不足，提出利用集成“3S”技术的平板电脑开展无纸化数据采集的功能需求、功能设计，研究了二类调查数据无纸化采集的技术路线和调查流程。根据无纸化调查技术要求，研发了移动端平板电脑野外数据无纸化采集系统，以及相应桌面端内业数据处理系统，充分应用自动定位功能、遥感影像数据和调查信息系统，实现了外业调查与内业数据处理的一体化，提高了野外数据采集的信息化、自动化和智能化水平。

森林资源规划设计调查（简称二类调查），是以县级行政区域或森林经营管理单位为调查总体，把森林资源落实到山头地块的一种森林资源清查方法。近年来，“3S”技术在林业上特别是在森林资源调查上应用越来越广泛。“3S”技术是地理信息系统（GIS）、遥感技术（RS）和全球定位系统（GPS）的统称，是空间技术、传感器技术、计算机技术、卫星导航定位技术相结合，多学科高度集成的对空间地理信息进行数据采集、数据处理、数据管理、空间分析、多方式表达、信息传播和应用的现代化信息技术。

随着平板电脑和移动互联网技术的发展，平板电脑由于其硬件和软件开发优势，正逐渐成为森林资源调查的介质平台。森林资源调查是野外劳动密集型的工作，研究利用平板电脑开展野外调查数据的无纸化采集技术，集成应用“3S”高新技术开展森林资源规划设计调查，有利于提高野外调查效率、优化调查流程、提高调查质量，对于林业生产实践具有重要的现实意义。

【关键词】平板电脑；“3S”技术；野外调查；无纸化作业

1 研究背景分析

1.1 林业工作对二类调查数据的要求越来越高

二类调查既要对调查图斑进行区划，也要对关联属性因子进行输入，调查数据成果是典型的地理空间矢量数据。在数据应用上，二类调查正从侧重于属性数据管理转向图形数据和属性数据并重。林业管理工作对数据的要求也在提高，数据不仅要满足传统林业调查规划的要求，还要满足当前“林地一张图”、“资源一张图”建设资源本底数据的需求，符合森林资源监测一体化监测的年度监测需要。在数据精确度要求上，随着二类调查数据应用的拓展，对图斑区划最小面积、区划精度要求也越来越高，传统的纸质调查为固定比例尺区划，很难满足高精确度的调查要求。从数据功能需求上看，成果数据应通过拓扑检查、图库关联检查、属性逻辑检查、多部件检查后无误，满足森林资源管理信息系统对数据的输入、查询、检索、处理、分析和更新等要求。

1.2 平板电脑的硬件软件特征能够满足野外调查要求

平板电脑具有屏幕大、轻便、体积小、携带方便等特点，可以通过手指触控方式或数字笔方式进行人机对话；一般为固态硬盘，抗震性能强；自带GPS功能；开、关机速度快，电池续航时间较长；能方便地接入无线网络，数据传输方便等优点，使平板电脑适合在野外环境中进行各种操作。基于平板电脑的硬件功能优势，利用集成有“3S”功能的平板电脑进行森林资源野外调查是可行的，能满足二类调查野外工作的要求。

平板电脑的操作系统最常见的有苹果的IOS、谷歌的Android和微软的windows，从应用效果看，Android系统是开放的系统，是专门针对移动设备而研发的操作系统，它既具备笔记本电脑功能，也支持类似于手机的操作，系统在人机交互设计上有很大优势。在平板电脑市场上大部分机型也都安装Android系统，处于主导地位。Android平台的开放性，功能的实用性，为第三方开发商提供了宽泛自由的环境和基础条件，适合于第三方应用软件的开发。

1.3 科技进步促进调查手段和方法进一步创新

当前， 科学技术日新月异，发展迅猛，已成为促进经济和社会发展的主导力量，以前所未有的速度改变着人类社会的生产和生活方式。与森林资源调查关系较为密切的卫星遥感、航空遥感、卫星导航定位系统、地理信息系统、移动互联网、平板电脑智能化应用等先进调查技术和装备，在很多领域已有广泛的应用和发展。森林资源调查方法、调查手段必须跟上科技发展步伐，与时俱进，提高监测质量和效率。森林资源调查需要在原有基础上，进一步开展集成研发和应用，提升森林资源调查整体科技水平，创新调查技术体系，推动科技进步。

2 研究目标与内容

2.1 研究目标

通过研究，创新无纸质调查方法，建立以平板电脑为介质平台，集成应用“3S”技术、移动互联网技术，研发二类调查桌面端数据处理系统和移动端数据采集系统，建立“内外业一体”的信息化调查生产体系、高效智能的无纸调查技术体系，实现野外数据采集与即时纠错、“互联网+”数据实时传输、“3S”技术支持下的精确化区划调查。

2.2 研究内容

根据研究目标，确定以下研究内容：

（1）分析现有森林资源数据采集系统，研究现状与发展趋势。

（2）分析传统纸质调查技术的要点与不足。

（3）分析与设计二类调查无纸化数据系统的功能需求。

（4）研究森林资源无纸化调查技术路线，优化调查流程。

（5）无纸化数据采集系统的功能实现，技术优缺点总结。

3 研究进展与趋势

利用移动终端开展森林资源调查，早期是以PDA为介质开发的，许等平将PDA、GPS、GIS等技术进行综合集成，研制并建立了一套野外调绘和数据采集的应用系统[1]。

王长文等根据吉林省林业调查规划院采用PDA在一类清查、二类调查等工作的野外数据采集应用情况，提出了PDA数据采集的设计思路和注意事项[2]。白立舜等以PDA为硬件，通过嵌入式编程，研发了森林资源调查系统，实现了数据采集、处理和存储功能[3]。但是，由于PDA屏幕过小、分辨率过低、存储空间不足，处理能力过低等缺点，使该平台在森林资源二类调查中作用受限。

平板电脑作为新兴移动平台，由于具有较为优良的软硬件特性而受到业内人士的欢迎。李富海等运用基于集成“3S”技术的平板电脑开展了岩溶地区石漠化监测[4]；刘丽芳等研究了基于平板电脑开展森林资源二类调查的方法，认为可节约大量成本、减轻劳动力、提高工作效率和质量[5]。查东平结合Windows8平板电脑的特性，设计研发了适合野外数据采集软件系统[6]。魏安世等开发了基于iPad平板电脑的森林资源清查数据采集与管理系统，实现了森林资源清查数据采集的无纸化作业[7]。

从以往基于平板电脑开展无纸化调查技术的研究情况看，根据传统调查技术要求和特点，分析平台开发的功能需求，总体设计软件功能清单，是研究建立数据采集系统的重要环节；在平台设计上，建立桌面端数据处理系统与移动端数据采集系统相互配合的体系，有助于提高工作效率和优化工程流程；在技术应用上，综合集成应用移动互联网等技术，实现数据实时传输，是平板电脑开发的新趋势；在功能开发上，研究建立集外业调查数据准备、野外数据采集、内业数据处理等“内外业”一体的软件平台，是开展森林资源无纸化调查的必要条件。

4　传统纸质调查技术

4.1　传统调查方式

在外业调查前，需要预先打印好叠加等高线的影像图（或地形图）作为外业调查底图。外业调查时，调查人员手持调查底图、纸质小班（林带、树带）记载卡片，到调查现场对坡勾绘小班线。外业调查一般两人一组，一人负责区划小班，另一人负责记载小班调查因子纸质卡片。实地填写的纸质小班调查卡片，还需手工查表计算每条记录的树种平均高、平均胸径、疏密度、每亩株数、每亩蓄积等因子值。每个村调查完成后，需要进行外业调查底图和调查簿的整理，有时还要进行调查底图的清绘。

外业调查结束后，需要将所有纸质调查成果提交内业工作人员，由内业人员进行调查底图扫描与配准、图面资料矢量化、属性数据录入、图形数据与属性数据关联、矢量数据拓扑检查和逻辑检查、面积求算与平差，最后进行数据统计分析。

4.2 存在不足

（1）打印输出和数字化过程存在误差及信息损失。从整个调查流程看，图形数据要先从电子数据打印输出到纸质材料，调查后再扫描重新数字化，在纸质输出和扫描输入环节有转化误差，并且空间分辨率等信息有损失。

（2）数据录入错误。小班和树带等调查卡片经全面检查验收后，由内业人员输入计算机，数据输入过程中可能存在数据录入错误。

（3）位置信息可能误差较大。外业调查对坡勾绘时，调查人员的位置信息，需要根据周围地形地物综合确定，依赖于调查人员的调查经验和地形图使用水平，在地形复杂的地方定位误差可能较大。

（4）外业查表工作效率不高。乔木林有关测树因子调查，需要查松、杉、阔的疏密度 1.0 每亩株数蓄积表，目测调查平均胸径、平均高、疏密度、每亩株数、每亩蓄积，查表与计算需要花费一定时间，影响了外业调查效率。

（5）调查数据可能逻辑错误较多且发现较晚。外业调查时，由于各种原因，调查记录可能存在记录不完整，记载不正确，关联因子逻辑错误较多的情况，这些错误一般要在内业录入后检查才能发现。

（6）调查成果保存需要防潮防丢失。作为外业调查成果的纸质调查底图和记载卡片，需要专门给予妥善保存，防止材料丢失，防止纸质材料受潮等，复印备份成本较高。

5 功能需求分析与设计

二类调查无纸化数据采集，需要开发信息系统平台实现。依托软件平台功能的完善，构建二类调查野外数据无纸化采集技术体系。在前期调研、征求意见和集中讨论的基础上，认为应集成内业与外业数据系统，建立既有工作分工，又“内外一体”的数据处理与野外数据采集平台。在功能需求和设计上，系统平台的需求主要包括两个方面：一是开发森林资源规划设计调查桌面端数据处理系统（Win7），主要实现前后期数据处理、数据统计汇总制图等功能；二是开发森林资源规划设计调查移动端野外数据采集系统（Android），主要实现外业调查数据的采集、存储与传输功能。

5.1 桌面端数据处理系统

桌面端数据处理系统主要是实现二类调查数据信息维护、质量检查、成果制作功能。在功能模块分工上，可划分为二类工程管理、数据浏览与查询、图层管理、数据编辑、数据质检、二类工程数据下发与上传、数据拆分合并、报表统计、专题制图、系统管理和系统工具等11个模块，数据库采用SQLite。各功能模块的主要功能设计见表1。

表 1　桌面端数据处理系统各模块主要功能设计

编号	功能名称	功能设计
1	工程管理	主要包括根据二类数据结构模板创建二类工程数据，打开标准的二类工程数据、保存当前的二类工程数据
2	数据查询与浏览	基本的地图数据浏览及常用查询定位功能。要支持大数据量的浏览查询。提供空间、属性条件查询、按图幅号定位查询及查询结果展示。主要用于对二类小班数据的查询
3	图层管理	图层属性设置，便于用户进行数据的浏览，主要包括：显示状态、矢量图层标注、矢量图层符号设置、图层顺序调整、打开图层属性表等
4	数据编辑	提供通用的图形编辑、小班、树带、散生四旁、小班外片林等属性录入功能（包括逻辑规则检查和控制）。在编辑中要求处理小班编码规则、小班面积自动获取、边界控制、属性自动获取等
5	数据质检	对外业采集回来的二类数据进行逻辑检查（小班拓扑检查、小班属性逻辑检查、样地逻辑检查），对检查出来的错误数据要求能够定位修改
6	数据下发与上传	要求能配置出按照行政区进行数据包的下发，下发的数据用于 Android 端二类外业的调查。同时支持 Android 端的 zdb 格式数据上传
7	数据拆分合并	上级林业主管部门可对所辖调查单位的二类调查数据分图层进行合并。县级调查单位可对各工作组（一般按乡镇划分）、设区市可对所辖县、省对调查单位的调查数据进行合并，在此基础上得到下级单位汇总的基础数据和统计数据
8	报表统计	要求能根据配置的森林资源二类报表进行统计。可根据用户需要按统计级别（县、乡、村）进行统计。可以自定义设置统计方式与内容，快速输出统计表
9	专题图和地图输出打印	提供专题制图符号及工具，将制图结果保存为模板及模板的管理。提供专题制图功能，任意输出目标范围的资源小班图（含有标题、比例尺、图例、千米网标注、小班标注等信息），并提供打印及预览功能；将专题图按用户所需要的尺寸和比例尺导出为 JPG 文件
10	系统管理	数据字典维护、数据库备份等
11	系统工具	数据导出（导出 SHP 或者 MDB 格式）、SHP 数据转换，MDB 数据转换、栅格数据裁切（遥感影像数据切图，提供给移动端使用）

5.2　移动端野外数据采集系统

以移动GIS、GPS、RS技术为基础，采用平板电脑作为嵌入式移动设备，通过电子屏幕输入外业调查数据，实现二类调查野外调查信息的采集录入、修改和传输。各功能模块的主要功能说明见表2。

表2 移动端野外数据采集系统各模块主要功能设计

编号	功能名称	功能设计
1	工程管理	实现外业调查工程的管理，主要包括工程打开、工程删除
2	数据查询与浏览	图选查询：通过地图交互选择的方式查看调查数据属性信息 属性查询：通过属性条件查询的方式查看调查数据属性信息 地图浏览功能：放大与缩小、全图显示、指定比例尺显示、平移等
3	地图工具	包括坐标定位、GPS当前位置定位、GPS导航、长度面积测量、清除选择要素
4	图形采编	通过移动端设备，基于二类调查数据采集规范，采集小班、树带、小班外片林等空间数据。基本操作有：撤销、恢复、新建、删除、面分割、线分割、合并、修边、GPS数据采集（点、线、面）等功能
5	图层管理	图层顺序调整、图层渲染设置、图层可见、可选、可编辑、显示标注、拓扑设置、影像底图加载
6	属性采编	录入和修改选中的小班（林带）、树带、小班外片林、散生四旁、角规样地、标准地等单个要素的属性因子信息
7	数据质检	设置逻辑条件对采集的数据进行检查
8	数据传输	依托移动互联网专网，实时提交成果数据到服务器
9	系统设置	GPS参数设置、屏幕尺寸设置、字段显示设置、投影坐标设置

6 无纸化调查技术路线与流程优化

6.1 无纸化调查技术路线

无纸化调查与传统纸质调查相比，减少了纸质与数字化转化环节，提高了调查过程的智能化处理水平，调查技术路线见图1。

6.2 无纸化调查技术流程的优化

利用平板电脑开展野外调查数据无纸化采集，可对传统调查技术流程进行优化，优化后技术流程主要包括调查数据准备、野外调查数据采集、内业数据检查、统计分析与图表成果制作四个环节。

6.2.1 调查数据准备

开展野外调查前，需要将基础数据导入到平板电脑，导入平板电脑前的基础数据的整理、处理的全部过程，就是调查数据准备阶段要做的工作。需要处理的数据有：

一是地理坐标系转换。上一轮二类调查相关图层，如林地变更图层、重点公益林图层，都是西安1980坐标系的，通过应用统一转换参数转换成CGCS2000坐标系，保证各图层成果的坐标系统一。

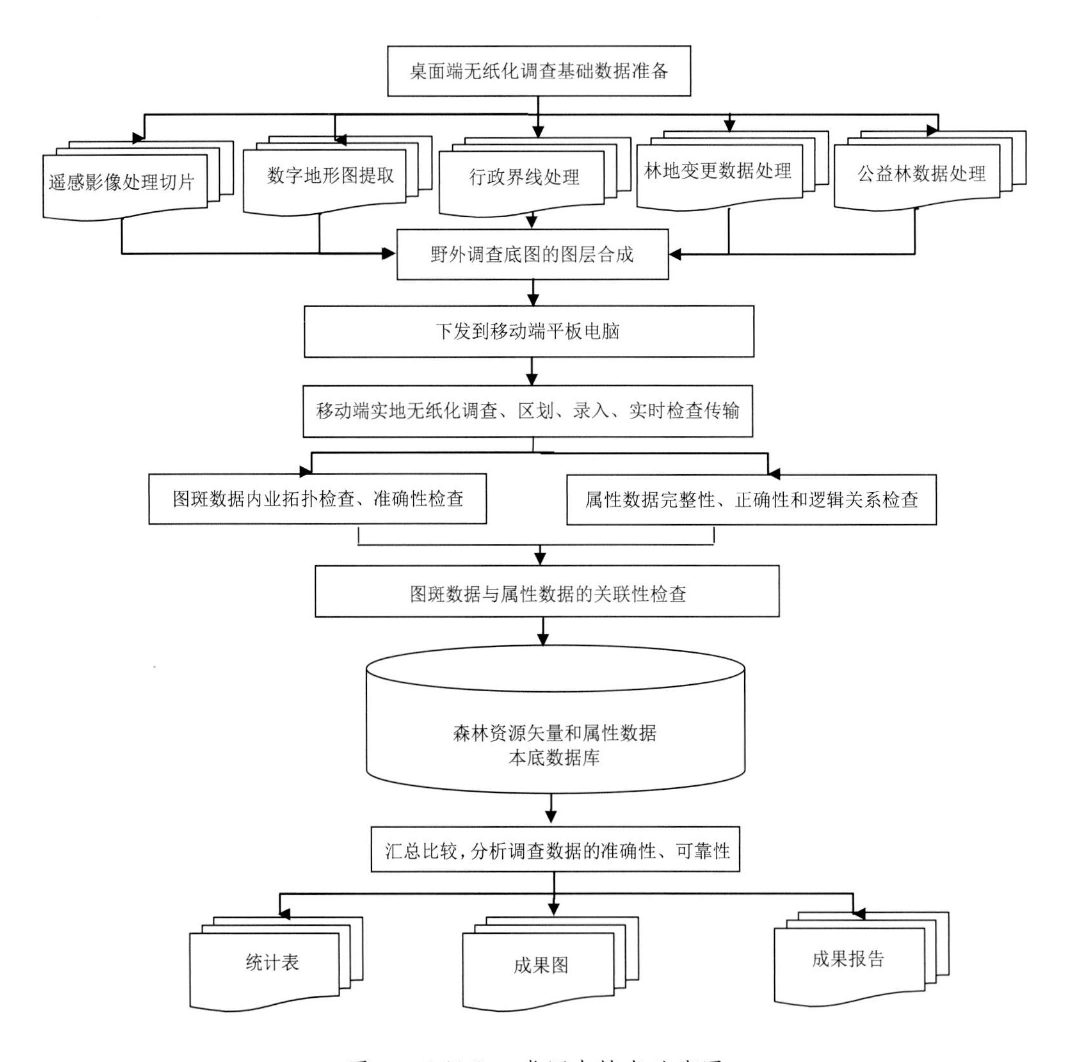

图 1　无纸化二类调查技术路线图

二是相关图层的衔接处理。二类调查相关主要图层数据有：各级行政界线、重点公益林界线、林地变更调查的林地保护等级界线、与国土部门共同确定的林地管理类型界线等；有的县可能还有林权界线、地理国情普查大图斑界线等。该阶段要做好与已有工作成果相衔接，合理设计和处理各图层间的关系。

三是调查底图的图层处理。对遥感影像进行计算机正射校正、影像增强处理，再叠加等高线等地形地物测绘信息，作为基础底图。

四是遥感影像切片处理。传统影像读取技术难以处理过大影像，显示速度过慢，在将影像导入到平板电脑前，根据需要先对遥感影像进行分级切片处理，形成瓦片地图，避免平板电脑处理大影像时内存不足的问题。

五是野外调查基础数据的下发。在桌面端数据处理系统完成各项数据准备后，按乡镇、村下发数据，提供给各调查工作组，作为基于平板电脑开展野外调查的基础数据。

6.2.2 野外调查数据采集

将调查基础数据导入到平板电脑后，手持平板电脑，利用移动端数据采集GIS系统，集成GPS定位功能、叠加等高线的RS影像调查底图、移动互联网传输功能，采用“3S”技术全面实地调查森林资源状况。根据实地资源状况，现地直接在平板电脑上区划小班，登记填写各项调查因子，完成小班界线与调查因子的入库与即时检查。

6.2.3 内业数据检查

将移动端野外调查数据接收导入到桌面端数据处理系统，进行图斑数据的拓扑检查和准确性检查，属性数据的完整性、正确性检查和逻辑关系检查，图形数据与属性数据的关联性检查。

图斑数据拓扑检查包括小班图形是否存在重叠或缝隙、小班图形与县界间是否无缝拼接等。准确性检查，包括小班、林带或树带界线与遥感影像的同一地物的吻合情况是否达到要求。

属性因子完整性和正确性检查保证必填因子项不能为空值或出现错误，逻辑关系检查保证属性因子之间不存在逻辑错误。

图形数据关联字段和属性数据关联字段必须为唯一，不允许重复，图形数据与属性数据必须一一对应。

6.2.4 统计分析与图表报告的成果编制

通过对调查数据各项检查，确认无误后，进行二类调查的报表统计汇总，数据分析。数据分析是本阶段最重要的工作，要对调查数据进行纵向和横向比较，对总量数据与增量数据进行比较，分析间隔期内林业日常管理数据，确保调查数据的准确性和可靠性。确定调查结果后，最后输出专题图，编制调查报告。

7 无纸化采集技术的功能实现

根据二类调查无纸化数据采集技术流程，开发桌面端数据处理系统和移动端数据采集系统，实现二类调查数据准备、野外调查数据采集、内业数据检查、统计与专题制作等关键技术环节，除野外调查数据采集功能在移动端数据采集系统实现外，其余功能均在桌面端数据处理系统实现。

7.1 二类调查数据准备

7.1.1 图层数据的导入与数据转换

针对系统工程的图层数据，如各级行政界线、重点公益林界线等图层，需要使用【shp数据导入】功能，将shp数据导入到工程数据中，功能界面见图2。

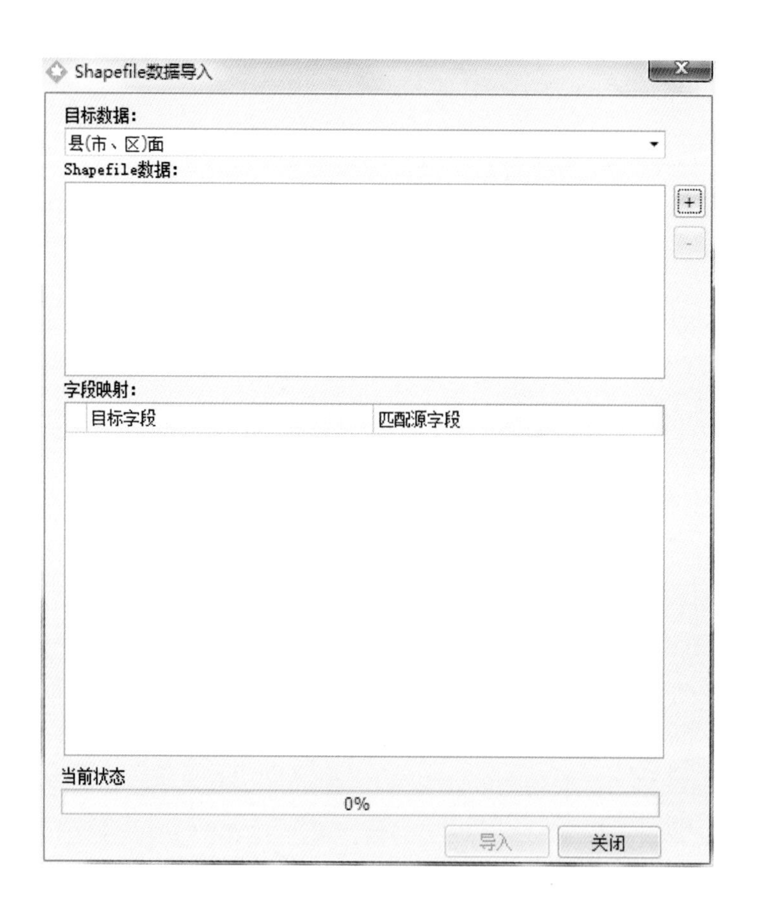

图 2 shp 数据导入

首先选择需要导入的图层数据，即目标数据。再选择需要导入的数据，设置匹配字段，最后点击【导入】，将选择的数据导入到对应图层。

如果需要导入外部数据做参考，则选择数据转换，实现ShapeFile数据格式或者MDB数据格式转换到ZBD数据格式，将数据转换后导入到系统中。功能界面见图3。

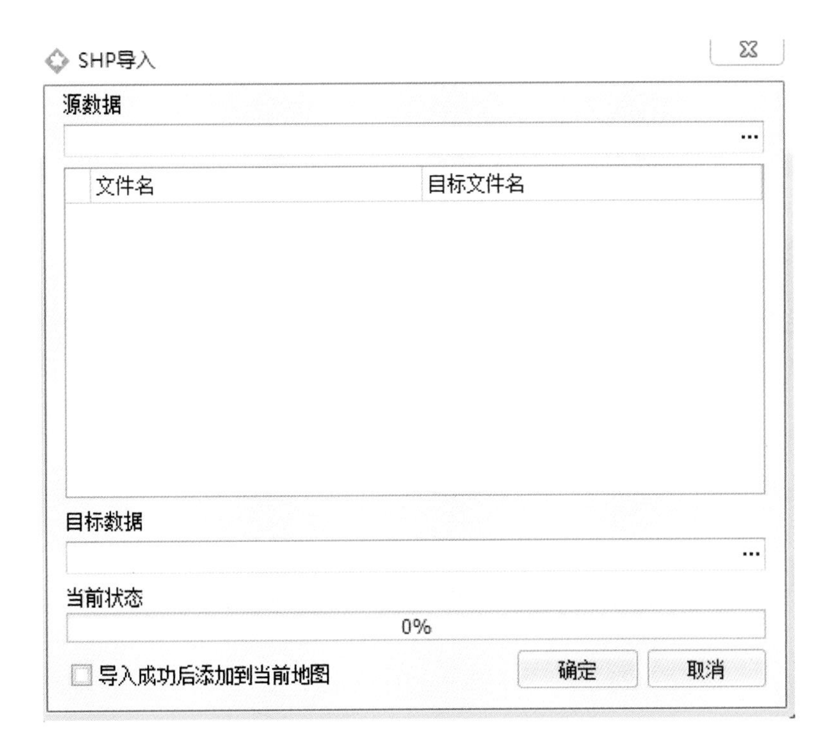

图 3　ShapeFile 数据转换界面

7.1.2　遥感影像切片

将遥感影像数据专用工具模块进行切片处理，使影像数据在移动端野外数据采集系统中快速显示，功能界面见图 4。

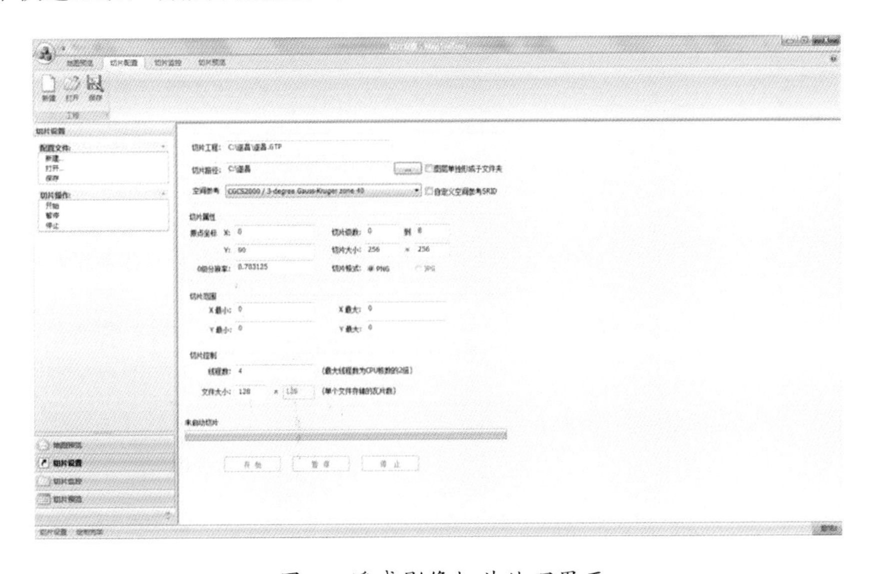

图 4　遥感影像切片处理界面

7.1.3 野外调查数据下发

数据下发功能是将桌面数据处理为系统数据，生成移动端野外采集系统可以加载的数据，是开展无纸化外业调查的基础数据。数据下发可按县、乡（镇、街道）、行政村为单位进行。功能界面见图 5。

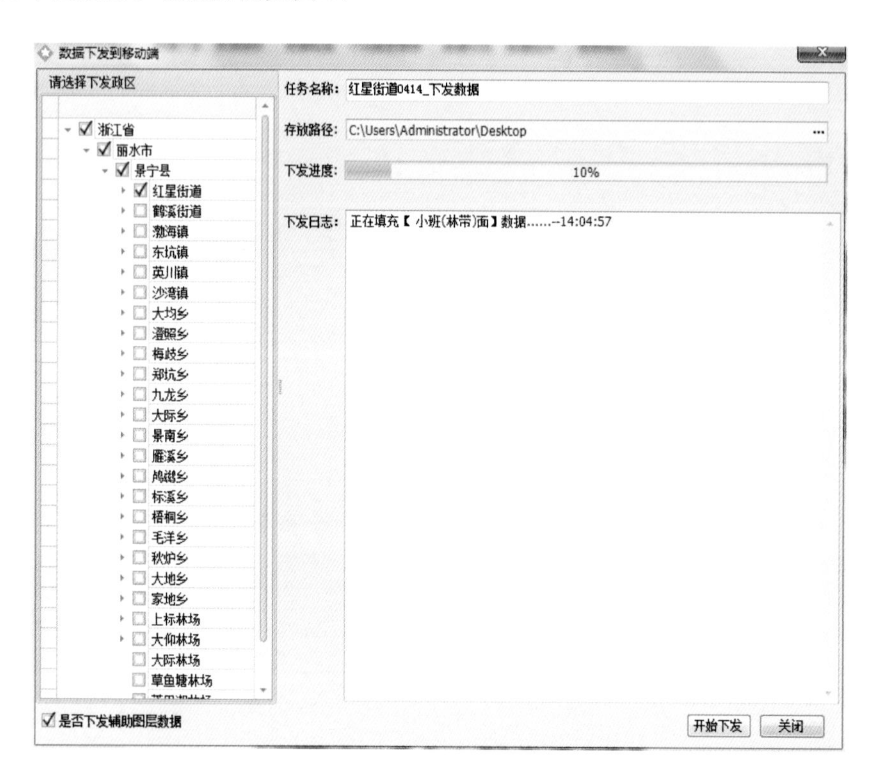

图 5　数据下发

7.2 野外调查数据采集

外业调查阶段，手持装载有移动端数据处理系统的平板电脑，实地全面系统开展二类调查。

7.2.1 GPS 功能设置

首先设置 WGS84 坐标系到当前工作数据，坐标系之间的转换参数提供了 5 个参数的转换机制。5 个参数分别为：*dx*（两椭球之间 *X* 方向的差）、*dy*（两椭球之间 *Y* 方向的差）、*dZ*（两椭球之间 *Z* 方向的差）、*da*（两椭球之间长半轴之差）、*df*（两椭球之间扁率之差)，并配置 GPS 图标颜色。当平板搜索到 GPS 卫星信号后，点击【当前位置】即可定位。需要导航时，通过图上点击目标点或使用输入坐标进行设置目标点，在导航过程中，当前点与目标点使用蓝色保持直线。GPS 参数设置功能界面见图 6。

图 6　GPS 参数设置界面

7.2.2　RS 影像叠加显示

遥感影像切片完成后拷贝到影像文件夹，使用主界面右上角的加载地图功能按钮，选择列表中的需要影像加载到系统中。遥感影像叠加和加载功能界面见图 7。

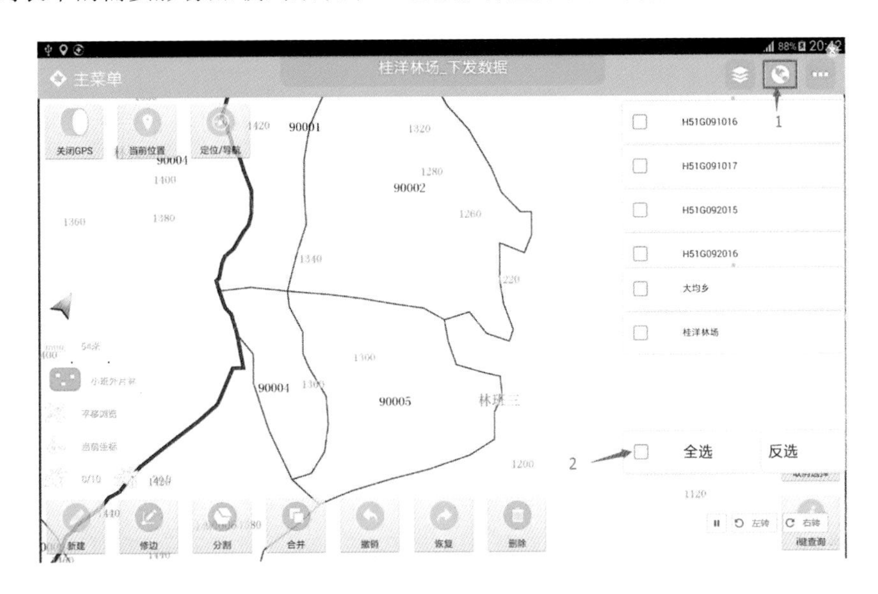

图 7　遥感影像叠加和加载功能界面

7.2.3　图层管理

在图层状态设置中，设置图层的可见性、可选择、可编辑、是否标注和拓扑五个属性，对图层的渲染和标注属性进行设置。图层的上下位置顺序可通过按住图层前的显示图标上下移动来控制。【渲染】设置能设置图斑的填充色、边界色及边界宽度、图层透明度等。【标注】可对图层的标注字段，标注显示的颜色、样式、大小进行设置。图层状态设置的功能界面见图8。

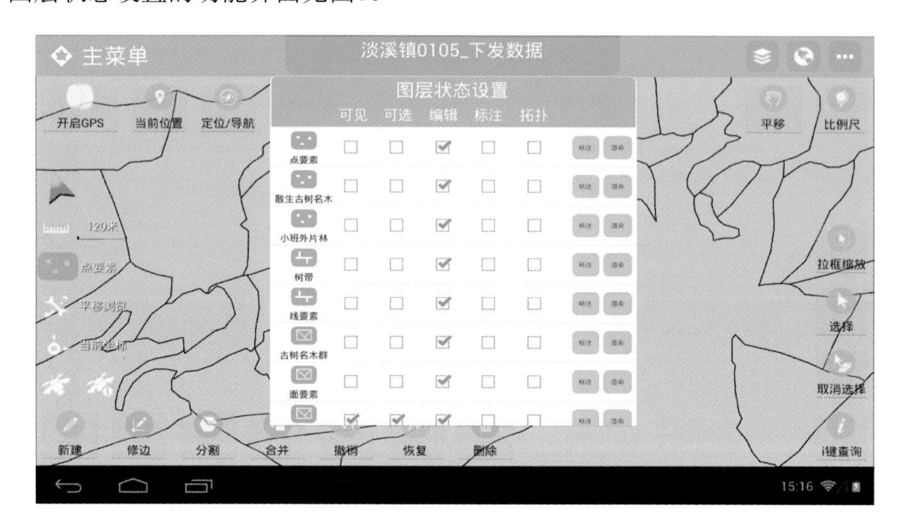

图 8 图层状态设置

7.2.4 图斑编辑操作

小班调查的图斑区划，主要有新建、修边、分割、合并、删除操作等。在进行图斑编辑前，注意要在图层管理中使该图层处于可编辑状态。

新建是对目标图层新区划一个小班面状要素、树带线状要素或小班外片林等点状要素；修边是对相邻地块之间的图斑划入和划出，不产生细缝或细碎面；分割是对选中图斑绘制分割线使之一分为二，或在选中图斑内部绘制一条闭合相交的线，挖岛、分割后图斑保持母图斑的属性不变。合并是将两个或多个相邻图斑合并为一个图斑，合并后图斑只能保留其中一个的属性。删除是对选中要素删除。撤销是指返回上一步，撤销后才可以进行恢复操作，恢复是指恢复到撤销之前的状态。图斑的分割和合并操作功能界面见图 9 和图 10。

7.2.5 属性数据输入操作

首先，选中需要输入属性数据的地理要素，使用 I 键查询，对各类数据进行输入操作，包括小班、标准地、角规样地、散生四旁、树带、小班外片林等。

其次，当小班输入时，选择小班调查表，录入小班属性，录入完成后，点击右上角【计算】，系统会自动计算小班因子信息。小班（林带）面的数据输入界面见图 11。

7.2.6 数据质检

1. 即时检查

外业调查人员在填写完一个小班的属性后，对小班属性录入的数据进行检查，修

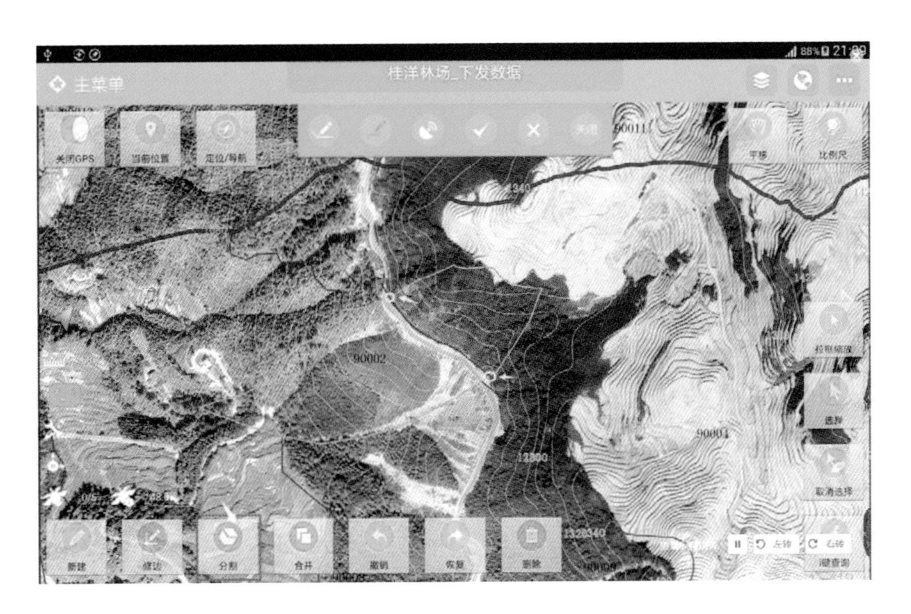

图 9 图斑的分割操作功能界面

图 10 图斑的合并操作功能界面

改填写错误的功能。在小班属性录入完成后，点击右上角，系统会自动检查出不符合逻辑的字段，点击检查结果，系统会在小班属性录入界面标黄显示。修改后，再次点击进行数据质检，直至通过数据检查。数据即时检查功能界面见图 12。

2. 批量检查

通过条件查询筛选需要检查的小班，进行批量计算和数据检查。数据批量检查功能界面见图 13。

图 11　小班（林带）面数据输入界面

图 12　数据即时检查功能界面

7.2.7　数据传输

1. APN 专网设置

在提交数据时，通过使用 APN 专网以 FTP 的方式上传到 FTP 服务器，需要设置平板电脑的 APN 环境。在 APN 编辑界面需要设置“名称”、“APN”、“用户名”、“密码”、“认证类型”几项内容，界面如图 14 所示。

图 13 数据批量检查功能界面

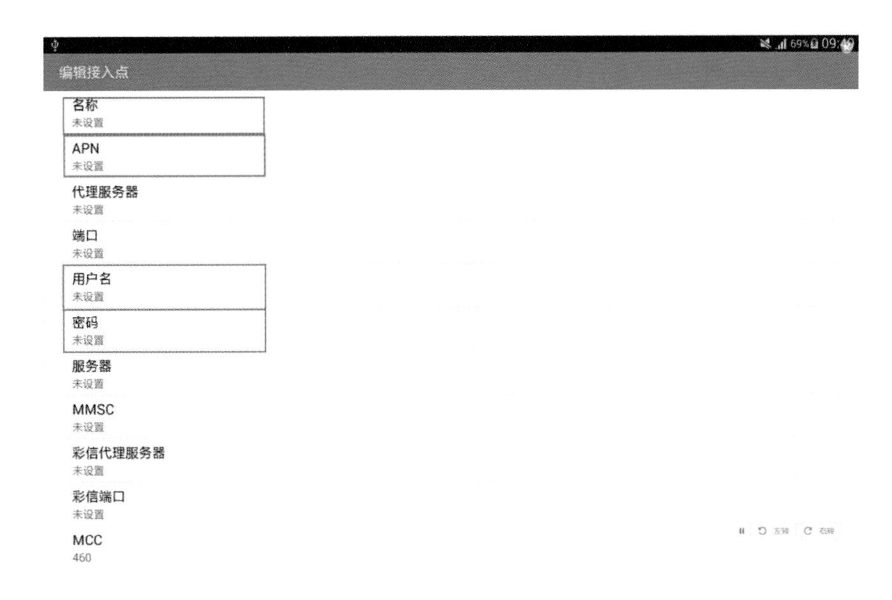

图 14 APN 专网设置界面

2. 数据无线专网传输

在移动端数据采集系统中设置要接收数据的 FTP 地址，注意书写格式为 192.168.0.204，使用【提交数据】功能把当前的工程数据通过无线专网提交到设置好的服务器中，界面见图 15。

图 15　数据无线专网提交传输界面

7.3　内业数据检查

7.3.1　数据接收

该功能将移动端野外采集系统的调查数据上传接收到桌面端数据处理系统，数据接收界面如图 16 所示。

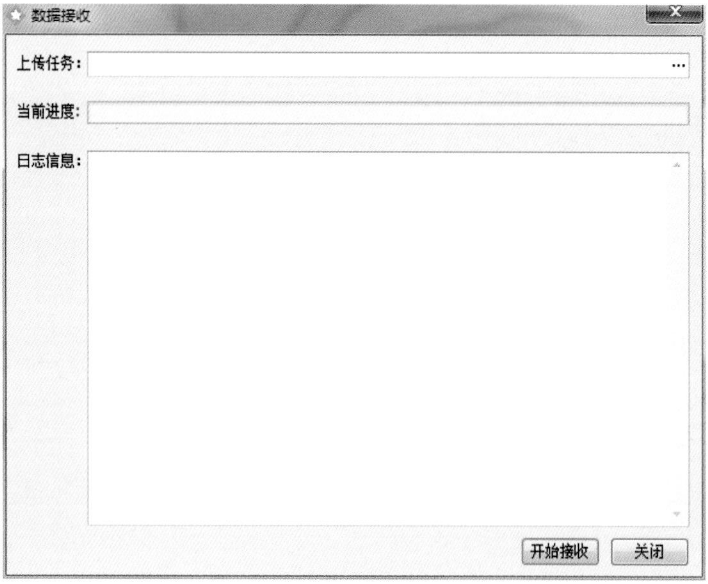

图 16　数据接收

7.3.2　数据检查

该功能是根据定义的质检规则，对野外调查数据进行检查，把不符合规则的数据检查出来，用户可以定位到错误数据位置，对错误数据进行单个编辑或批量处理，最终形成正确的数据。数据检查包括属性数据检查和图斑数据检查。

检查完成后，没有错误的项，质检状态显示通过；有错误的项，质检，显示未通过，并且显示错误记录数。经过质检后的数据，可在质检结果进行修改，修改方式为：属性数据在错误详细列表中双击某个单元格进行属性修改，或选中错误数据，右键进行属性值计算修改；图斑数据修改，则通过详细信息双击定位进行修改。数据质检界面见图17。

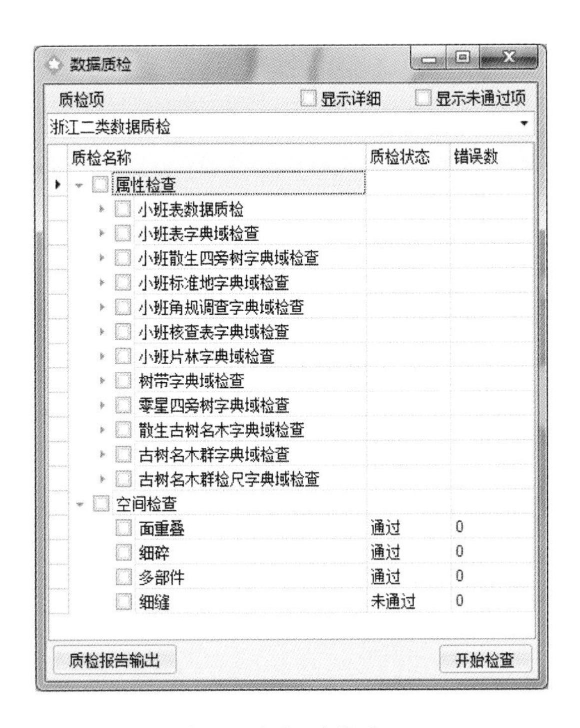

图 17　数据质检界面

数据质检条件可通过配置质检方案和数据质检项进行设置。配置界面见图 18。

7.4　统计与专题图制作

当数据质检完成后，对外业调查数据统计汇总，各类统计表样式根据操作细则要求确定。数据报表统计界面见图 19。

专题图制作模块，提供专题制图符号及工具，将制图结果保存为模板及模板的管理。提供专题制图功能，任意输出目标范围的资源小班图（含有标题、比例尺、图例、

图 18　质检方案配置界面

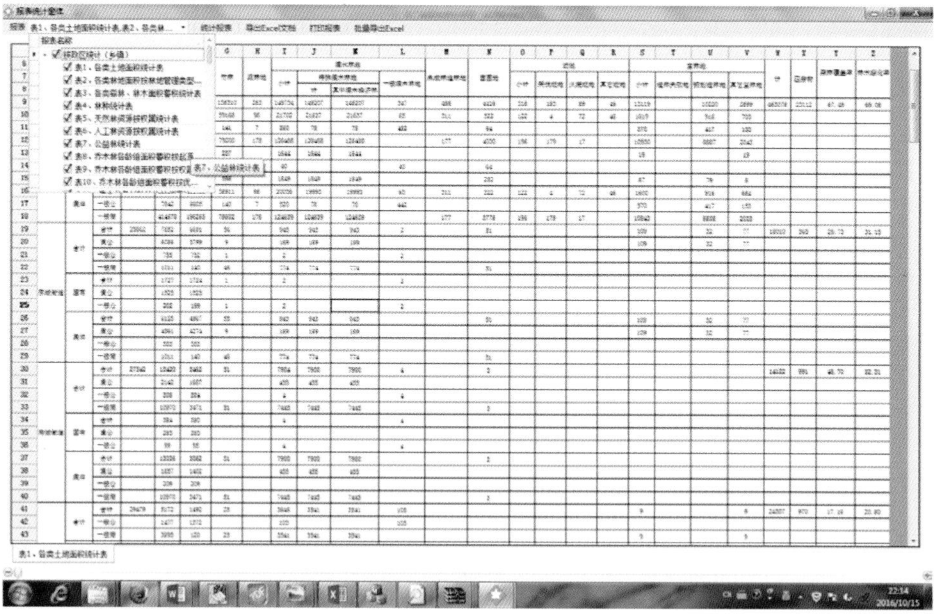

图 19　数据报表统计界面

标注等信息），并提供打印及预览功能，也可将专题图按用户所需要的尺寸和比例尺将专题图导出为 JPG 文件。当专题图设计制作完成后，专题图的“打印预览”界面见图 20。

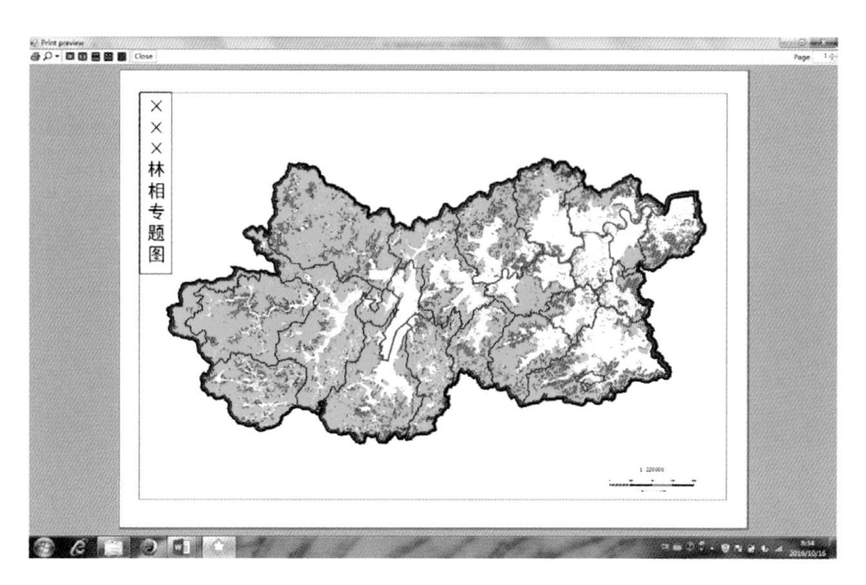

图 20 专题图打印预览界面

8 与传统纸质调查的优缺点比较

8.1 技术优点

基于平板电脑开展无纸化调查，相对于纸质调查存在以下技术优势：

（1）调查数据无损化传递。无纸化调查，各调查环节没有纸质与数字化的转化，因此，不存在纸质打印输出和扫描数字化过程的配准误差；数据拷贝过程是无损化操作，不存在各调查环节信息损失问题；外业调查数据可直接导入到内业分析电脑，也不存在数据录入错误的问题。

（2）实时获取当前位置信息。通过选购内置有 GPS 模块的平板电脑，利用 GPS 载波实时动态定位技术，在移动端数据采集系统获取指定坐标系的三维定位位置信息，实时准确显示当前位置。

（3）自动化程度高。通过在移动端野外数据采集系统中，编制计算程序，可自动查表计算林木平均胸径、平均高度、疏密度、每亩株数、每亩蓄积等因子；设计计算规则，可自动处理优势树种、树种结构等由衍生调查因子。

（4）智能化程度较高。通过在移动端采集系统中设置逻辑检查条件，既可在输入调查因子时即时智能检查，也可在完成某个地块调查时，整体检查该记载因子是否正确、完整，实现实地即时智能检查。

（5）野外数据“互联网 +”技术实时化传输程度高。利用移动互联网专用网络技术，实时安全传输调查成果数据到指定服务器，实现对调查进度、质量的实时掌握，实现调查数据的安全、实时和多次备份。

（6）多种影像和图层管理灵活，野外调查参考信息丰富。在移动端系统中，各级行政界线、重点公益林界线、国土部门林地管理类型等图层，可以根据需要选择显示或关闭、编辑或只读，也可进行图层的拓扑操作、标注操作、渲染操作，图层管理显示灵活；系统中可导入多种不同时相和分辨率的影像，根据需要显示或关闭某一影像，对同一地物作历史维度的分析调查，从而提供丰富的参考信息。

（7）内外业工作一体化，调查效率和质量提高。传统的纸质调查，需要分为外业调查和内业分析两个阶段，但无纸化调查，使外业调查和内业工作实现了一体化，在外业调查过程中，可实时对传回的数据进行内业分析，分析结果可及时反馈给外业调查人员。一旦外业全部结束，可立即统计调查结果，没有了传统调查数据内业矢量化和数据录入环节，使调查效率得到提高。调查过程中的自动化计算、智能化检查和实地错误修正，使内业阶段的数据检查工作量大大减少，数据质量也得到提高。

8.2　技术缺点

由于平板电脑自身软硬件的原因和调查人员的操作原因等，无纸化调查还存在以下不足：

（1）数据保密安全存在隐患。平板电脑都具有 wifi 无线上网功能，一旦上网，容易造成平板电脑中的涉密资料（遥感影像图、等高线等地形图）泄密，保密数据的安全性易受威胁。

（2）误操作可能使数据丢失或损坏。调查人员如果误操作，不小心误点删除可能使数据丢失，或未退出程序就直接关机，易造成数据库损坏。

（3）平板电脑硬件上“三防”功能较弱。目前，市场上在售的主流平板电脑，防水、防尘、防摔功能不强，由于野外调查作业环境复杂，可能因为各种意外而造成平板电脑损坏，从而影响调查进程，或者造成调查数据丢失。

（4）平板电脑电池续航能力不高。野外调查作业依赖于对平板电脑的频繁操作来完成。一般来说，平板电脑自带的电池只能使用 6 小时左右，但野外调查时间平均在 10 小时左右，需要自备充电宝或中途再充电，才能持续进行外业调查，在一定程度上给外业调查带来不便，从而限制了在野外调查的时间。

9　结束语

“3S”集成的二类调查数据无纸化采集技术，综合集成应用了“3S”技术、移动计算、网络通信、数据库等技术，开发了移动端和桌面端两套相互配合、相互支撑的二类调查数据采集与管理系统，实现了二类调查数据采集的全程无纸化作业。

在外业调查过程中，可实时传回数据并进行内业分析，掌握调查进度和存在问题，及时反馈给外业调查人员。外业全部结束后可立即统计调查结果，没有传统纸质调查的内业矢量化和数据录入环节，提高了调查效率。该技术在森林资源信息采集的自动化、智能化和数据传输即时化方面取得了突破，研发了数据自动计算、即时逻辑检查、实时无线传输等功能，实现了外业调查和内业工作一体化无缝衔接，显著提高了数据采集效率和信息管理水平。

利用平板电脑进行二类调查无纸化数据采集，已在浙江省多个县的二类调查中进行了实践应用。生产实践表明，采用“3S”集成的二类调查数据无纸化采集技术，实用性强，操作方便，可节约大量成本，节省劳动力，提高工作效率和调查质量。该技术改善了作业方法，优化了工作流程，推动了森林资源清查技术的进步与创新。

今后，随着无纸化采集技术的不断完善和系统功能的不断升级，以及平板电脑软硬件功能的不断增强，无纸化调查技术还可用于森林资源一体化监测的年度数据更新中，以及使用林地现状调查、森林采伐作业设计、森林抚育作业设计与核查、造林成效检查等其他工作中。

参考文献

[1] 许等平, 唐小明, 王金增, 等. 基于PDA的森林资源规划设计调查数据采集系统的研究[J]. 林业资源管理, 2005, (01): 58-62.

[2] 王长文, 陈国林, 牟惠生. PDA在林业野外数据采集上的应用——以吉林省林业调查规划院研制开发的系统为例[J]. 林业资源管理, 2004, (6): 71-74.

[3] 白立舜, 冯仲科, 李亚东, 等. 基于PDA的森林资源调查系统研究与实现[J]. 北京林业大学学报, 2008, (S1): 138-142.

[4] 李富海, 万猛, 刘敏, 等. 基于集成3S技术的平板电脑在石漠化监测中的应用[J]. 安徽农业科学, 2015, (32): 383-384.

[5] 刘丽芳, 苏亚林, 任晓东, 等. 森林资源二类调查外业小班采集系统基于平板电脑在调查中的运用[J]. 林业调查规划, 2016, (1): 6-10.

[6] 查东平. 基于平板电脑的森林资源二类调查关键技术研究[D]. 中南林业科技大学, 硕士论文, 2013.

[7]魏安世. 基于平板电脑的森林资源清查数据采集与管理系统[M]. 北京, 中国林业出版社, 2012.